水利工程施工与项目管理

李宗权　苗　勇　陈　忠　主编

吉林科学技术出版社

图书在版编目（CIP）数据

水利工程施工与项目管理 / 李宗权，苗勇，陈忠主编 . -- 长春：吉林科学技术出版社，2022.8
ISBN 978-7-5578-9406-1

Ⅰ . ①水… Ⅱ . ①李… ②苗… ③陈… Ⅲ . ①水利工程—施工管理 Ⅳ . ① TV512

中国版本图书馆 CIP 数据核字 (2022) 第 113587 号

水利工程施工与项目管理

主　　编	李宗权 苗　勇 陈　忠
出 版 人	宛　霞
责任编辑	赵　沫
封面设计	树人教育
制　　版	树人教育
幅面尺寸	185mm×260mm
开　　本	16
字　　数	340 千字
印　　张	15.375
印　　数	1-1500 册
版　　次	2022年8月第1版
印　　次	2022年8月第1次印刷

出　　版　吉林科学技术出版社
发　　行　吉林科学技术出版社
地　　址　长春市南关区福祉大路5788号出版大厦A座
邮　　编　130118
发行部电话/传真　0431-81629529　81629530　81629531
　　　　　　　　　81629532　81629533　81629534
储运部电话　0431-86059116
编辑部电话　0431-81629510
印　　刷　廊坊市印艺阁数字科技有限公司

书　　号　ISBN　978-7-5578-9406-1
定　　价　65.00 元

前　言

　　目前随着我国经济的发展，水利工程的作用也变得更为突出，越来越多的企业已逐渐投入到水利工程的建设当中，要想在这样激烈的竞争当中获得更多的发展，水利工程的施工项目管理就显得极为重要。水利工程一直以来是保障人民群众生活的基础设施，在经济飞速发展的今天，水利工程的作用也越加重要。水利工程的重要性和必需性造成了水利工程行业的欣欣向荣。然而随着水利工程面对的施工和设计环境日趋复杂，水利工程的建设技术的难度也在逐渐提高，要想切实解决项目管理中的问题，就必须实现管理和技术上的突破，促进水利工程项目的顺利进行。应明确发展方向，明确项目管理中的重点和难点，学习先进的技术和管理经验，完善项目管理中的每一个环节，这样才能促进管理水平的进一步提升。

　　建设施工企业想要在如此激烈的市场环境中谋得生存之道，加强水利工程施工项目管理已经成为企业之间竞争的筹码。做好水利工程施工项目管理，不仅可以保证施工质量、施工效率，还可以降低建设成本，保障企业的经济效益。

前言

目　录

下篇·管理篇

上篇·施工篇

第一章 水利工程施工导流

第一节 施工导流

施工导流是指在水利水电工程中为保证河床中水工建筑物干地施工而利用围堰围护基坑，并将天然河道河水导向预定的泄水道，向下游宣泄的工程措施。

一、全段围堰法导流

全段围堰法导流，就是在河床主体工程的上、下游各建一道断流围堰，使水流经河床以外的临时或永久泄水道下泄。在坡降很陡的山区河道上，若泄水建筑物出口处的水位低于基坑处河床高程时，也可不修建下游围堰。主体工程建成或接近建成时，再将临时泄水道封堵。这种导流方式又称为河床外导流或一次拦断法导流。

按照泄水建筑物的不同，全段围堰法一般又可划分为明渠导流、隧洞导流和涵管导流。

（一）明渠导流

明渠导流是在河岸或滩地上开挖渠道，在基坑上、下游修建围堰，使河水经渠道向下游宣泄。一般适用于河流流量较大、岸坡平缓或有宽阔滩地的平原河道。在规划时，应尽量利用有利条件以取得经济合理的效果。如利用当地老河道，或利用裁弯取直开挖明渠，或与永久建筑物相结合，埃及的阿斯旺坝就是利用了水电站的引水渠和尾水渠进行施工导流。目前导流流量最大的明渠为中国三峡工程导流明渠，其轴线长 3410.3m，断面为高低渠相结合的复式断面，最小底宽 350m，设计导流流量为 79000m³/s，通航流量为 20000~35000m³/s。

导流明渠的布置设计，一定要保证以水流顺畅、泄水安全、施工方便、缩短轴线及减少工程量为原则。明渠进、出口应与上下游水流平顺衔接，与河道主流的交角以 30° 左右为宜；为保证水流畅通，明渠转弯半径应大于 5b（b 为渠底宽度）；明渠进出上下游围堰之间要有适当的距离，一般以 50~100m 为宜，以防止明渠进出口水流冲刷围堰的迎水面。此外，为减少渠中水流向基坑内入渗，明渠水面到基坑水面之间的最短距离宜大于（2.5~3.0）

H（H 为明渠水面与基坑水面的高差，以 m 计）。同时，为避免水流紊乱和影响交通运输，导流明渠一般单侧布置。

此外，对于要求施工期通航的水利工程，导流明渠还应考虑通航所需的宽度、深度和长度的要求。

（二）隧洞导流

隧洞导流是在河岸山体中开挖隧洞，在基坑的上下游修筑围堰，一次性拦断河床形成基坑，保护主体建筑物干地施工，天然河道水流全部或部分采用由导流隧洞下泄的导流方式。这种导流方法适用于河谷狭窄、两岸地形陡峻、山岩坚实的山区河流。

导流隧洞的布置，取决于地形、地质、枢纽布置以及水流条件等因素，具体要求与水工隧洞类似。但必须指出，为了提高隧洞单位面积的泄流能力、减小洞径，应注意改善隧洞的过流条件。隧洞进出口应与上下游水流平顺衔接，与河道主流的交角以30°左右为宜；有条件时，隧洞最好布置成直线，若有弯道，其转弯半径以大于 5b（b 为洞宽）为宜；否则，因离心力作用会产生横波，或因流线折断而产生局部真空，影响隧洞泄流，严重时还会危及隧洞安全。隧洞进出口与上下游围堰之间要有适当距离，一般宜大于 50m，以防隧洞进出口水流冲刷围堰的迎水面。

隧洞断面形式可采用方圆形、圆形或马蹄形，以方圆形居多。一般导流临时隧洞，若地质条件良好，可不做专门衬砌。为降低粗糙度，应进行光面爆破，以提高泄量，降低隧洞造价。

（三）涵管导流

涵管一般为钢筋混凝土结构。河水通过埋设在坝下的涵管向下游宣泄。

涵管导流适用于导流流量较小的河流或只用来负担枯水期的导流。一般在修筑土坝、堆石坝等工程中采用。涵管通常布置在河岸滩地上，其位置常在枯水位以上。这样可在枯水期不修围堰或只修小围堰而先将涵管筑好，然后再修上、下游断流围堰，将河水经涵管下泄。

涵管外壁和坝身防渗体之间易发生接触渗流，通常可在涵管外壁每隔一定距离设置截流环，以延长渗径，降低渗透坡降，减少渗流的破坏作用。此外，必须严格控制涵管外壁防渗体填料的压实质量。涵管管身的温度缝或沉陷缝中的止水也必须认真对待。

二、分段围堰法导流

分段围堰法导流，也称分期围堰导流，就是用围堰将水工建筑物分段分期围护起来进行施工的方法。分段就是将河床围成若干个干地施工基坑，分段施工。分期就是从时间上按导流过程划分施工阶段。段数分得越多，围堰工程量越大，施工也越复杂；同样，期数分得越多，工期有可能拖得越长。因此，在工程实践中，两段两期导流采用的最多。

三、导流方式的选择

（一）选择导流方式的一般原则

导流方式的选择，应当是工程施工组织总设计的一部分。导流方式的选择是否得当，不仅对导流费用有重大影响，而且对整个工程设计、施工总进度和总造价都有重大影响。导流方式的选择一般应遵循以下原则：

1. 导流方式应保证整个枢纽施工进度最快、造价最低。

2. 因地制宜，充分利用地形、地质、水文及水工布置特点选择合适的导流方式。

3. 应使整个工程施工有足够的安全度和灵活性。

4. 尽可能地满足施工期国民经济各部门的综合利用要求，如通航、过鱼、供水等。

5. 施工方便，干扰小，技术上安全可靠。

（二）影响导流方案选择的主要因素

水利水电枢纽工程施工，从开工到完工往往不是采用单一的导流方式，而是几种导流方式组合起来配合运用，以取得最佳的技术经济效果。这种不同导流时段、不同导流方式的组合，通常称为导流方案。选择导流方案时应考虑的主要因素有以下几种：

1. 水文条件。河流的水文特性，在很大程度上影响着导流方式的选择。

每种导流方式均有适用的流量范围。除了流量大小外，过程线的特征、冰情与泥沙也影响着导流方式的选择。

2. 地形、地质条件。前面已叙述过每种导流方式适用于不同的地形地质条件，如宽阔的平原河道，宜用分期或导流明渠导流。河谷狭窄的山区河道，常用隧洞导流。当河床中有天然石岛或沙洲时，采用分段围堰法导流，更有利于导流围堰的布置，特别是纵向围堰的布置。在河床狭窄、岸坡陡峻、山岩坚实的地区，宜采用隧洞导流。至于平原河道、河流的两岸或一岸比较平坦，或有河湾、老河道可资利用，则宜采用明渠导流。

3. 枢纽类型及布置。水工建筑物的形式和布置与导流方案的选择相互影响，因此，在决定水工建筑物型式和布置时，应该同时考虑并初步拟订导流方案，应充分考虑施工导流的要求。

分期导流方式适用于混凝土坝枢纽；而土坝枢纽因不宜分段填筑，且一般不允许溢流，故多采用全段围堰法。高水头水利枢纽的后期导流常需多种导流方式的组合，导流程序也较复杂。例如，狭窄处高水头混凝土坝前期导流可用隧洞，但后期导流则常利用布置在坝体不同高程的泄水孔过流；高水头土石坝的前后期导流，一般采用布置在两岸不同高程上的多层隧洞；如果枢纽中有永久泄水建筑物，如泄水闸、溢洪坝段、隧洞、涵管、底孔、引水渠等，应尽量加以利用。

4. 河流综合利用要求。施工期间，为了满足通航、筏运、供水、灌溉、生态保护或水电站运行等的要求，导流问题的解决更加复杂。在通航河道上，大都采用分段围堰法导流，要求河流在束窄以后，河宽仍能便于船只的通行，水深要与船只吃水深度相适应，束窄断面的最大流速一般不应超过 $2.0m^3/s$，特殊情况需与当地航运部门协商研究确定。

分期导流和明渠导流易满足通航、过木、过鱼、供水等要求。而某些峡谷地区的工程，为了满足过水要求，用明渠导流代替隧洞导流，这样又遇到了高边坡开挖和导流程序复杂化的问题，这往往需要多方面比较各种导流方案的优缺点再进行选择。在施工中、后期，水库拦洪蓄水时要注意满足下游供水、灌溉用水和水电站运行的要求。而某些工程为了满足过鱼需要，还需建造专门的鱼道、鱼类增殖站或设置集鱼装置等。

5. 施工进度、施工方法及施工场地布置。水利水电工程的施工进度与导流方案密切相关。通常是根据导流方案安排控制性进度计划。在水利水电枢纽施工导流过程中，对施工进度起控制作用的关键性时段主要有导流建筑物的完工工期、截断河床水流的时间，坝体拦洪的期限、封堵临时泄水建筑物的时间以及水库蓄水发电的时间等，各项工程的施工方法和施工进度之间影响各时段中导流任务的合理性和可能性。例如，在混凝土坝枢纽中，采用分段围堰法施工时若导流底孔没有建成，就不能截断河床水流和全面修建第二期围堰；若坝体没有达到一定高程和没有完成基础及坝身纵缝的接缝灌浆，就不能封堵底孔，水库也不能蓄水。因此，施工方法、施工进度与导流方案是密切相关的。

此外，导流方案的选择与施工场地的布置也相互影响。例如，在混凝土坝施工中，当混凝土生产系统布置在一岸时，宜采用全段围堰法导流。若采用分段围堰法导流，则应以混凝土生产系统所在的一岸作为第一期工程，因为这样两岸施工交通运输问题比较容易解决。

导流方案的选择受多种因素的影响。一个合理的导流方案，必须在周密研究各种影响因素的基础上，拟订几个可能的方案，并进行技术经济比较，从中选择技术经济指标优越的方案。

第二节　施工截流

一、截流方法

当泄水建筑物完成时，抓住有利时机，迅速实现围堰合龙，迫使水流经泄水建筑物下泄，称为截流。

截流工程是指在泄水建筑物接近完工时，即以进占方式自两岸或一岸建筑戗堤（作为围堰的一部分）形成龙口，并将龙口防护起来，待其他泄水建筑物完工以后，在有利时机，全力以最短时间将龙口堵住，截断河流。接着在围堰迎水面投抛防渗材料闭气，水即全部经泄水道下泄。在闭气的同时，为使围堰能挡住当时可能出现的洪水，必须立即加高培厚围堰，使之迅速达到相应设计水位的高程以上。

截流工程是整个水利枢纽施工的关键，它的成败直接影响着工程进度。如失败了，就可能使进度推迟一年。截流工程的难易程度取决于河道流量、泄水条件，龙口的落差、流速、地形地质条件，材料供应情况及施工方法、施工设备等因素。因此事先必须经过充分的分析研究，采取适当措施，才能保证截流施工中争取主动，顺利完成截流任务。

河道截流工程在我国已有千年以上的历史。在黄河防汛、海塘工程和灌溉工程上积累了丰富的经验，施工方便速度快，而且就地取材，因地制宜，经济适用。新中国成立后，我国水利建设发展很快，江淮平原和黄河流域的不少截流堵口、导流堰工程多是采用这些传统方法完成的。此外，还广泛采用了高度机械化投块料截流的方法。

选择截流方式应充分分析水力学参数、施工条件和难度、抛投物数量和性质，并进行技术经济比较。截流方法包括以下几种。

1. 单戗立堵截流。简单易行，辅助设备少，较经济，适用于截流落差不超过 3.5m，但龙口水流能量相对较大，流速较高，需制备较多的重大抛投物料。

2. 双戗和多戗立堵截流。可分担总落差，改善截流难度，适用于截流落差大于 3.5m。

3. 建造浮桥或栈桥平堵截流。水力学条件相对较好，但造价高，技术复杂，一般不常选用。

4. 定向爆破截流、建闸截流等。只有在条件特殊充分论证后方宜选用。

二、投抛块料截流

投抛块料截流是目前国内外最常用的截流方法，适用于各种情况，特别适用于大流量、大落差的河道上的截流。该法是在龙口投抛石块或人工块体（混凝土方块、混凝土四面体铅丝笼柳石枕、串石等）堵截水流，迫使河水经导流建筑物下泄。采用投抛块料截流，按不同的投抛合龙方法，截流可分为立堵、平堵、混合堵三种方法。

（一）立堵法

先在河床的一侧或两侧向河床中填筑截流戗堤，逐步缩窄河床，即进占；当河床束窄到一定的过水断面时即行停止（这个断面称为龙口），对河床及龙口戗堤端部进行防冲加固（护底及裹头）；然后掌握时机封堵龙口，使戗堤合龙；最后为了解决戗堤的漏水，必须即时在戗堤迎水面设置防渗设施（闭气）。整个截流过程包括进占、护底及裹头、合龙和闭气等项工作。截流之后，对戗堤加高培厚即修成围堰。

（二）平堵法

平堵法截流是沿整个龙口宽度全线抛投，抛投料堆筑体全面上升，直至露出水面。为此，合龙前必须在龙口架设浮桥。由于它是沿龙口全宽均匀平层抛投，所以其单宽流量较小，出现的流速也较小，需要的单个抛投材料重量也较轻，抛投强度较大，施工速度较快，但有碍通航。

（三）混合堵

混合堵是指立堵结合平堵的方法。在截流设计时，可根据具体情况采用立堵与平堵相结合的截流方法，如先用立堵法进占，然后在龙口小范围内用平堵法截流；或先用船抛土石材料平堵法进占，然后再用立堵法截流。用得比较多的是首先从龙口两端下料保护戗堤头部同时进行护底工程并抬高龙口底槛高程到一定高度，最后用立堵截断河流。平堵可以采用船抛，然后用汽车立堵截流。

三、爆破截流

（一）定向爆破截流

如果坝址处于峡谷地区，而且岩石坚硬，交通不便，岸坡陡峻，缺乏运输设备时，可利用定向爆破截流。我国某个水电站的截流就利用左岸陡峻岸坡设计设置了三个药包，一次定向爆破成功，堆筑方量 6800m³，堆积高度平均 10m，封堵了预留的 20m 宽龙口，有效抛掷率为 68%。

（二）预制混凝土爆破体截流

为了在合龙关键时刻瞬间抛入龙口大量材料封闭龙口，除了用定向爆破岩石外，还可在河床上预先浇筑巨大的混凝土块体，合龙时将其支撑体用爆破法炸断，使块体落入水中，将龙口封闭。

采用爆破截流，虽然可以利用瞬时的巨大抛投强度截断水流但因瞬间抛投强度很大，材料入水时会产生很大的挤压波，巨大的波浪可能使已修好的戗堤遭到破坏，并造成下游河道瞬间断流。此外，定向爆破岩石时，还需校核个别飞石距离、空气冲击波和地震的安全影响距离。

四、下闸截流

人工泄水道的截流，常在泄水道中预先修建闸墩，最后采用下闸截流。天然河道中，有条件时也可设截流闸，最后下闸截流，三门峡鬼门河泄流道就曾采用这种方式，下闸时最大落差达 7.08m，历时 30 余小时；神门岛泄水道也曾考虑下闸截流，但闸墩在汛期被冲倒，后来改为管柱拦石栅截流。

除以上方法外，还有一些特殊的截流合龙方法，如木笼、水力冲填法截流等。

综上所述，截流方式虽多，但通常多采用立堵、平堵或混合堵截流方式。截流设计中，应充分考虑影响截流方式选择的条件，拟定几种可行的截流方式通过对水文气象条件、地形地质条件、综合利用条件、设备供应条件、经济指标等进行全面分析，经技术比较选定最优方案。

五、截流时间和设计流量的确定

（一）截流时间的选择

截流时间应根据枢纽工程施工控制性进度计划或总进度计划决定，至于时段选择，一般应考虑以下原则，经过全面分析比较而定。

1.尽可能地在较小流量时截流，但必须全面考虑河道的水文特性和截流应完成的各项控制工程量，合理使用枯水期。

2.对于具有通航、灌溉、供水、过木等特殊要求的河道，应全面兼顾这些要求，尽量使截流对河道的综合利用的影响最小。

3.有冰冻河流，一般不在流冰期截流，避免截流和闭气工作复杂化，如特殊情况必须在流冰期截流时应有充分论证，并有周密的安全措施。

（二）截流设计流量的确定

一般设计流量按频率法确定，根据已选定截流时段，采用该时段内一定频率的流量作为设计流量。当水文资料系列较长，河道水文特性稳定时，可应用这种方法。至于预报法，因当前的可靠预报期较短，一般不能在初步设计中应用，但在截流前夕有可能根据预报流量适当修改设计。在大型工程截流设计中，通常以选取一个流量为主，再考虑较大、较小流量出现的可能性，用几个流量进行截流计算和模型试验研究。对于有深槽和浅滩的河道，如分流建筑物布置在浅滩上，对截流的不利条件，要特别进行研究。

六、截流戗堤轴线和龙口位置的选择方法

（一）戗堤轴线的位置选择

通常截流戗堤是土石横向围堰的一部分，应结合围堰结构和围堰布置统一考虑。单戗截流的戗堤可布置在上游围堰或下游围堰中非防渗体的位置。如果戗堤靠近防渗体，在二者之间应留足闭气料或过渡带的厚度，同时应防止合龙时的流失料进入防渗体部位，以免在防渗体底部形成集中漏水通道。为了在合龙后能迅速闭气并进行基坑抽水，一般情况下将单戗堤布置在上游围堰内。

当采用双戗多戗截流时，戗堤间距应满足一定要求，才能发挥每条戗堤分担落差的作用。如果围堰底宽不太大，上、下游围堰间距也不太大时，可将两条戗堤分别布置在上、

下游围堰内，大多数双戗截流工程都是这样做的。如果围堰底宽很大，上、下游间距也很大，可考虑将双戗布置在一个围堰内。当采用多戗时，一个围堰内通常也需布置两条戗堤，此时，两戗堤间均应有适当距离。

在采用土石围堰的一般情况下，均将截戗堤布置在围堰范围内。但是也有戗堤不与围堰相结合的，戗堤轴线位置选择应与龙口位置相一致。如果围堰所在处的地质、地形条件不利于布置戗堤和龙口，而戗堤工程量又很小，则可能将截流戗堤布置在围堰以外。龚嘴工程的截流戗就布置在上、下游围堰之间，而不与围堰相结合。由于这种戗堤多数均需拆除，因此，采用这种布置时应有专门论证。选择平堵截流戗堤轴线的位置时，应考虑便于抛石桥的架设。

（二）龙口位置的选择

选择龙口位置时，应着重考虑地质地形条件及水力条件。从地质条件来看，龙口应尽量选在河床抗冲刷能力强的地方，如岩基裸露或覆盖层较薄处，这样可避免合龙过程中的过大冲刷，防止戗堤突然塌方失事。从地形条件来看，龙口河底不宜有顺流流向陡坡和深坑。如果龙口能选在底部基岩面粗糙、参差不齐的地方，则有利于抛投料的稳定。另外，龙口周围应有比较宽阔的场地，离料场和特殊截流材料堆场的距离近，便于布置交通道路和组织高强度施工，这一点也是十分重要的。从水力条件来看，对于有通航要求的河流，预留龙口一般均布置在深槽主航道处，有利于合龙前的通航，至于对龙口的上、下游水流条件的要求，以往的工程设计中有两种不同的见解：一种认为龙口应布置在浅滩，并尽量造成水流进出龙口折冲和碰撞，以增大附加重水作用；另一种认为进出龙口的水流应平直顺畅，因此可将龙口设在深槽中。实际上，这两种布置各有利弊，前者进口处的强烈侧向水流对戗堤端部抛投料的稳定不利，由龙口下泄的折冲水流易对下游河床和河岸造成冲刷。后者的主要问题是合龙段戗堤高度大，进占速度慢，而且深槽中水流集中，不易创造较好的分流条件。

（三）龙口宽度

龙口宽度主要根据水力计算而定，对于通航河流，决定龙口宽度时应着重考虑通航要求，对于无通航要求的河流，主要考虑戗堤预进占所使用的材料及合龙工程量的大小。形成预留龙口前，通常均使用一般石渣进占，根据其抗冲流速可计算出相应的龙口宽度。此外，合龙是高强度施工，一般合龙时间不宜过长，工程量不宜过大。当此要求与预进占材料允许的束窄度有矛盾时，也可考虑提前使用部分大石块，或者尽量提前分流。

（四）龙口护底

对于非岩基河床，当覆盖层较深，抗冲能力小，截流过程中为防止覆盖层被冲刷，一般在整个龙口部位或困难区段进行平抛护底，防止截流料物流失量过大。对于岩基河床，有时为了降低截流难度，增大河床糙率，也抛投一些料物护底并形成拦石坎。计算最大块体时应按护底条件选择稳定系数。

以葛洲坝工程为例，预先对龙口进行护底，保护河床覆盖层免受冲刷，减少合龙工程量。护底的作用还可增大糙率，改善抛投的稳定条件，减少龙口水深。根据水工模型试验，经护底后，25t混凝土四面体有97%稳定在戗堤轴线上游，如不护底，则仅有62%稳定。此外，通过护底还可以增加戗堤端部下游坡脚的稳定，防止塌坡等事故的发生。对护底的结构型式，曾比较了块石护底、块石与混凝土块组合护底及混凝土块拦石坎护底三个方案。块石护底主要用粒径0.4~1.0m的块石，模型试验表明，此方案护底下面的覆盖层有掏刷，护底结构本身也不稳定；块石与混凝土块组合护底是由0.4~0.7m的块石和15t混凝土四面体组成，这种组合结构是稳定的，但水下抛投工程量大；混凝土块拦石坎护底是在龙口困难区段一定范围内预抛大型块体形成潜坝，从而起到拦阻截流抛投料物流失的作用。混凝土块拦石坎护底，工程量较小而效果显著，影响航运较少，且施工简单，经比较选用钢架石笼与混凝土预制块石的拦石坎护底。在龙口120m困难段范围内，以17t混凝土五面体在龙口上侧形成拦石坎，然后用石笼抛投下游侧形成压脚坎，用以保护拦石坎。龙口护底长度视截流方式而定，对平堵截流，一般经验认为紊流段均需防护，护底长度可取相应于最大流速时最大水深的3倍。

对于立堵截流护底长度主要视水跃特性而定。根据苏联经验，在水深20m以内戗堤线以下护底长度一般可取最大水深的3~4倍，轴线以上可取2倍，即总护底长度可取最大水深的5~6倍。葛洲坝工程上、下游护底长度各为25m，约相当于2.5倍的最大水深，即总长度约相当于5倍最大水深。龙口护底是一种保护覆盖层免受冲刷，降低截流难度，提高抛投料稳定性及防止戗堤头部坍塌的行之有效的措施。

第三节　施工排水

在截流戗堤合龙闭气以后，就要排除基坑中的积水和渗水，随后在开挖基坑和进行基坑内建筑物的施工中，还要经常不断地排除渗入基坑内的渗水和可能遇到的降水，以保证干地施工。在河岸上修建水工建筑物时，如基坑低于地下水位，也要进行基坑排水。

一、基坑排水的分类

基坑排水工作按排水时间及性质，一般可分为：基坑开挖前的初期排水，包括基坑积水、基坑积水排除过程中围堰及基坑的渗水和降水的排除；基坑开挖及建筑物施工过程中的经常性排水，包括围堰和基坑的渗水、降水、地基岩石冲洗及混凝土养护用废水的排除等。

二、初期排水

1. 排水流量的确定

排水流量包括基坑积水、围堰堰身和地基、岸坡渗水、围堰接头漏水、降雨汇水等。对于混凝土围堰，堰身可视为不透水，除基坑积水外，只计算基础渗水量；对于木笼、竹笼等围堰，如施工质量较好，渗水量也很小；但如施工质量较差时，则漏水较大，需区别对待。围堰接头漏水的情况也是如此。降雨汇水计算标准可同经常性排水、初期排水总抽水量为上述诸项之和，其中应包括围堰堰体水下部分及覆盖层地基的含水。积水的计算水位，根据截流程序的不同而异。当先截上游围堰时，基坑水位可近似地用截流时的下游水位；当先截下游围堰时，基坑水位可近似采用截流时的上游水位。过水围堰基坑水位应根据退水闸的泄水条件确定。当无退水闸时，抽水的起始水位可近似地按下游堰顶高程计算。排水时间主要受基坑水位下降速度的限制。基坑水位允许下降速度视围堰形式、地基特性及基坑内水深而定。水位下降太快，则围堰或基坑边坡中动水压力变化过大，容易引起塌坡；下降太慢，则影响基坑开挖时间。一般下降速度限制在 0.5~1.5m/d 以内，对土石围堰取下限，混凝土围堰取上限。

排水时间的确定，应考虑基坑工期的紧迫程度、基坑水位允许下降速度、各期抽水设备及相应用电负荷的均匀性等因素，进行比较后选定。

排水量的计算：根据围堰形式计算堰身及地基渗流量，得出基坑内外水位差与渗流量的关系曲线；然后根据基坑允许下降速度，考虑不同高程的基坑面积后计算出基坑排水强度曲线。将上述两条曲线叠加后，便可求得初期排水的强度曲线，其中最大值为初期排水的计算强度。根据基坑允许下降速度，确定初期排水时间。以不同基坑水位的抽水强度乘上相应的区间排水时间之总和，便得初期排水总量。

试抽法。在实际施工中，在制订措施计划时，还常用试抽法来确定设备容量。试抽时有以下三种情况：

（1）水位下降很快，表明原选用设备容量过大，应关闭部分设备，使水位下降速度符合设计规定。

（2）水位不下降，此时有两种可能性，基坑有较大漏水通道或抽水容量过小。应查明漏水部位并及时堵漏，或加大抽水容量再行试抽。

（3）水位下降至某一深度后不再下降。此时表明排水量与渗水量相等，需增大抽水容量并检查渗漏情况，进行堵漏。

2. 排水泵站的布置

泵站的设置应尽量做到扬程低、管路短、少迁移、基础牢、便于管理、施工干扰少，并尽可能地使排水和施工用水相结合。

初期排水布置视基坑积水深度不同，有固定式抽水站和移（浮）动式抽水站两种。由于水泵的允许吸出高度在5m左右，因此当基坑水深在5m以内时，可采用固定式抽水站，此时常设在下游围堰的内坡附近。当抽水强度很大时，可在上、下游围堰附近分设两个以上的抽水站。当基坑水深大于5m时，则以采用移（浮）动式抽水站为宜。此时水泵可布置在沿斜坡的滑道上，利用绞车操纵其上、下移动；或布置在浮动船、筏上，随基坑水位上升和下降，避免水泵在抽水中多次移动，影响抽水效率和增加不必要的抽水设备。

三、经常性排水

1. 排水系统的布置

排水系统的布置通常应考虑两种不同的情况：一是基坑开挖过程中的排水系统布置；二是基坑开挖完成后建筑物施工过程中的排水系统布置。在具体布置时，最好能结合起来考虑，并使排水系统尽可能地不影响施工。

（1）基坑开挖过程中的排水系统

应以不妨碍开挖和运输工作为原则。根据土方分层开挖的要求，分次降低地下水位，通过不断降低排水沟高程，使每一开挖土层呈干燥状态。一般常将排水干沟布置在基坑中部，以利两侧出土。随着基坑开挖工作的进展，逐渐加深排水干沟和支沟，通常保持干沟深度为1.0~1.5m，支沟深度为0.3~0.5m。集水井布置在建筑物轮廓线的外侧，集水井应低于干沟的沟底。

有时基坑的开挖深度不一，即基坑底部不在同一高程，这时应根据基坑开挖的具体情况布置排水系统。有的工程采用层层截流、分级抽水的方式，即在不同高程上布置截水沟、集水井和水泵，进行分级排水。

（2）修建建筑物时的排水系统

该阶段排水的目的是控制水位低于基坑底部高程，保证施工在干地条件下进行。修建建筑物时的排水系统通常都布置在基坑的四周，排水沟应布置在建筑物轮廓线的外侧，距基坑边坡坡脚不小于0.3~0.5m，排水沟的断面和底坡，取决于排水量的大小。一般排水沟底宽不小于0.3m，沟深不大于1.0m，底坡不小于2%。在密实土层中，排水沟可以不用支撑，但在松土层中，则需木板支撑。

水经排水沟流入集水井，在井边设置水泵站，将水从集水井中抽出。集水井布置在建筑物轮廓线以外较低的地方，它与建筑物外缘的距离必须大于井的深度。井的容积至少要保证水泵停工10~15min，由排水沟流入集水井中的水量不致集水井漫溢。

为防止降雨时因地面径流进入基坑而增排水量甚至淹没基坑影响正常施工，往往在基坑外缘挖设排水沟或截水沟，以拦截地表水。排水沟或截水沟的断面尺寸及底坡应根据流量和土质确定，一般沟宽和沟深不小于0.5m，底坡不小于2%，基坑外地面排水最好与道路排水系统结合，便于采用自流排水。

2. 排水量的估算

经常性排水包括围堰和基坑的渗水、排水过程中的降水、施工弃水等。

渗水。主要计算围堰堰身和基坑地基渗水两部分，应按围堰工作过程中可能出现的最大渗透水头来计算，最大渗水量还应考虑围堰接头漏水及岸坡渗流水量等。

降水汇水。取最大渗透水头出现时段中日最大降雨强度进行计算，要求在当日排干。当基坑有一定的集水面积时，需修建排水沟或截水墙，将附近山坡形成的地表径流引向基坑以外。当基坑范围内有较大集雨面积的溪沟时还需有相应的导流措施，以防暴雨径流淹没基坑。

施工用水包括混凝土养护用水、冲洗用水（凿毛冲洗、模板冲洗和地基冲洗等）、冷却用水、土石坝的碾压和冲洗用水及施工机械用水等。用水量应根据气温条件、施工强度、混凝土浇筑层厚度、结构形式等确定。混凝土养护用弃水，可近似地以每方混凝土每次用水 5L、每天养护 8 次计算，但降水和施工弃水不得叠加。

四、人工降低地下水位

在经常性排水过程中，为保证基坑开挖工作始终在干地进行，常常要多次降低排水沟和集水井的高程，变换水泵站的位置，影响开挖工作的正常进行。此外，在开挖细沙土、沙壤土一类地基时，随着基坑底面的下降，坑底与地下水位的高差越来越大，在地下水渗透压力作用下，容易产生边坡坍塌、坑底隆起等事故，对开挖带来不利影响。采用人工降低地下水位就可避免上述问题的发生。

人工降低地下水位的方法按排水工作原理来分有管井法和井点法两种。

1. 管井法降低地下水位

管井法降低地下水位时，在基坑周围布置一系列管井，管井中放入水泵的吸水管，地下水在重力作用下流入井中，被水泵抽走。

管井法降低地下水位时，需先设管井，管井通常由下沉钢井管组成，在缺乏钢管时也可用预制混凝土管代替。

井管的下部安装水管节（滤头），有时在井管外还需设置反滤层，地下水从滤水管进入井管中，水中的泥沙则沉淀在管中。

井管通常用射水法下沉，当土层中夹有硬黏土、岩石时，需配合钻机钻孔。射水下沉时，先用高压水冲土，下沉套管，较深时可配合振动或锤击，然后在套管中插入井管，最后在套管与井管的间隙中间填反滤层和拔套管。管井中可应用各种抽水设备，但主要是离心式水泵、深井水泵或潜水泵。

2. 井点法降低地下水位

井点法和管井法不同，它把井管和水泵的吸水管合二为一，简化了井的构造，便于施工。井点法降低地下水位的设备，根据其降深能力分轻型井点（浅井点）和深井点等。

（1）轻型井点

轻型井点是由井管、集水总管、普通离心式水泵、真空泵和集水箱等设备组成的一个排水系统。

轻型井点井管直径为38~50mm，间距为0.6~1.8m，最大可到3.0m，地下水从井管下端的滤水管借真空泵和水泵的作用流入管内，沿井管上升汇入集水总管，经集水箱，由水泵抽出。

井点系统排水时，地下水位的下降深度，取决于集水箱的真空度与管路的漏气和水头损失。一般集水箱内真空度为53~80kPa（400~600mmHg），相应的吸水高度5~8m，扣去各种损失后，地下水位的下降深度为4~5m。当要求地下水位降低的深度超过4m时，可以像井管一样分层布置井点，每层控制3~4m，但以不超过三层为宜。

（2）深井点

深井点与轻型井点不同，它的每一根井管上都装有扬水器（水力扬水器或压气扬水器），因此它不受吸水高度的限制，有较大的降深能力。深井点有喷射井点和压气扬水井点两种。

①喷射井点

喷射井点由集水池、高压水泵、输水干管和喷射井管等组成。喷射井点排水的过程是：高压水泵将高压水压入内管与外管间的环形空间，经进水孔由喷嘴以10~50m/s高速喷出，由此产生负压，使地下水经滤管吸入内管，在混合室中与高速的工作水混合，经喉管和扩散管以后，流速水头转变为压力水头，将水压到地面的集水池中。

高压水泵从集水池中抽水作为工作水，而池中多余的水则任其流走或用低压水泵抽走。通常一台高压水泵能为30~35个井点服务，其最适宜的降低水位范围为5~18m。喷射井点的排水效率不高，一般用于渗透系数为3~50m/d、渗流量不大的场合。

②压气扬水井点

压气扬水井点是用压气扬水器进行排水。排水时压缩空气由输气管送来，由喷气装置进入扬水管，于是，管内容重较轻的水气混合液，在管外压力的作用下，沿扬水管上升到地面排走。为了达到一定的扬水高度，就必须将扬水管沉入井中足够的潜没深度，使扬水管内外有足够的压力差。压气扬水井点降低地下水最大可达40m。

③电渗井

在渗透系数小于0.1m/d的黏土或淤泥中降低地下水位时，比较有效的方法是电渗井点降水。

电渗井点排水时，沿基坑四周布置两列正负电极。正极通常由金属管做成，负极就是井点的排水井，在土中通过电流以后，地下水将从金属管（正极）向井点（负极）移动集中，然后再由井点系统的水泵抽走。电流由直流发电机提供。

第四节 导流验收

根据 SL 223—2008《水利水电建设工程验收规程》，枢纽工程在导（截）流前，应由项目法人提出验收申请，竣工验收主持单位或其委托单位主持对其进行阶段验收。

阶段验收委员会由验收主持单位、质量和安全监督机构、工程项目所在地水利（务）机构、运行管理单位的代表以及有关专家组成，可邀请地方人民政府以及有关部门参加。

大型工程在阶段验收前，验收主持单位根据工程建设需要，成立专家组，先进行技术预验收。如工程实施分期导（截）流时，可分期进行导（截）流验收。

一、验收条件

1. 导流工程已基本完成，具备过流条件，投入使用（包括采取措施后）不影响其他未完工程继续施工。

2. 满足截流要求的水下隐蔽工程已完成。

3. 截流设计已获批准，截流方案已编制完成，并做好各项准备工作。

4. 工程度汛方案已经有管辖权的防汛指挥部门批准，相关措施已落实。

5. 截流后壅高水位以下的移民搬迁安置和库底清理已完成并通过验收。

6. 有航运功能的河道，碍航问题已得到解决。

二、验收内容

1. 检查已完成的水下工程、隐蔽工程导（截）流工程是否满足导（截）流要求。

2. 检查建设征地、移民搬迁安置和库底清理完成情况。

3. 审查导（截）流方案，检查导（截）流措施和准备工作落实情况。

4. 检查为解决碍航等问题而采取的工程措施落实情况。

5. 鉴定与截流有关已完工程施工质量。

6. 对验收中发现的问题提出处理意见。

7. 讨论并通过阶段验收鉴定书。

三、验收程序

1. 现场检查工程建设情况及查阅有关资料。

2. 召开大会

（1）宣布验收委员会组成人员名单。

（2）检查已完工程的形象面貌和工程质量。

（3）检查在建工程的建设情况。

（4）检查后续工程的计划安排和主要技术措施落实情况，以及是否具备施工条件。

（5）检查拟投入使用工程是否具备运行条件。

（6）检查历次验收遗留问题的处理情况。

（7）鉴定已完工程施工质量。

（8）对验收中发现的问题提出处理意见。

（9）讨论并通过阶段验收鉴定书。

（10）验收委员会委员和被验收单位代表在验收鉴定书上签字。

四、验收鉴定书

导（截）流验收的成果文件是主体工程投入使用验收鉴定书，是主体工程投入使用运行的依据，也是施工单位向项目法人交接、项目法人向运行管理单位移交的依据。

自验收鉴定书通过之日起 30 个工作日内，验收主持单位发送各参验单位。

第五节　围堰拆除

围堰是临时建筑物，导流任务完成后，应按设计要求拆除，以免影响永久建筑物的施工及运转。如在采用分段围堰法导流时，第一期横向围堰的拆除，如果不合要求，势必会增加上、下游水位差，从而增加截流工作的难度，增大截流料物的质量及数量。这类教训在国内外有不少，如苏联的伏尔谢水电站截流时，上、下游水位差是 1.88m，其中由于引渠和围堰没有拆除干净造成的水位差就有 1.73m。又如下游围堰拆除不干净，会抬高尾水位，影响水轮机的利用水头，如浙江省富春江水电站曾受此影响，降低了水轮机出力，造成了不应有的损失。

土石围堰相对来说断面较大，拆除工作一般是在运行期限的最后一个汛期过后，随上游水位的下降，逐层拆除围堰的背水坡和水上部分。必须保证依次拆除后所残留的断面能继续挡水和维持稳定，以免发生安全事故，使基坑过早淹没，影响施工。土石围堰的拆除一般可用挖土机或爆破开挖等方法。

钢板桩格型围堰的拆除，首先要用抓斗或吸石器将填料清除，然后用拔桩机起拔钢板桩。混凝土围堰的拆除，一般只能用爆破法炸除，但应注意，必须使主体建筑物或其他设施不受爆破危害。

控制爆破是为达到一定目的的爆破，如定向爆破、预裂爆破、光面爆破、岩塞爆破、微差控制爆破、拆除爆破、静态爆破、燃烧剂爆破等。

1. 定向爆破

定向爆破是一种加强抛掷爆破技术，它利用炸药爆炸能量的作用，在一定的条件下，可将一定数量的土岩经破碎后按预定的方向抛掷到预定地点，形成具有一定质量和形状的建筑物或开挖成一定断面的渠道。

在水利水电工程建设中，可以用定向爆破技术修筑土石坝、围堰、截流戗堤以及开挖渠道、溢洪道等。在一定条件下，采用定向爆破方法修建上述建筑物，较之用常规方法可缩短施工工期、节约劳力和资金。

定向爆破主要是使抛掷爆破最小抵抗线方向符合预定的抛掷方向，并且在最小抵抗线方向事先造成定向坑，利用空穴聚能效应集中抛掷，这是保证定向的主要手段。造成定向坑的方法，在大多数情况下，都是利用辅助药包，让它在主药包起爆前先爆，形成一个起走向坑作用的爆破漏斗。如果地形有天然的凹面可以利用，也可不用辅助药包。

2. 预裂爆破

在开挖石方时，在主爆区爆破之前沿设计轮廓线先爆出一条具有一定宽度的贯穿裂缝，以缓冲、反射开挖爆破的振动波，控制其对保留岩体的破坏影响，使之获得较平整的开挖轮廓，此种爆破技术被称为预裂爆破。

在水利水电工程施工中，预裂爆破不仅在垂直、倾斜开挖壁面上得到了广泛应用；在规则的曲面扭曲面以及水平建基面等也采用预裂爆破。

3. 光面爆破

光面爆破也是控制开挖轮廓的爆破方法之一。它与预裂爆破的不同之处在于光面爆孔的爆破是在开挖主爆孔的药包爆破之后进行。它可以使爆裂面光滑平顺，超欠挖均很少，能近似形成设计轮廓要求的爆破。光面爆破一般多用于地下工程的开挖，露天开挖工程中用得比较少，只是在一些有特殊要求或者条件有利的地方使用。

4. 岩塞爆破

岩塞爆破系一种水下控制爆破。当在已成水库或天然湖泊内取水发电、灌溉供水或泄洪时，为修建隧洞的取水工程，避免在深水中建造围堰，采用岩塞爆破是一种经济而有效的方法。它的施工特点是先从引水隧洞出口开挖，直到掌子面到达库底或湖底邻近，然后预留一定厚度的岩塞，待隧洞和进口控制闸门井全部建完后，一次将岩塞炸除，使隧洞和水库连通。

岩塞应根据隧洞的使用要求、地形、地质因素来布置。岩塞宜选择在覆盖层薄、岩石坚硬完整，且层面与进口中线交角大的部位，特别应避开节理、裂隙、构造发育的部位。岩塞的开口尺寸应满足进水流量的要求。岩塞厚度应为开口直径的1~1.5倍。太厚难于一次爆通，太薄则不安全。

水下岩塞爆破装药量计算，应考虑岩塞上静水压力的阻抗，用药量应比常规抛掷爆破药量增大20%~30%。为了控制进口形状，岩塞周边采用预裂爆破以减震防裂。

第二章 水利工程堤防施工

第一节 概述

一、堤防名称

堤也称"堤防"。沿江、河、湖、海，排灌渠道或分洪区、行洪区界修筑用以约束水流的挡水建筑物。其断面形状为梯形或复式梯形。按其所处地位及作用，又分为河堤、湖堤、渠堤、水库围堤等。黄河下游堤防起自战国时代，到汉代已具相当大的规模。

大堤一般指防洪标准较高的堤防，如"临黄大堤""荆江大堤"等。黄河下游两岸大堤，大部分是在铜瓦厢决口黄河夺大清河入海后逐渐培修形成的。新中国成立后，在"宽河固堤"方针的指导下，已进行过三次大修堤，其防御标准近期为防花园口站22000立方米每秒。

临黄堤是黄河下游现今的设防大堤。左岸起自河南孟州市中曹坡，至山东省利津县四段，长710.66公里；右岸起自河南孟津县牛庄，至山东省垦利区21户，长612.19公里。

二、堤防分类

1. 按抵抗水体性质分类

按抵抗水体性质的不同分为河堤湖堤、水库堤防和海堤。

2. 按筑堤材料分类

按筑堤材料的不同分为土堤、石堤、土石混合堤及混凝土浆砌石、钢筋混凝土防洪墙。

一般将土堤、石堤、土石混合堤称为防洪堤；由于混凝土、浆砌石混凝土或钢筋混凝土的堤体较薄，习惯上称为防洪墙。

3. 按堤身断面分类

按堤身断面形式的不同，分为斜坡式堤、直墙式堤或直斜复合式堤。

4. 按防渗体分类

按防渗体的不同，分为均质土堤、斜墙式土堤、心墙式土堤、混凝土防渗墙式土堤。

堤防工程的形式应根据因地制宜、就地取材的原则，结合堤段所在的地理位置、重要程度、堤址地质、筑堤材料、水流及风浪特性、施工条件、运行和管理要求、环境景观、工程造价等技术经济比较来综合确定。如土石堤与混凝土堤相比，边坡较缓，占用面积空间大，防渗防冲及抗御超额洪水与漫顶的能力弱，需合理和科学设计。混凝土堤则坚固耐冲，但对软基适应性差、造价高。

中国堤防根据所处的地理位置和堤内地形的切割情况，堤基水文地质结构特征按透水层的情况分为透水层封闭模式和渗透模式两大类。堤防施工主要包括堤料选择、堤基（清理）施工、堤身填筑（防渗）等内容。

三、黄河标准化堤防

黄河下游标准化堤防从 2002 年开始建设，按照现有设计标准对黄河防洪工程进行放淤固堤，堤防帮宽，并配套建成堤顶道路，防浪林建设等，实现防洪保障线、抢险交通线和生态景观线功能。

防洪保障线强调防洪保安全，是标准化堤防建设的首要任务，即按防洪设计标准建设堤顶宽度 10~12m，堤顶高程为设计洪水位加超高，临背河坡均为 1：3 的标准断面堤防，30~50m 宽的防浪林和 100m 宽的防渗加固淤背体；抢险交通线，即在堤防上修建道路，为防洪抢险服务，用于防汛抢险车辆的交通运输；生态景观线，指大堤行道林、背河护堤地的抢险取材林以及淤背体的适生林建设。

黄河标准化堤防建设是"三条黄河"建设的重要组成部分，是维持黄河健康生命、打造母亲河健康体魄的重要手段之一。根据国家的黄河治理部署，黄委决定从 2002 年起在黄河南岸的郑州、开封、济南及菏泽东明段率先实施第一期标准化堤防建设。

为确保黄河防洪安全，加快黄河下游治理步伐，根据 2001 年国务院 116 次总理办公会审查批准的《关于加快黄河治理开发若干重大问题的意见》和《黄河近期重点治理开发规划》以及水利部汪恕诚部长提出的"堤防不决口、河道不断流、水质不超标、河床不抬高"的黄河治理目标，2002 年黄委决定建设黄河下游标准化堤防，即通过对堤防实施堤身帮宽、放淤固堤、险工加高改建、修筑堤顶道路、建设防浪林和生态防护林等工程，构造"防洪保障线、抢险交通线和生态景观线"，形成标准化的堤防体系，确保黄河下游防御花园口22000 立方米每秒洪水时安全度汛，构造维护可持续发展和维持黄河健康生命的基础设施，达到人与自然和谐。

黄河标准化堤防建设是新时期实施治黄规划，提高堤防防洪能力的一项重大举措，对进一步完善黄河防洪工程体系，确保黄河安澜，促进沿黄区域社会经济的可持续发展具有十分重大的意义。其基本标准是：堤顶帮宽至 12m，堤顶硬化宽度 6m，堤顶两侧各种植一行风景树，堤肩种植花草；平工段临河种植 50m 宽防浪林；背河为 100m 宽淤区，淤区高程与 2000 年设防水位平，淤区成品后种植适生林。

第二节 堤防级别

防洪标准是指防洪设施应具备的防洪（或防潮）能力，一般情况下，当实际发生的洪水小于防洪标准洪水时，通过防洪系统的合理运用，实现防洪对象的防洪安全。

由于历史最大洪水会被新的更大的洪水所超过，所以任何防洪工程都只能具有一定的防洪能力和相对的安全度。堤防工程建设根据保护对象的重要性，选择适当的防洪标准，若防洪标准高，则工程能防御特大洪水，相应耗资巨大。虽然在发生特大洪水时减灾效益很大，但毕竟特大洪水发生的概率很低，甚至在工程寿命期内不会出现，容易造成资金积压，长期不能产生效益，还可能因增加维修管理费而造成更大的浪费；若防洪标准低，则所需的防洪设施工程量小，投资少，但防洪能力弱、安全度低、工程失事的可能性就大。

一、堤防工程防洪标准和级别

堤防工程本身没有特殊的防洪要求，其防洪标准和级别划分依赖于防护对象的要求，是根据防护对象的重要性和防护区范围大小而确定的。堤防工程防洪标准，通常以洪水的重现期或出现频率表示。按照《堤防工程设计规范》（GB 50286—2013）的规定，堤防工程级别是依据堤防工程的防洪标准判断的。

二、堤防工程设计洪水标准

依照防洪标准所确定的设计洪水，是堤防工程设计的首要资料。目前设计洪水标准的表达方法，以采用洪水重现期或出现频率较为普遍。例如，上海市新建的黄浦江防汛（洪）墙采用千年一遇的洪水作为设计洪水标准。作为参考比较，还可从调查、实测某次大洪水作为设计洪水标准。例如长江以 1954 年型洪水为设计洪水标准、黄河以 1958 年花园口站发生的洪峰流量 22000m/s 为设计洪水标准等。为了安全防洪，还可根据调查的大洪水适当提高作为设计洪水标准。

因为堤防工程为单纯的挡水构筑物，运用条件单一，在发生超设计标准的洪水时，除临时防汛抢险外，还运用其他工程措施为配合，所以可只采用一个设计标准，不用校核标准。

在确定堤防工程的防洪标准与设计洪水时，还应考虑到有关防洪体系的作用，如江河、湖泊的堤防工程，由于上游修筑水库或开辟分洪区滞洪区、分洪道等，堤防工程的防洪标准和设计洪水标准就提高了。

三、堤防级别、防洪标准与防护对象

对于堤防工程本身来说，并没有特殊的防洪要求，只是其级别划分和设计标准依赖于防护对象的要求，堤防工程的设计管理和对其安全也就有不同的要求。根据现行国家标准《堤防工程设计标准》（GB 50286—1998）中的规定，堤防工程的级别是依据堤防的防洪标准判断的。

堤防工程的设计应以所在河流、湖泊、海岸带的综合规划或防洪、防潮专业规划为依据。城市堤防工程的设计，还应以城市总体规划为依据。堤防工程的设计，应具备可靠的气象水文、地形地貌、水系水城、地质及社会经济等基本资料；堤防加固、扩建设计，还应具备堤防工程现状及运用情况等资料。堤防工程设计应满足稳定、渗流、变形等方面的要求。堤防工程设计，应贯彻因地制宜、就地取材的原则，积极慎重地采用新技术、新工艺新材料。位于地震烈度 7 度及其以上地区的 1 级堤防工程，经主管部门批准，应进行抗震设计。堤防工程设计除符合本规范外，还应符合国家现行有关标准的规定。对于遭受洪灾或失事后损失巨大、影响十分严重的堤防工程，其级别可适当提高；遭受洪灾或失事后损失及影响较小或使用期限较短的临时堤防工程，其级别可适当降低。

对于海堤的乡村防护区，当人口密集、乡镇企业较发达、农作物高产或水产养殖产值较高时，其防洪标准可适当提高；海堤的级别亦相应提高。蓄、滞洪区堤防工程的防洪标准，应根据批准的流域防洪规划或区域防洪规划的要求专门确定。堤防工程上的闸、涵、泵站等建筑物及其他构筑物的设计防洪标准，不应低于堤防工程的防洪标准，并应留有适当的安全裕度。

堤防工程级别和防洪标准，都是根据防护对象的重要性和防护区范围大小确定的。堤防工程的防洪标准应根据防护区内防护标准较高防护对象的防护标准确定。但是，防护对象有时是多样的，所以不同类型的防护对象，会在防洪标准和堤防级别的认识上有一定的差别。

按照现行国家标准《防洪标准》（GB 50201—94）中的规定：防护对象的防洪标准应以防御的洪水或潮水的重现期表示；对特别重要的防护对象，可采用可能最大洪水表示。根据防护对象的不同需要，其防洪标准可采用设计一级或设计、校核两级。各类防护对象的防洪标准，应根据防洪安全的要求，并考虑经济、政治、社会、环境等因素，综合论证确定。有条件时，应进行不同防洪标准所可能减免的洪灾经济损失与所需的防洪费用的对比分析，合理确定。

对于以下防护对象，其防洪标准应按下列规定确定：当防护区内有两种以上的防护对象，又不能分别进行防护时，该防护区的防洪标准，应按防护区和主要防护对象两者要求的防洪标准中较高者确定；对于影响公共防洪安全的防护对象，应按自身和公共防洪安全两者要求的防洪标准中较高者确定；兼有防洪作用的路基、围墙等建筑物、构筑物，其防洪标准应按防护区和该建筑物、构筑物的防洪标准中较高者确定。

对于以下的防护对象，经论证，其防洪标准可适当提高或降低，遭受洪灾或失事后损失巨大、影响十分严重的防护对象，可采用高于国家标准规定的防洪标准；遭受洪灾或失事后损失及影响均较小或使用期限较短及临时性的防护对象，可采用低于国家标准规定的防洪标准；在采用高于或低于国家标准规定的防洪标准时，不影响公共防洪安全的，应报行业主管部门批准；影响公共防洪安全的，应同时报水行政主管部门批准。

四、主要江河流域的防洪标准

有关统计资料表明，中国七大江河的防洪标准普遍偏低，根本不能满足中下游防洪的最低要求，它们目前各自的防洪标准如下。

长江：中下游干流及湖区堤防可达 10~20 年一遇的洪水标准。如遇 1954 年型洪水（洪水量级相当于 100~200 年一遇标准），在运用现有的蓄洪区和滞洪区等措施后，仅能确保荆江大堤和武汉市安全。

黄河：基本可以防御 1958 年型洪水（花园口洪峰流量 22300m³/s），相当于 60 年一遇的洪水标准。当花园口流量超过 15000m/s 时，需要根据时机运用东平湖等滞洪区。由于河床不断淤积，需继续加高加固堤防等，才可以维持这一标准。

淮河：中游干流可防御 1954 年型洪水，相当于 40 年一遇防洪标准。当遇到 1954 年型洪水时，为了确保淮北大堤等重要堤防，需要洼地行洪和使用濛洼、城西湖行蓄洪区。主要支流为 10~20 年一遇防洪标准。

海河：堤防防洪标准不到 20 年一遇洪水，辅以运用蓄、滞洪区，北系规划防 1939 年型洪水，南系规划防 1963 年型洪水。均相当于 50 年一遇的洪水。

辽河：干支流的主要堤防曾经防御 5000~500m³/s 的洪水，相当于 20 年一遇洪水标准。近年来由于河道淤积，行洪能力大大下降，仅能防御 3000m³/s 流量洪水。沈阳、抚顺、辽阳三市超过百年一遇洪水，本溪防洪标准则不到 20 年一遇洪水。

松花江：干流防洪标准约为 20 年一遇洪水，农田防洪标准为 10~20 年一遇的洪水。哈尔滨可防御百年一遇洪水。

珠江：北江大堤按百年一遇标准设防，但目前仍有险工险段。三角洲地区主要堤防可防御 50 年一遇的洪水，三角洲一般地区可防 20 年一遇洪水，西江干流主要堤防可防 10~20 年一遇洪水。

太湖：防洪标准目前不足 20 年一遇洪水，一期工程完成后可达到 50 年一遇标准。

五、主要江河流域的防洪规划

2009 年 3 月 31 日，国务院批复了淮河流域防洪规划。至此，长江、黄河、淮河、海河、珠江、松花江、辽河、太湖等重要流域防洪规划均通过国务院批复，这标志着中国防洪减灾体系建设与管理进入了一个新的阶段。七大流域防洪规划是中国防洪减灾工作的重要战略性、指导性、基础性文件，对完善中国防洪减灾体系和提高江河总体防洪减灾能力将起到重要的推动作用。

（一）科学安排洪水出路

七大流域防洪规划以科学发展观为指导，在认真总结大江大河治理经验和教训的基础上，坚持以人为本、人与自然和谐相处的理念，根据经济社会科学发展、和谐发展和可持续发展的要求，确定了中国的主要江河防洪区，制定了主要江河流域防洪减灾的总体战略、目标及其布局，科学安排洪水出路，在保证防洪安全前提下突出洪水资源利用，重视洪水管理和风险分析，统筹了防洪减灾与水资源综合利用、生态与环境保护的关系，着力保障国家及地区的防洪安全，促进经济社会的可持续发展。

《规划》确定，中国主要江河防洪保护区总面积约 65.2 万平方千米，约占国土面积的 6.8%，区内人口，耕地面积 CDP 分别占全国总数的 39.7%、27.8% 和 62.1%。蓄滞洪区共 94 处，面积 3.37 万平方千米，其中长江 40 处、淮河 21 处、海河 28 处。

（二）明确防洪减灾的总体目标

《规划》提出，全国防洪减灾工作的总体目标是：逐步建立和完善符合各流域水情特点并与经济社会发展相适应的防洪减灾体系，提高抗御洪水和规避洪水风险的能力，保障人民生命财产安全，基本保障主要江河重点防洪保护区的防洪安全，把洪涝灾害损失降低于最低程度。在主要江河发生常遇洪水或较大洪水时，基本保障国家的经济活动和社会生活安全；在遭遇特大洪水或超标准洪水时，国家经济活动和社会生活不致发生大的动荡，生态与环境不会遭到严重破坏，经济社会可持续发展进程不会受到重大干扰。具体体现为：全社会具有较强的防灾减灾意识，规范化的经济社会活动的行为准则，建立较为完善的防洪减灾体系、社会保障体系和有效的灾后重建机制；主要江河流域和区域按照防洪规划的要求，建成标准协调，质量达标、运行有效、管理规范，并与经济社会发展水平相适应的防洪工程体系，各类防洪设施具有规范的运行管理制度，当遇到防御目标洪水时，能保障正常的经济活动和社会生活的安全；建立法制完备、体制健全、机制创新、行为规范的洪水管理制度和监督机制，规范和调节各类水事行为，为全面提升管理能力与水平提供强有力的体制和制度保障；对超标准洪水有切实可行的防御预案，确保国家正常的经济活动和社会生活不致受到重大干扰；通过防洪减灾综合措施，大幅度地减少因洪涝灾害造成的人员直接死亡，洪涝灾害直接经济损失占 GDP 的比例与先进国家水平基本持平。

（三）进一步提高大江大河的防洪标准

七大流域防洪规划的实施，将进一步提高中国大江大河的防洪标准，完善城市防洪体系，对保障国家粮食安全和流域人民群众生命财产安全、促进经济社会又好又快发展、构建社会主义和谐社会具有十分重要的意义。

第三节　堤防设计

一、工程管护范围

（一）工程管理范围划分

1.工程主体建筑物：堤身、堤内外戗台、淤区、险工、控导（护滩）、高岸防护等工程建筑物。

2.穿、跨堤交叉建筑物：各类穿堤水闸和管线的覆盖范围及保护用地等，其中水闸工程应包括上游引水渠、闸室、下游消能防冲工程和两岸连接建筑物等。

3.附属工程设施：包括观测、交通、通信设施标志标牌、排水沟及其他维修管理设施。

4.管理单位生产生活区建筑或设施：包拖动力配电房、机修车间、设备材料仓库、办公室、宿舍、食堂及文化娱乐设施等。

5.工程管护范围，包括堤防工程护堤地、河道整治工程护坝地及水闸工程的保护用地等，应按照有关法规、规范依法划定，在工程新建、续建、加固时征购。

（二）工程安全保护范围

与工程管护范围相连的地城，应依据有关法规划定一定的区域，作为工程安全保护范围，在工程新建续建、加固等设计时，应在设计时依法划定。

堤顶和堤防临、背坡采用集中排水和分散排水两种方案，主要要求如下：设置横向排水沟的堤防可在堤肩两侧设置挡水小埝或其他排水设施集中排泄堤顶雨水，小埝顶宽0.2m、高0.15m，内边坡为1：1，外边坡为1：3。临背侧堤坡每隔100m左右设置1条横向排水沟，临背侧交错布置，并与纵向排水沟、淤区排水沟连通。

堤坡、堤肩排水设施采用混凝土或浆砌石结构，尺寸根据汇流面积、降雨情况计算确定。

堤坡不设排水沟的堤防应在堤肩两侧各植0.5m宽的草皮带。

堤防管理范围内应建设生物防护工程，包括防浪林带护堤林带、适生林带及草皮护坡等，应按照临河防浪、背河取材、乔灌结合的原则，合理种植，主要要求如下：

1.沿堤顶两侧栽植1行行道林，株距2m。

2.应在堤防非险工河段的临河侧种植防浪林带，背河侧种植护堤林带。

对于临河侧防浪林带，外侧种植灌木，近堤侧种植乔木，种植宽度各占一半（株、行距，乔木采用2m，灌木采用1m）；对于种植区存在坑塘、常年积水的情况，应有计划地消除坑塘，待坑塘消除后补植。

背河侧护堤林带种植乔木，株、行距均采用2m。

3. 淤区顶部本着保持工程完整和提供防汛抢险料源的原则种植适生林带。

4. 堤防边坡戗坡种植草皮防护，墩距为 20cm 左右，梅花形种植；禁止种植树木和条类植物。

5. 具有生态景观功能要求的城区堤段，堤防设计宜结合黄河生态景观的建设要求进行绿化美化。

为满足防汛抢险和工程管理需要，应按照《黄河备防土（石）料储备定额》和有利于改善堤容堤貌的原则，在合适部位储备土（石）料，主要要求如下：

1. 标准化堤防的备防土料应平行于大堤集中存放在淤区，间距 500~1000m，宽度 5~8m，高度比堤顶低 1m，四周边坡 1：1。

2. 备防石料应在险工坝顶或淤区集中放置，每垛备防石高度为 1.2m，数量以 10 的倍数为准。

应按照减少堤身土体流失和易于防汛抢险的原则建设堤顶道路和上堤辅道，主要要求如下：

1. 未硬化的堤顶采用黏性土盖顶，堤顶硬化路面有碎石路面、柏油路面和水泥路面三种。临黄大堤堤顶一般采用柏油路面硬化，路面结构参照国家三级公路标准设计，其他设防大堤堤顶道路宜按照砂石路面处理。

2. 沿堤线每隔 8~10km 应硬化不少于 1 条的上堤辅道，并尽量与地方公路网相连接；上堤辅道不应削弱堤身设计断面和堤肩，坡度宜按 7%~8% 控制。

应在堤防合理位置埋设千米桩边界桩和界碑等标志，主要要求如下：

1. 应从起点到终点，依序进行计程编码，在背河堤肩埋设千米桩。

2. 沿堤防护堤地或防浪林带边界埋设边界桩，边界桩以县局为单位从起点到终点依序进行编码，直线段每 200m 埋设 1 根，弯曲段适当加密。

3. 沿堤省、地（市）、县（市、区）等行政区的交界处，应统一设置界碑。

4. 沿堤线主要上堤辅道与大堤交叉处应设置禁行路杆，禁止雨、雪天气行车，并设立超吨位（3 吨以上）车辆禁行警示牌。

5. 通往控导护滩（岸）工程及沿黄乡镇的道口应设置路标。

6. 大型跨（穿）堤建筑物上、下游 100m 处应分别设置警示牌。

二、设计洪水位的确定

设计洪水位是指堤防工程设计防洪水位或历史上防御过的最高洪水位，是设计堤顶高程的计算依据。接近或达到该水位，防汛进入全面紧急状态，堤防工程临水时间已长，堤身土体可能达到饱和状态，随时都有可能出现重大险情。这时要密切巡查，全力以赴，保护堤防工程安全，并根据"有限保证，无限负责"的原则，对于可能超过设计洪水位的抢护工作也要做好积极准备。

三、堤顶高程的确定

当设计洪峰流量及洪水位确定之后，就可以据此设计堤距和堤顶高程。堤距与堤顶高程是相互联系的。同一设计流量下，如果堤距窄，则被保护的土地面积大，但堤顶高，筑堤土方量大，投资多，且河槽水流集中，可能发生强烈冲刷，汛期防守困难；如果堤距宽，则堤身矮，筑堤土方量小，投资少，汛期易于防守，但河道水流不集中，河槽有可能发生淤积，同时放弃耕地面积大，经济损失大。因此，堤距与堤顶高程的选择存在着经济、技术最佳组合问题。

（一）堤距

堤距与洪水位关系可用水力学中推算非均匀流水面线的方法确定，也可按均匀流计算得到设计洪峰流量下堤距与洪水位的关系。堤距的确定，需按照堤线选择原则，并从当地的实际情况出发，考虑上下游的要求，进行综合考虑。除投资与效益比较外，还要考虑河床演变及泥沙淤积等因素。例如，黄河下游大堤堤距最大达 15~23km，远远超出计算所需堤距，其原因不只是容、泄洪水，还有滞洪滞沙的作用。最后，选定各计算断面的堤距作为推算水面线的初步依据。

（二）堤顶高程

堤顶高程应按设计洪水位或设计高潮位加堤顶超高确定。

堤顶超高应考虑波浪爬高、风壅增水、安全加高等因素。为了防止风浪漫越堤顶，需加上波浪爬高，此外还需加上安全超高。

波浪爬高与地区风速、风向、堤外水面宽度和水深，以及堤外有无阻浪的建筑物，树林、大片的芦苇、堤坡的坡度与护面材料等因素都有关系。

四、堤身断面尺寸

堤身横断面一般为梯形，其顶宽和内外边坡的确定，往往是根据经验或参照已建的类似堤防工程，首先初步拟定断面尺寸，然后对重点堤段进行渗流计算和稳定校核，使堤身有足够的质量和边坡，以抵抗横向水压力，并在渗水达到饱和后不发生坍滑。

堤防宽度的确定，应考虑洪水的渗径和汛期抢险交通运输以及防汛备用器材堆放的需要。汛期高水位，若堤身过窄，渗径短，渗透流速大，渗水容易从大堤背水坡腰逸出，发生险情。对此，须按土坝渗流稳定分析方法计算大堤浸润线位置检验堤身断面。中国主要江河堤顶宽度：荆江大堤为 8~12m，长江其他干堤 7~8m，黄河下游大堤宽度一般为 12m（左岸贯孟堤、太行堤上段、利津南宋至四段、右岸东平湖 8 段临黄山口隔堤和垦利南展上界至二十一户为 10m）。为便于排水，堤顶中间稍高于两侧（俗称花鼓顶），倾斜坡度 3%~5%。

边坡设计应视筑堤土质、水位涨落强度和洪水持续历时、风浪、渗透情况等因素而定。一般是临水坡较背水坡陡一些。在实际工程中，常根据经验确定。如果采用壤土或沙壤土筑堤，且洪水持续时间不太长，当堤高不超过 5m 时，堤防临水坡和背水坡边坡系数可采用 2.5~3.0；当堤高超过 5m 时，边坡应更平缓些。例如荆江大堤，临水坡边坡系数为 2.5~3.0，背水坡为 3.0~6.3，黄河下游大堤标准化堤防工程建成后临水坡和背水坡边坡系数均为 3.0。

五、渗流计算与渗控措施设计

（一）渗流计算

水流由堤防工程临河慢慢渗入堤身，沿堤的横断面方向连接其所行经路线的最高点形成的曲线，称为浸润线。渗流计算的主要内容包括确定堤身内浸润线的位置、渗透比降、渗透流速以及形成稳定浸润线的最短因时等。

（二）渗透变形的基本形式

堤身及堤基在渗流作用下，土体产生的局部破坏，称为渗透变形。渗透变形的形式及其发展过程，与土料的性质及水流条件、防渗排渗等因素有关，一般可归纳为管涌、流土、接触冲刷、接触流土或接触管涌等类型。管涌为非黏性土中，填充在土层中的细颗粒被渗透水流移动和带出，形成渗流通道的现象；流土为局部范围内成块的土体被渗流水掀起浮动的现象；接触冲刷为渗流沿不同材料或土层接触面流动时引起的冲刷现象；当渗流方向垂直于不同土壤的接触面时，可能把其中一层中的细颗粒带到另一层由较粗颗粒组成的土层孔隙中的管涌现象，称为接触管涌。如果接触管涌继续发展，形成成块土体移动，甚至形成剥蚀区时，便形成接触流土。接触流土和接触管涌变形，常出现在选料不当的反滤层接触面上。渗透变形是汛期堤防工程常见的严重险情。

（三）渗控措施设计

堤防工程渗透变形产生管漏涌沙，往往是引起堤身蛰陷溃决的致命伤。

为此，必须采取措施，降低渗透坡降或增加渗流出口处土体的抗渗透变形能力。目前工程中常用的方法，除在堤防工程施工中选择合适的土料和严格控制施工质量外，主要采用"外截内导"的方法治理。

1. 临河面不透水铺盖

在堤防工程临水面堤脚外滩地上，修筑连续的黏土铺盖，以增加渗径长度，减小渗流的水力坡降和渗透流速，是目前工程中经常使用的一种防渗技术。铺盖的防渗效果，取决于所用土料的不透水性及其厚度。根据经验，铺盖宽度为临河水深的 15~20 倍，厚度视土料的透水性和干容重而定，一般不小于 1.0m。

2.堤背防渗盖重

当背河堤基透水层的扬压力大于其上部不（弱）透水层的有效压重时，为防止发生渗透破坏，可采取填土加压，增加覆盖层厚度的办法来抵抗向上的渗透压力，并增加渗径长度，消除产生管涌、流土险情的条件。盖重的厚度和宽度，可依盖重末端的扬压力降至允许值的要求设计。近些年来，在黄河和长江一些重要堤段，采用堤背放淤或吹填办法增加盖重，同时起到加固堤防和改良农田的作用。

3.堤背脚滤水设施

对于洪水持续时间较长的堤防工程，堤背脚渗流出逸坡降达不到安全容许坡降的要求时，可在渗水逸出处修筑滤水俄台或反滤层、导渗沟、减压井等工程。

滤水饿台通常由砂、砾石滤料和集水系统构成，修筑在堤背后的表层土上，增加了堤底宽度，并使堤坡渗出的清水在饿台汇集排出。反滤层设置在堤背面下方和堤脚下，其通过拦截堤身和从透水性底层土中渗出的水流挟带的泥沙，防止堤脚土层侵蚀，保证堤坡稳定。堤背后导渗沟的作用与反滤层相同。当透水地基深厚或为层状的透水地基时，可在堤坡脚处修建减压井，为渗流提供出路，减小渗压，防止管涌发生。

第四节 堤基施工

一、堤基清理

1.在进行坝基清理前，监理工程师根据设计文件、图纸要求、技术规范指标、堤基情况等，审查施工单位提交的基础处理方案。

2.对于施工单位进行的堤基开挖或处理过程中的详细记录，监理工程师均应按照有关规定审核签字。

3.堤基清理范围包括堤身、铺盖和压载的基面。堤基清理边线应比设计基面边线宽出300~500mm。老堤加高培厚，其清理范围包括堤顶和堤坡。

4.堤基清理时，应将堤基范围内表层的砖石、淤泥、腐殖土、杂填土、泥炭、杂草、树根以及其他杂物等清除干净，并应按指定的位置堆放。

5.堤基清理完毕后，应在第一层土料填筑前，将堤基内的井窖、树坑、坑塘等按堤身要求进行分层回填、平整、压实处理，压实后土体干密度应符合设计要求。

6.堤基处理完毕后应立即报监理工程师，由业主、设计、监理和监督等部门共同验收，分部工程检测的数量按堤基处理面积的平均数每 $200m^2$ 为一个计算单元，并做好记录和共同签字认可，方能进行堤身的填筑。

7.如果堤基的地质比较复杂施工难度较大或无相关规范可遵循，应进行必要的技术论证，然后通过现场试验取得有关技术参数并经监理工程师批准。

8. 堤基处理后要避免产生冻结，当堤基出现冻结，有明显夹层和冻胀现象时，未经处理不得在堤基上进行施工。

9. 基坑积水应及时将其排除，对泉眼应在分析其成因和对堤防的影响后，予以封堵或引导。在开挖较深的堤基时，应时刻注意防止滑坡。

二、清理方法

1. 堤基表层的不合格土、杂物等必须彻底清除，堤基范围内的坑槽、沟等，应按堤身填筑要求进行回填处理。

2. 堤基内的井窖、葛穴、树根、腐烂木料、动物巢穴等是最易塌陷的地方，必须按照堤身填筑要求回填，并认真进行重点质量检验。

3. 对于新旧堤身的结合部位清理、接槎、刨光和压实，应符合《堤防工程施工规范》（SL 260—1998）中的要求。

4. 基面清理平整后，应及时要求施工单位报验。基面验收合格后应抓紧堤身的施工，若不能立即施工，应通知施工单位做好基面保护工作，并在复工前再报监理检验，必要时应当重新清理。

5. 堤基清理单元工程的质量检查项目与标准，主要有以下几个方面：基面清理标准，堤基表层不合格土、杂物等全部清除；一般堤基清理，堤基上的坑塘、洞穴均按要求处理；堤基平整压实，表面无显著凸凹，无松土和弹簧土。

三、软弱堤基处理

1. 浅埋的薄层采用挖除软弱层换填砂、土时，应按设计要求用中粗砂或沙砾，铺填后及时予以压实。厚度较大难以挖除或挖除不经济时，可采用铺垫透水材料加速排水和扩散应力、在堤脚外设置压载、打排水井或塑料排水带、放缓堤坡、控制加荷速率等方法处理。

2. 流塑态淤质软黏土地基上采用堤身自重挤淤法施工时，应放缓堤坡、减慢堤身填筑速度、分期加高，直至堤基流塑变形与堤身沉降平衡、稳定。

3. 软塑态淤质软黏土地基上在堤身两侧坡脚外设置压载体处理时，压载体应与堤身同步、分级、分期加载，保持施工中的堤基与堤身受力平衡。

4. 抛石挤淤应使用块径不小于30cm的坚硬石块，当抛石露出土面或水面时，改用较小石块填平压实，再在上面铺设反滤层并填筑堤身。

5. 修筑重要堤防时，可采用振冲法或搅拌桩等方法加固堤基。

四、透水堤基处理

1. 浅层透水堤基宜采用黏性土截水槽或其他垂直防渗措施截渗。黏性土截水槽在施工时，宜采用明沟排水或井点抽排，回填黏性土应在无水基底上，并按设计要求施工。

2. 深厚透水堤基上的重要堤段，可设置黏土、土工膜固化灰浆、混凝土、塑性混凝土、沥青混凝土等地下截渗墙。

3. 用黏性土做铺盖或用土工合成材料进行防渗，应按相关规定施工。铺盖分片施工时，应加强接缝处的碾压和检验。

4. 采用槽形孔浇筑混凝土或高压喷射连续防渗墙等方法对透水堤基进行防渗处理时，应符合防渗墙施工的规定。

5. 砂性堤基在采用振冲法处理时，应符合相关标准的规定。

第五节　堤身施工

一、土坝填筑与碾压施工作业

（一）影响因素

土料压实的程度主要取决于机具能量、碾压遍数、铺土的厚度和土料的含水量等。

土料是由土料、水和空气三相体所组成的。通常固相的土粒和液相的水是不会被压缩的。土料压实就是将被水包围的细土颗粒挤压填充到粗土粒间孔隙中去，从而排走空气，使土料的空隙率降低，密实度提高。一般来说，碾压遍数越多，则土料越紧实。当碾压到接近土料极限密度时，再进行碾压起的作用就不明显了。

在同一碾压条件下，土的含水量对碾压质量有直接的影响。当土具有一定含水量时，水的润滑作用使土颗粒间的摩擦阻力减小，从而使土易于密实。但当含水量超过某一限度时，土中的孔隙全由水来填充而呈饱和状态，反而使土难以压实。

（二）压实机具及其选择

在碾压式的小型土坝施工中，常用的碾压机具有平碾、肋条碾，也有用重型履带式拖拉机作为碾压机具使用的。碾压机具主要靠沿土面滚动时碾本身的自重，在短时间内对土体产生静荷重作用，使土粒互相移动而达到密实。

根据压实作用力来划分，通常有碾压、夯击、振动压实三种机具。随着工程机械的发展，又有振动和碾压同时作用的振动碾、产生振动和夯击作用的振动夯等。常用的压实机具有以下几种。

1. 平碾及肋条碾

平碾的滚筒可用钢板卷制而成，滚筒一端有小孔，从小孔中可加入铁粒等，以增加其重量。平碾的滚筒也可用石料或混凝土制成。一般平碾的质量（包括填料重）为 5~12t，沿滚筒宽度的单宽压力为 200~500N/cm，铺土厚度一般不超过 25cm。

肋条碾可就地用钢筋混凝土制作，它与平碾的不同之处在于作用地土层上的单位压力比平碾大，压实效果较好，可减少土层的光面现象。

羊脚碾是用钢板制成滚筒，表面上镶有钢制的短柱，形似羊脚，筒端开有小孔，可以加入填料，以调节碾重。羊脚碾工作时，羊脚插入铺土层后，使土料受到挤压及揉搓的联合作用而压实。羊脚碾碾压黏性土的效果好，但不适宜于碾压非黏性土。

2. 振动碾

这是一种振动和碾压相结合的压实机械。它是由柴油机带动与机身相连的附有偏心块的轴旋转，迫使碾滚产生高频振动。振动功能以压力波的形式传到土体内。非黏性土料在振动作用下，土粒间的内摩擦力迅速降低，同时由于颗粒大小不均匀，质量有差异，导致惯性力存在差异，从而产生相对位移，使细颗粒填入粗颗粒间的空隙而达到密实。然而，黏性土颗粒间的黏结力是主要的，且土粒相对比较均匀，在振动作用下，不能取得像非黏性土那样的压实效果。

由于振动作用，振动碾的压实影响深度比一般碾压机械大 1~3 倍，可达 1m 以上。它的碾压面积比振动夯、振动器压实面积大，生产率很高。国产 SD-80-13.5 型振动碾全机质量为 13.5t，振动频率为 1500~1800 次/min，小时生产率高达 600m^3/台时。振动压实效果好，使非黏性土料的相对密度大为提高，坝体的沉陷量大幅度降低，稳定性明显增强，使土工建筑物的抗震性能大为改善。故抗震规范明确规定，对有防震要求的土工建筑物必须用振动碾压实。振动碾结构简单，制作方便，成本低廉，生产率高，是压实非黏性土石料的高效压实机械。

二、堤身填筑与砌筑

1. 填筑作业要求

（1）地面起伏不平时按水平分层由低处开始逐层填筑，不得顺坡铺填。堤防横断面上的地面坡度陡于 1：5 时，应将地面坡度削至缓于 1：5。

（2）分段作业面的最小长度不应小于 100m，人工施工时作业面段长可适当减短。相邻施工段作业面宜均衡上升，若段与段之间不可避免出现高差时，应以斜坡面相接。分段填筑应设立标志，上下层的分段接缝位置应错开。

（3）在软土堤基上筑堤或采用较高含水量土料填筑堤身时，应严格控制施工速度，必要时在堤基、坡面设置沉降和位移观测点进行控制。如堤身两侧设计有压载平台时，堤身与压载平台应按设计断面同步分层填筑。

（4）采用光面碾压实黏性土时，在新层铺料前应对压光层面做刨毛处理；在填筑层检验合格后因故未及时碾压或经过雨淋、暴晒使表面出现疏松层时，复工前应采取复压等措施进行处理。

（5）施工中若发现局部"弹簧土"、层间光面、层间中空、松土层或剪切破坏等现象时应及时处理，并经检验合格后方准铺填新土。

（6）施工中应协调好观测设备安装埋设和测量工作的实施，已埋设的观测设备和测量标志应保护完好。

（7）对占压堤身断面的上堤临时坡道做补缺口处理时，应将已板结的老土刨松，并与新铺土一起按填筑要求分层压实。

（8）堤身全断面填筑完成后，应做整坡压实及削坡处理，并对堤身两侧护堤地面的坑洼进行铺填和整平。

（9）对老堤进行加高培厚处理时，必须清除结合部位的各种杂物，并将老堤坡挖成台阶状，再分层填筑。

（10）黏性：土填筑面在下雨时不宜行走践踏，不允许车辆通行。雨后恢复施工，填筑面应经晾晒、复压处理，必要时应对表层再次进行清理。

2. 铺料作业要求

（1）应按设计要求将土料铺至规定部位，严禁将砂（砾）料或其他透水料与黏性土料混杂，上堤土料中的杂质应予以清除；如设计无特别规定，铺筑应平行堤轴线顺次进行。

（2）土料或砾质土可采用进占法或后退法卸料；沙砾料宜用后退法卸料；沙砾料或砾质土卸料如发生颗粒分离现象时，应采取措施将其拌和均匀。

（3）铺料至堤边时，应比设计边线超填出一定余量：人工铺料宜为10cm，机械铺料宜为30cm。

3. 堤身与建筑物接合部施工

土堤与刚性建筑物如涵闸、堤内埋管、混凝土防渗墙等相接时，施工应符合下列要求：

（1）建筑物周边回填土方，宜在建筑物强度分别达到设计强度的50%~70%情况下施工。

（2）填土前，应清除建筑物表面的乳皮、粉尘及油污等；对表面的外露铁件（如模板对销螺栓等）宜割除，必要时对铁件残余露头需用水泥砂浆覆盖保护。

（3）填筑时，须先将建筑物表面湿润，边涂泥浆，边铺土，边夯实；涂浆高度应与铺土厚度一致，涂层厚宜为3~5mm，并应与下部涂层衔接；不允许泥浆干凋后再铺土和夯实。

（4）制备泥浆应采用塑性指数>17的黏土，泥浆的浓度可用1：2.5~1：3.0（土水重量比）。

（5）建筑物两侧填土，应保持均衡上升；贴边填筑宜用夯具夯实，铺土层厚度宜为

15~20cm。

4. 土工合成材料填筑要求

工程中常用到土工合成材料，如编织型土工织物、土工网、土工格栅等，施工时按以下要求控制：

（1）筋材铺放基面应平整，筋材垂直堤轴线方向铺展，长度按设计要求裁制。

（2）筋材一般不宜有拼接缝。如筋材必须拼接时，应按不同情况区别对待：编织型筋材接头的搭接长度，不宜小于15cm，以细尼龙线双道缝合，并满足抗拉要求；土工网、土工格栅接头的搭接长度，不宜小于5cm（土工格栅至少搭接一个方格），并以细尼龙绳在连接处绑扎牢固。

（3）铺放筋材不允许有褶皱，并尽量用人工拉紧，以U形钉定位于填筑土面上，填土时不得发生移动。填土前如发现筋材有破损、裂纹等质量问题，应及时修补或做更换处理。

（4）筋材上面可按规定层厚铺土，但施工机械与筋材间的填土厚度不应小于15cm。

（5）加筋土堤压实，宜用平碾或气胎碾，但在极软地基上筑加筋土堤时，开始填筑的二、三层宜用推土机或装载机铺土压实，当填筑层厚度大于0.6m后，方可按常规方法碾压。

（6）加筋土堤施工时，最初二、三层填筑应遵照以下原则：在极软地基上作业时，宜先由堤脚两侧开始填筑，然后逐渐向堤中心扩展，在平面上呈"凹"字形向前推进；在一般地基上作业时，宜先从堤中心开始填筑，然后逐渐向两侧堤脚对称扩展，在平面上呈"凸"字形向前推进；随后逐层填筑时，可按常规方法进行。

第三章 水利工程水闸施工

第一节 概述

水闸是应用最广、功能最全的控制水流建筑物，也是施工工序较复杂的水工建筑物。现浇混凝土水闸施工与大体积混凝土坝施工的不同，主要表现在精细的钢筋加工、高瘦的模板架构、复杂的接缝止水、繁多的精准预埋件和窄深空间内的浇筑等方面。

水闸工程一般由闸室段、上游连接段和下游连接段组成。建造内容包括：闸室段下部（底板及基础、防渗及止水设施、下置启闭闸门设施）、闸室段中部（闸墩、胸墙和岸墙）、闸室段上部（工作桥及上置启闭闸门设施、检修桥、交通桥、启闭机房等）、上游连接段（上游翼墙、铺盖、护底和护岸）和下游连接段（泄槽护坦及消力池、防冲设施、下游翼墙和护岸）。其中每段都有与两岸的连接问题，而且是按先下部、后上部的施工程序进行的。水闸施工应以闸室为主，岸墙、翼墙为辅，穿插进行上、下游连接段施工。水闸工程的分部工程验收，可按地基开挖、基础处理、闸室土建工程、上下游连接段工程、闸门和启闭机安装、电气设备安装工程、自动化控制工程、管理设施工程等分部进行。

闸室的下部结构大多是"板状"结构底板，虽工作面较大，但断面规则，施工以水平运输为主。整体式结构的闸底板有平底板或反拱底板，作为墩墙基础的平底板其施工总是先于墩墙；而反拱底板的施工一般是先浇墩墙，预留联结钢筋，待沉陷稳定后再浇反拱底板；分离式结构的闸底板为小底板，应该先浇墩墙，待沉降稳定后再浇小底板。

闸墩和岸墙是闸室的中部结构，系墙体结构，高瘦的模板架构和窄深空间内的浇筑施工，弧形闸门的牛腿结构是闸墩施工的重要节点，还包括一定数量的门槽二期混凝土和预埋件安装等工作。

闸室的上部结构大都为装配式构件。选择吊装机械应与墩墙施工的竖直运输统一考虑，力求做到一机多用，经济合理；液压启闭式的闸墩结构不设机架桥、机房，结构形式更加合理。

上下游翼墙及护岸，大多为曲面，用砌石或预制块砌筑，也有混凝土现浇；铺盖、护坦及消力池多为钢筋混凝土现浇；下游护底、防冲设施多采用块石笼铺砌、宾格网块石笼等。

水闸施工应做到优质、安全、经济，保证工期。所以水闸施工组织设计要充分考虑施工现场条件和合同要求，结合工期计划进行合理安排。水闸施工前，应根据批准的设计文件编制施工组织设计。对地基差、技术复杂、涉及面广的大型水闸，应根据需要编制专项施工组织设计。

遇到松软地基、严重的承压水、复杂的施工导流（如拦河截流、开挖导流）、特大构件的制作与安装、混凝土温控等重要问题时，应提请设计方做出专门研究。

必须按设计图纸施工。如需修改，应有设计单位的修改补充图和设计变更通知书。施工组织设计的重大修改，必须经原审批单位批准。水闸施工应积极采用经过试验和鉴定的新技术、新工法。施工过程中施工单位可以根据实际情况提出合理的设计变更建议，由建设单位组织设计、监理、施工单位现场论证通过后实施。该变更增加的费用由建设单位承担。

水闸施工必须建立完整的施工技术档案。工程质量评定与工程验收，应按《水利水电基本建设工程单元工程质量等级评定标准》（SDJ 249）与《水利基本建设工程验收规程》（SD 184）的有关规定执行。

第二节　水闸设计

一、闸址选择与总体布置

1. 闸址选择

闸址宜选择地形开阔、边坡稳定、岩土坚实、地下水水位较低的地点，并优先选用地质条件良好的天然地基，尽量避免采用人工处理地基。

节制闸或泄洪闸闸址宜选择在河道顺直、河势相对稳定的河段，经技术经济比较后也可选择在弯曲河段裁弯取直的新开河道上；进水闸、分水闸或分洪闸闸址宜选择在河岸基本稳定的顺直河段或弯道凹岸顶点稍偏下游处，但分洪闸闸址不宜选择在险工堤段和被保护的重要城镇的下游堤段；排水闸（排涝闸、泄水闸、退水闸）闸址宜选择在地势低洼、出水通畅处，排水闸（排涝闸）闸址且适宜选择在主要涝区和容泄区的老堤线上。

选择闸址应考虑材料来源、对外交通、施工导流、场地布置、基坑排水、施工水电供应的条件，水闸建成后工程管理维修和防汛抢险以及占用土地及拆迁房屋等诸多条件。

2. 枢纽布置

水闸枢纽应根据闸址地形、地质、水流等条件以及该枢纽中各建筑物的功能、特点、运用要求等布置，做到紧凑合理、协调美观，组成整体效益最大的有机联合体。节制闸或泄洪闸的轴线宜与河道中心线正交，其上、下游河道直线段长度不宜小于5倍水闸进口处水面宽；进水闸或分水闸的中心线与河（渠）道中心线的交角不宜超过30°，其上游引河（渠）长度不宜过长；排水闸或泄水闸的中心线与河（渠）道中心线的交角不宜超过60°，其下游引河（渠）宜短而直，引河（渠）轴线方向宜避开常年大风向。水流流态复杂的大型水闸枢纽布置，应经水工模型试验验证。模型试验范围应包括水闸上、下游可能产生冲淤的河段。

3. 闸室布置

水闸闸室布置应根据水闸挡水、泄水条件和运行要求，结合考虑地形、地质等因素，做到结构安全可靠，布置紧凑合理，施工方便，运用灵活，经济美观。

（1）闸室结构

闸室结构可根据泄流特点和运行要求，选用开敞式、胸墙式、涵洞式或双层式等结构形式。整个闸室结构的重心应尽可能地与闸室底板中心相连接，且位于偏高水位一侧。

（2）闸顶高程

水闸闸顶高程应根据挡水和泄水两种运用情况确定。挡水时，闸顶高程不应低于水闸正常蓄水位（或最高挡水位）加波浪计算高度与相应的安全超高值之和；泄水时，闸顶高程不应低于设计洪水位（校核洪水位）与相应安全超高值之和。位于防洪（挡潮）堤上的水闸顶高程不得低于防洪（挡潮）堤堤顶高程。

（3）闸槛高程

闸槛高程应根据河（渠）底的高程、水流、泥沙、闸址地形地质、闸室施工、运行等条件，结合选用的堰型、门型及闸孔总净宽等，经技术经济比较确定。

（4）闸孔总净宽

闸孔总净宽应根据泄流的特点、下游河床地质条件和安全泄流的要求，结合闸孔孔径和孔数的选用，经技术比较后确定。

（5）闸室底板

闸室底板形式应根据地基、泄流等条件选用平底板、低堰底板或折线底板。

一般情况下，闸室底板宜采用平底板；在松软地基上且荷载较大时，也可采用箱式底板。当需要限制单宽流量而闸底建基高程不能抬高，或因地基表层松软需要降低闸底建基高程，或在多泥沙河流上游拦沙时可采用低堰底板。在坚实或中等坚实地基上，当闸室高度不大，但上、下游河（渠）底高差较大时，可采用折线底板，其后部可作为消力池的一部分。闸室底板厚度应根据闸室地基条件、作用荷载及闸孔净宽等因素，经计算并结合构造要求确定。

闸室底板顺水流向分段长度（顺水流向永久缝的缝距）应根据闸室地基条件和结构构造特点，结合考虑采用的施工方法和措施确定。

（6）闸墩结构形式

闸墩结构形式应根据闸室结构抗滑稳定性和闸墩纵向刚度要求确定，一般宜采用实体式。

闸墩的外形轮廓设计应能满足过闸水流平顺、侧向收缩小、过流能力大的要求。上游墩头可采用半圆形，下游墩头宜采用流线型。

闸墩厚度应根据闸孔孔径、受力条件、结构构造要求和施工方法等确定。平面闸门闸墩门槽处最小厚度不宜小于 0.4 m。工作闸门门槽应设在闸墩水流较平顺部位，其宽深比宜取 1.6~1.8。根据管理维修需要设置的检修闸门门槽，其与工作闸门门槽之间的净距离不宜小于 1.5 m。

边墩的选型布置应符合规范规定。兼作岸墙的边闸墩还应考虑承受侧向土压力的作用，其厚度应根据结构抗滑稳定性和结构强度的需要计算确定。

（7）闸门结构的选型布置

闸门结构应根据其受力情况，控制运用要求，制作、运输、安装、维修条件等，结合闸室结构布置合理选定。

（8）启闭机形式

启闭机形式可根据门型、尺寸及运用条件等因素选定。选用启闭机的启闭力应等于或大于计算启闭力，同时应符合国家现行的《水利水电启闭机设计规范》（SL41—93）所规定的启闭机系列标准。

4. 防渗排水设计

关闸蓄水时，上下游水位差对闸室产生水平推力，且在闸基和两岸产生渗流。渗流既对闸基底和边墙产生渗透压力，不利于闸室和边墙的稳定性，又可能引起闸基和岸坡土体的渗透变形，直接危及水闸的安全，故需进行防渗排水设计。

水闸防渗排水布置设计应根据闸基地质条件和水闸上、下游水位差等因素，结合闸室、消能防冲和两岸连接布置综合分析确定。均质土地基上的水闸闸基轮廓线应根据选用的防渗排水设施，经合理布置确定。

5. 消能防冲布置

开闸泄洪时，出闸水流具有很大的动能，需要采取有效的消能防冲措施，才能削减对下游河床的有害冲刷，保证水闸的安全。如果上游流速过大，亦可导致河床与水闸连接处的冲刷，上游亦应设计防护措施。

水闸消能防冲布置应根据闸基地质情况、水力条件以及闸门控制运用方式等因素，进行综合分析确定。

水闸闸下宜采用底流式消能。其消能设施的布置形式按下列情况经技术经济比较后确定：水闸上、下游护坡和上游护底工程布置应根据水流流态、河床土质抗冲能力等因素确定；护坡长度应大于护底长度；护坡、护底下面均应设垫层；必要时，上游护底首端宜增设防冲槽（防冲墙）。

6. 两岸连接布置

水闸两岸连接应保证岸坡稳定，改善水闸进、出水流的条件，提高泄流能力和消能防冲效果，满足侧向防渗需要，减轻闸室底板边荷载影响，且有利于环境绿化等。

二、水力设计与防渗排水设计

（一）水力设计

水闸的水力计算设计内容包括：

1. 闸孔总净宽计算

水闸闸孔总净宽应根据下游闸槛形式和布置，上、下游水位衔接要求，泄流状态等因素依据规范计算确定。

2. 消能防护设施的设计计算

水闸闸下消能防冲设施必须在各种可能出现的水力条件下，都能满足消散动能与均匀扩散水流的要求，且应与下游河道有良好的衔接。

底流式消能设计应根据水闸的泄流条件（特别是始流条件）进行水力计算，确定消力池的深度、长度和底板厚度等。

海漫的长度应根据可能出现的不利的水位、流量组合情况进行计算确定。下游防冲槽的深度应根据河床土质、海漫末端单宽流量和上游水深等因素综合确定，且不应小于海漫末端的河床冲刷深度。上游防冲槽的深度应根据河床土质、上游护底首端单宽流量和上游水深等因素综合确定，且应不小于上游护底首端的河床冲刷深度。

3. 闸门控制运用方式的拟定

闸门的控制运用应根据水闸的水力设计或水工模型试验成果，规定闸门的启闭顺序和开度，避免产生集中水流或折冲水流等不良流态。闸门的控制运用方式应满足下列要求：

（1）闸孔泄水时，保证在任何情况下水跃均能完整地发生在消力池内。

（2）闸门尽量同时均匀分级启闭，如不能全部同时启闭，可由中间孔向两侧分段、分区或隔孔对称启闭，关闭时与上述顺序相反。

（3）对分层布置的双层闸孔或双扉闸门应先开底层闸孔或下扉闸门，再开上层闸孔或上扉闸门，关闭时与上述顺序相反。

（4）严格控制始流条件下的闸门开度，避免闸门停留在振动较大的开度区泄水。

（5）关闭或减小闸门开度时，避免水闸下游河道水位降落过快。

4. 模型验证

在大型水闸的初步设计阶段，其水力设计成果应经水工模型试验验证。

（二）防渗排水设计

水闸的防渗排水应根据闸基地质情况、闸基和两侧轮廓线布置及上、下游水位条件等进行，其内容应包括：

1. 渗透压力计算

岩基上水闸基底渗透压力计算可采用全截面直线分布法，但应考虑设置防渗帷幕和排水孔时对降低渗透压力的作用和效果。土基上水闸基底渗透压力计算可采用改进阻力系数法或流网法；复杂土质地基上的重要水闸，应采用数值计算法。

2. 抗渗稳定性验算

验算闸基抗渗稳定性时，要求水平段和出口段的渗流坡降必须分别小于规定的水平段和出口段允许渗流坡降值。

当翼墙墙后地下水位高于墙前水位时，应验算翼墙墙基的抗渗稳定性，必要时可采取有效的防渗措施。

3. 反滤层设计

反滤层的级配应满足被保护土的稳定性和滤料的透水性要求，且滤料粒径分布曲线应大致与被保护土粒径分布曲线平行。

当采用土工织物代替传统石料作为滤层时，选用的土工织物应有足够的强度和耐久性，且应能满足保土性、透水性和防堵性的要求。

4. 防渗帷幕及排水孔设计

岩基上的水闸基底帷幕灌浆孔宜设单排，孔距宜取 1.5~3.0 m，孔深宜取闸上最大水深的 0.3~0.7 倍。帷幕灌浆应在有一定厚度混凝土盖重及固结灌浆后进行。灌浆压力应以不掀动基础岩体为原则，通过灌浆试验确定。防渗帷幕透水率的控制标准不宜大于 5Lu。帷幕灌浆孔后排水孔宜设单排，其与帷幕灌浆孔的间距不宜小于 2.0 m，排水孔孔距宜取 2.0~3.0 m，孔深宜取帷幕灌浆孔孔深的 0.4~0.6 倍，且不宜小于固结灌浆孔孔深。

5. 永久缝止水设计

位于防渗范围内的永久缝应设一道止水，大型水闸的永久缝设两道止水。止水的形式应能适应不均匀沉降和温度变化的要求，止水材料应耐久，垂直止水与水平止水相交处必须构成密封系统。永久缝可铺贴沥青油毡或其他柔性材料，缝下土质地基上宜铺设土工织物带。设计烈度为 8 度及以上地震区大、中型水闸的永久缝止水设计，应做专门研究。

三、结构设计

水闸的结构设计应根据结构受力条件、工程施工及地质条件进行，其内容应包括荷载及其组合，闸室和岸墙、翼墙的稳定计算，结构应力分析。

水闸混凝土结构除应满足强度和限裂要求外，还应根据所在部位的工作条件、地区气候和环境等的情况，分别满足抗渗、防冻、抗侵蚀、抗冲刷等耐久性要求。

1. 荷载计算及组合

作用在水闸上的荷载可分为基本荷载和特殊荷载两类。

（1）基本荷载

基本荷载主要有下列各项：

①水闸结构及其上部填料和永久设备的自重；

②相当于正常蓄水位或设计洪水位情况下的水闸底板上的水重；

③相当于正常蓄水位或设计洪水位情况下的静水压力；

④相当于正常蓄水位或设计洪水位的扬压力（浮托力与渗透压力之和）；

⑤土压力；

⑥淤沙压力；

⑦风压力；

⑧相当于正常蓄水位或设计洪水位情况下的浪压力；

⑨冰压力；

⑩土的冻胀力；

⑪其他出现机会较多的荷载等。

（2）特殊荷载

特殊荷载主要有下列各项：

①相当于校核洪水位情况下的水闸底板上的水重；

②相当于校核洪水位情况下的静水压力；

③相当于校核洪水位情况下的扬压力；

④相当于校核洪水位情况下的浪压力；

⑤地震荷载；

⑥其他出现机会较少的荷载等。

水闸在施工、运用及检修过程中，各种荷载的大小及分布情况是随机变化的，因此设计水闸时，应根据水闸不同的工作条件和荷载机遇情况进行荷载组合。荷载组合的原则是：考虑各种荷载出现的概率，将实际上可能同时出现的各种荷载进行最不利的组合，并将水位作为组合条件。规范规定荷载组合可分为基本组合和特殊组合两类。在基本荷载组合中又可分为完建情况、正常蓄水位情况、设计洪水位情况和冰冻情况四种，在偶然作用效应组合中又可分为施工情况、检修情况、校核洪水位情况和地震情况四种。由于地震荷载与设计洪水位、校核洪水位遭遇的概率很低，因此规范规定地震荷载只与正常蓄水位情况下的相应荷载组合。

2. 闸室稳定计算

闸室稳定计算宜取两相邻顺水流向永久缝之间的闸段作为计算单元。

（1）土基上的闸室稳定计算

应满足下列要求：

在各种计算情况下，闸室平均基底应力不大于地基允许承载力，最大基底应力不大于地基允许承载力的1.2倍，闸室基底应力的最大值和最小值之比不大于规范规定的允许值，沿闸室基底面的抗滑稳定安全系数不小于规范规定的允许值。

（2）岩基上的闸室稳定计算

应满足下列要求：

在各种计算情况下，闸室最大基底应力不大于地基允许承载力。在非地震情况下，闸室基底不出现拉应力；在地震情况下，闸室基底拉应力不大于 100 kPa；沿闸室基底面的抗滑稳定安全系数不小于规范规定的允许值。

3. 结构应力计算

水闸结构应力应根据各部分结构布置形式、尺寸及受力条件等进行。开敞式水闸闸室底板应力可按下列方法选用：

（1）土基上水闸闸室底板的应力分析可采用反力直线分布法或弹性地基梁法。相对密度小于或等于 0.50 的砂土地基，可采用反力直线分布法；黏性土地基或相对密度大于 0.50 的砂土地基，可采用弹性地基梁法。

（2）当采用弹性地基梁法分析水闸闸室底板应力时，应考虑可压缩土层厚度与弹性地基梁半长之比的影响。当比值小于 0.25 时，可按基床系数法（文克尔假定）计算；当比值大于 2.0 时，可按半无限深弹性地基梁法计算；当比值为 0.25~2.0 时，可按有限深的弹性地基梁法计算。

（3）岩基上水闸闸室底板的应力分析可按基床系数法计算。

四、观测设计

水闸的观测设计内容应包括设置观测项目、布置观测设施、拟定观测方法、提出整理分析观测资料的技术要求。水闸应根据其工程规模、等级、地基条件、工程施工和运用条件等因素设置一般性的观测项目，并根据需要有针对性地设置专门性观测项目。水闸的一般性观测项目应包括水位、流量、沉降、水平位移、扬压力、闸下流态、冲刷、淤积等。水闸的专门性观测项目主要有永久缝、结构应力、地基反力、墙后土压力、冰凌等。

第三节　闸室施工

一、底板施工

水闸底板有平底板与反拱底板两种。目前，平底板较为常用。

（一）平底板施工

闸室地基处理工作完成后，对软基应立即按设计要求浇筑 8~10cm 的素混凝土垫层，以保护地基和找平。垫层达到一定强度后，进行扎筋、立模和清仓工作。

底板施工中，混凝土入仓方式很多。如可以用汽车进行水平运输、起重机进行垂直运输入仓和泵送混凝土入仓。采用这两种方法，需要起重机械混凝土泵等大型机械，但不需在仓面搭设脚手架。在中小型工程中，采用架子车、手推车或机动翻斗车等小型运输工具直接入仓时，需在仓面搭设脚手架。

底板的上、下游一般都设有齿墙。浇筑混凝土时，可组成两个作业组分层浇筑。先由两个作业组共同浇筑下游齿墙，待齿墙浇平后，第一组由下游向上游进行，抽出第二组去浇上游齿墙，当第一组浇到底板中部时，第二组的上游齿墙已基本浇平，然后将第二组转到下游浇筑第二坯。当第二坯浇到底板中部，第一组已达到上游底板边缘时，第一组再转回浇第三坯。如此连续进行，可缩短每坯间隔时间，因而可以避免冷缝的发生，提高工程质量，加快施工进度。

（二）反拱底板施工

1.施工程序

由于反拱底板对地基的不均匀沉陷反应敏感，因此必须注意施工程序，目前采用的有以下两种。

（1）先浇闸墩及岸墙后浇反拱底板。这样，闸墩岸墙在自重下沉降基本稳定后，再浇反拱底板，从而使底板的受力状态得到改善。

（2）反拱底板与闸墩、岸墙底板同时浇筑。此法适用于地基较好的水闸，对于反拱底板的受力状态较为不利，但保证了建筑的整体性，同时减少了施工工序，加快了进度。对于缺少有效排水措施的砂性土地基，采用这种方法较为有利。

2.施工要点

（1）反拱底板施工时，首先必须做好基坑排水工作，降低地下水位，使基土干燥，砂土地基排水尤为重要。

（2）挖模前必须将基土夯实，然后按设计圆弧曲线放样挖模，并严格控制曲线的准确性，土模挖出后，可在上铺垫一层砂浆，约10mm厚，待其具有一定强度后加盖保护，以待浇筑混凝土。

（3）若采用第一种施工程序，在浇筑岸墩墙底板时，应将接缝钢筋一头埋在岸墩墙底板之内，另一头插入土模中，以备下一阶段浇入反拱底板。

（4）若采用第二种施工程序，可在拱脚处预留一缝，缝底设临时铁皮止水，缝顶设"假铰"，待大部分上部结构施工后，在低温期用二期混凝土封堵。

（5）为保证反拱底板受力性能，在拱腔内浇筑的门槛、消力坎等构件，需在底板混凝土凝固后浇筑二期混凝土，接缝处不加处理以使两者不成整体。

二、闸墩施工

闸墩的特点是高度大、厚度小、门槽处钢筋密、预埋件多、闸墩相对位置要求严格，所以闸墩的立模与混凝土浇筑是施工中的主要问题。

（一）闸墩模板安装

为使闸墩混凝土一次浇筑达到设计高程，闸墩模板不仅要有足够的强度，而且要有足够的刚度。所以闸墩模板安装常采用"铁板螺栓对拉撑木"的立模支撑方法。近年来，滑模施工技术日趋成熟，闸墩混凝土浇筑逐渐采用滑模施工。

1. "铁板螺栓，对拉撑木"的模板安装

立模前，应准备好两种固定模板的对销螺栓：一种是两端都绞丝的圆钢，直径可选用12mm、16mm或19mm，长度大于闸墩厚度并视实际安装需要确定；另一种是一端绞丝，另一端焊接一块 5mm×40mm×400mm 扁铁的螺栓，扁铁上钻两个圆孔，以便固定在对拉撑木上。

闸墩立模时，其两侧模板要同时相对进行。先立平直模板，后立墩头模板。在闸底板上架立第一层模板时，上口必须保持水平，在闸墩两侧模板上，每隔 1m 左右钻与螺栓直径相应的圆孔，并于模板内侧对准圆孔撑以毛竹管或混凝土撑头，然后将螺栓穿入。且端头穿出横向双夹围图和竖直围图木，然后用螺帽拧紧在竖直围图木上。铁板螺栓带扁铁的一端与水平对拉撑木相接，与两端绞丝的螺栓要相间布置。在对立撑木与竖直围图木之间要留有 10cm 空隙，以便用木楔校正对拉撑木的松紧度。对拉撑木是为了防止每孔闸墩模板的歪斜与变形。若闸墩不高，每隔两根对销螺栓放一根铁板螺栓。

闸墩两端的圆头部分，待模板立好后，在其外侧自下而上相隔适当距离，箍以半圆形粗钢筋铁环，两端焊以扁铁并钻孔，钻孔尺寸与对销螺栓相同，并将它固定在双夹围图上。

当水闸为三孔一联整体底板时，则中孔可不予支撑。在双孔底板的闸墩上，则宜将两孔同时支撑，这样可使 3 个闸墩同时浇筑。

2. 翻模施工

由于钢模板的广泛应用，施工人员依据滑模的施工特点，发展形成了使用于闸墩施工的翻模施工法。立模时一次至少立 3 层，当第二层模板内混凝土浇至腰箍下缘时，第一层模板内腰箍以下部分的混凝土须达到脱模强度（以 98kPa 为宜），这样便可拆掉第一层，去架立第四层模板，并绑扎钢筋。依此类推，保持混凝土浇筑的连续性，以避免产生次缝。

（二）混凝土浇筑

闸墩模板立好后，随即进行清仓工作。用压力水冲洗模板内侧和闸墩底面，污水由底层模板上的预留孔排出。清仓完毕堵塞小孔后，即可进行混凝土浇筑。

闸墩混凝土的浇筑，主要是解决好两个问题：一是每块底板上闸墩混凝土的均衡上升；二是流态混凝土的入仓及仓内混凝土的铺筑。为了保证混凝土的均衡上升，运送混凝土入仓时应很好地组织，使在同一时间运到同一底块各闸墩的混凝土量大致相同。

为防止流态混凝土自 8~10m 高度下落时产生离析，采用溜管运输，可每隔 2~3m 设置一组。由于仓内工作面窄，浇捣人员走动困难，可把仓内浇筑面分划成几个区段，每区段内固定浇捣工人，这样可提高工效。每坯混凝土厚度可控制在30cm左右。

三、止水施工

为适应地基的不均匀沉降和伸缩变形，在水闸设计中均设置有结构缝（包括沉陷缝与温度缝）。凡位于防渗范围内的缝，都有止水设施，且所有缝内均应有填料，填料通常为沥青油毡或沥青杉木板、沥青芦苇等。止水设施分为垂直止水和水平止水两种。

（一）水平止水

水平止水大多利用塑料止水带或橡皮止水带，近年来广泛采用塑料止水带。它止水性能好，抗拉强度高，切性好，适应变形能力强，耐久且易黏结，价格便宜。

水平止水施工简单，有两种方法：一是先将止水带的一端埋入先浇块的混凝土中，拆模后安装填料，再浇另一侧混凝土；二是先将填料及止水带的一端安装在先浇块的模板内侧，混凝土浇好拆模后，止水带嵌入混凝土中，填料被贴在混凝土表面，随后再浇后浇块混凝土。

（二）垂直止水

垂直止水多用金属止水片，重要部分用紫铜片，一般可用铝片、镀锌或镀铜铁皮。重要结构，要求止水片与沥青井联合使用，沥青井与垂直止水的施工用沥青井与预制混凝土块砌筑，用水泥砂浆胶结，2~3m可分为一段，与混凝土接触面应凿毛，以利接合，沥青要在后浇块浇筑前随预制块的接长分段灌注。井内灌注的是沥青胶，其配合比为沥青∶水泥∶石棉粉=2∶2∶1。沥青井内沥青的加热方式，有蒸汽管加热和电加热两种，多采用电加热。

第四节　水闸运用

一、水闸准备操作

（一）闸门启闭前的准备工作

1.闸门的检查

（1）闸门的开度是否在原定位置。

（2）闸门的周围有无漂浮物卡阻、门体有无歪斜、门槽是否堵塞。

（3）在冰冻地区，冬季启闭闸门前还应注意检查闸门的活动部分有无冻结现象。

2.启闭设备的检查

（1）启闭闸门的电源或动力有无故障。

（2）电动机是否正常，相序是否正确。

（3）机电安全保护设施仪表是否完好。

（4）机电转动设备的润滑油是否充足，特别注意高速部位（如变速箱等）的油量是否符合规定要求。

（5）牵引设备是否正常。如钢丝绳有无锈蚀、断裂，螺杆等有无弯曲变形，吊点结合是否牢固。

（6）液压启闭机的油泵、阀、滤油器是否正常，油箱的油量是否充足，管道、油缸是否漏油。

3.其他方面的检查

（1）上下游有无船只、漂浮物或其他障碍物影响行水等情况。

（2）观测上下游水位、流量、流态。

（二）闸门的操作运用原则

1.工作闸门可以在动水情况下启闭，船闸的工作闸门应在静水情况下启闭。

2.检修闸门一般在静水情况下启闭。

二、水闸操作

（一）闸门启闭前的准备工作

1.严格执行启闭制度

（1）管理机构对闸门的启闭，应严格按照控制运用计划及负责指挥运用的上级主管部门的指示执行。对上级主管部门的指示，管理机构应详细记录，并由技术负责人确定闸门的运用方式和启闭次序，按规定程序下达执行。

（2）操作人员接到启闭闸门的任务后，应迅速做好各项准备工作。

（3）当闸门的开度较大，其泄流或水位变化对上下游有危害或影响时，必须预先通知有关单位，做好准备，以免造成损失。

2.认真进行检查工作

（1）闸门的检查：

①闸门的开度是否在原定位置。

②闸门的周围有无漂浮物卡阻、门体有无歪斜、门槽是否堵塞。

③冰冻地区，冬季启闭闸门前还应注意检查闸门的活动部分有无冻结现象。

（2）启闭设备的检查：

①启闭闸门的电源或动力有无故障。

②电动机是否正常，相序是否正确。

③机电安全保护设施、仪表是否完好。

④机电转动设备的润滑油是否充足，特别注意高速部位（如变速箱等）的油量是否符合规定要求。

⑤牵引设备是否正常。如钢丝绳有无锈蚀、断裂，螺杆等有无弯曲变形，吊点结合是否牢固。

⑥液压启闭机的油泵，阀、滤油器是否正常，油箱的油量是否充足，管道、油缸是否漏油。

（3）其他方面的检查：

①上下游有无船只、漂浮物或其他障碍物影响行水等情况。

②观测上下游水位、流量、流态。

（二）闸门的操作运用原则

1. 工作闸门可以在动水情况下启闭，船闸的工作闸门应在静水情况下启闭。

2. 检修闸门一般在静水情况启闭。

（三）闸门的操作运用

1. 工作闸门的操作

工作闸门在操作运用时，应注意以下几个问题。

（1）闸门在不同开启度情况下工作时，要注意闸门、闸身的振动和对下游的冲刷。

（2）闸门放水时，必须与下游水位、流量相适应，水跃应发生在消力池内。

应根据闸下水位与安全流量关系图表和水位-闸门开度-流量关系图表，进行分次开启。

（3）不允许局部开启的工作闸门，不得中途停留使用。

2. 多孔闸门的运行

（1）多孔闸门尽量全部同时启闭，若不能全部同时启闭，应由中间孔依次向两边对称开启或由两端向中间依次对称关闭。

（2）对上下双层孔口的闸门，应先开底层后开上层，关闭时顺序相反。

（3）多孔闸门下泄小流量时，只有水跃能控制在消力池内时，才允许开启部分闸孔。开启部分闸孔时，也应尽量考虑对称。

（4）多孔闸门允许局部开启时，应先确定闸下分次允许增加的流量，然后，确定闸门分次启闭的高度。

（四）启闭机的操作

1. 电动及手、电两用卷扬式、螺杆式启闭机的操作

（1）电动启闭机的操作程序，凡有锁定装置的，应先打开锁定装置，后合电器开关。当闸门运行到预定位置后，及时断开电器开关，装好锁定，切断电源。

（2）人工操作手、电两用启闭机时，应先切断电源，合上离合器，方能操作。如使用电动时，应先取下摇柄，拉开离合器后，才能按电动操作程序进行。

2. 液压启闭机操作

（1）打开有关阀门，并将换向阀扳至所需位置。

（2）打开锁定装置，合上电器开关，启动油泵。

（3）逐渐关闭回油控制阀升压，开始运行闸门。

（4）在运行中若需改变闸门运行方向，应先打开回油控制阀至极限，然后扳动换向阀换向。

（5）停机前，应先逐步打开回油阀，当闸门达到上、下极限位置，而压力再升时，应立即将回油控制阀升至极限位置。

（6）停机后，应将换向阀扳至停止位置，关闭所有阀门，锁好锁定，切断电源。

（五）水闸操作运用应注意的事项

1. 在操作过程中，不论是遥控、集中控制或机旁控制，均应有专人在机旁和控制室进行监护。

2. 启动后应注意：启闭机是否按要求的方向动作，电器、油压、机械设备的运用是否良好，开度指示器及各种仪表所示的位置是否准确，用两部启闭机控制一个闸门的是否同步启闭。若发现当启闭力达到要求，而闸门仍固定不动或发生其他异常现象时，应立即停机检查处理，不得强行启闭。

3. 闸门应避免停留在容易发生振动的开度上。如闸门或启闭机发生不正常的振动、声响等，应立即停机检查。消除不正常现象后，再行启闭。

4. 使用卷扬式启闭机关闭闸门时，不得在无电的情况下，单独松开制动器降落闸门（设有离心装置的除外）。

5. 当开启闸门接近最大开度或关闭闸门接近闸底时，应注意闸门指示器或标志，应停机时要及时停机，以避免启闭机械损坏。

6. 在冰冻时期，如要开启闸门，应先将闸门附近的冰破碎或融化。在解冻流冰时期泄水时，应将闸门全部提出水面，或控制小开度放水，以避免流冰撞击闸门。

7. 闸门启闭完毕后，应校核闸门的开度。

水闸的操作是一项业务性较强的工作，要求操作人员必须熟悉业务，思想集中，操作过程中，必须坚守工作岗位，严格按操作规程办事，避免各种事故的发生。

第五节 水闸裂缝

一、水闸裂缝的处理

1. 闸底板和胸墙的裂缝处理

闸底板和胸墙的刚度比较小，适应地基变形的能力较差很容易受到地基不均匀沉陷的影响，从而发生裂缝。另外，混凝土强度不足、温差过大或者施工质量差也会引起闸底板和胸墙裂缝。

对不均匀沉陷引起的裂缝，在修补前，应首先采取措施稳定地基，一般有两种方法：一种方法是卸载，比如将边墩后的土清除改为空箱结构，或者拆除交通桥；另外一种方法是加固地基，常用的方法是对地基进行补强灌浆，提高地基的承载能力。对于因混凝土强度不足或因施工质量而产生的裂缝，应主要进行结构补强处理。

2. 翼墙和浆砌块石护坡的裂缝处理

地基不均匀沉陷和墙后排水设备失效是造成翼墙裂缝的两个主要原因。由于不均匀沉陷而产生的裂缝，首先应通过减荷稳定地基，然后再对裂缝进行修补处理。因墙后排水设备失效，应先修复排水设施、再修补裂缝。浆砌石护坡裂缝常常是由于填土不实造成的，严重时应进行翻修。

3. 护坦的裂缝处理

护坦裂缝产生的原因有地基不均匀沉陷、温度应力过大和底部排水失效等。因地基不均匀沉陷产生的裂缝，可待地基稳定后，在裂缝上设止水，将裂缝改为沉陷缝。温度裂缝可采取补强措施进行修补。底部排水失效，应先修复排水设备。

4. 钢筋混凝土的顺筋裂缝处理

钢筋混凝土的顺筋裂缝是沿海地区挡潮闸普遍存在的一种病害现象。裂缝的发展可使混凝土脱落钢筋锈蚀，使结构强度过早丧失。顺筋裂缝产生的原因是海水渗入混凝土后，降低了混凝土碱度，使钢筋表面的氧化膜遭到破坏导致海水直接接触钢筋而产生电化学反应，使钢筋锈蚀，锈蚀引起的体积膨胀致使混凝土顺筋开裂。

顺筋裂缝的修补，其施工过程为：沿缝凿除保护层，再将钢筋周围的混凝土凿除2cm；对钢筋彻底除锈并清洗干净；在钢筋表面涂上一层环氧基液，在混凝土修补面上涂一层环氧胶，再填筑修补材料。

顺筋裂缝的修补材料应具有抗硫酸盐、抗碳化、抗渗、抗冲、强度高、凝聚力大等特性。目前常用的有铁铝酸盐早强水泥砂浆及混凝土、抗硫酸盐水泥砂浆及细石混凝土、聚合物水泥砂浆及混凝土和树脂砂浆及混凝土等。

5.闸墩及工作桥裂缝处理

中国早期建成的许多闸墩及工作桥，发现许多细小裂缝，严重老化剥离，其主要原因是混凝土的碳化。混凝土的碳化是指空气中的二氧化碳与水泥中氢氧化钙作用生成碳酸钙和水，使混凝土的碱度降低，钢筋表面的氢氧化钙保护膜破坏而开始生锈，混凝土膨胀形成裂缝。

此种病害的处理应对锈蚀钢筋除锈，锈蚀面积大的加设新筋，采用预缩砂浆并掺入阻锈剂进行加固。

二、闸门的防腐处理

1.钢闸门的防腐处理

钢闸门常在水中或干湿交替的环境中工作，极易发生腐蚀，腐蚀可加速其破坏，引起事故。为了延长钢闸门的使用年限，保证安全运用，必须经常予以保护。

钢铁的腐蚀一般分为化学腐蚀和电化学腐蚀两类。钢铁与氧气或非电解质溶液作用而发生的腐蚀，称为化学腐蚀；钢铁与水或电解质溶液接触形成微小腐蚀电池而引起的腐蚀，称为电化学腐蚀。钢闸门的腐蚀多属电化学腐蚀。

钢闸门防腐蚀措施主要有两种。一种是在钢闸门表面涂上覆盖层，借以把钢材母体与氧或电解质隔离，以免产生化学腐蚀或电化学腐蚀。另一种是设法供给适当的保护电能，使钢结构表面积聚足够的电子，成为一个整体阴极而得到保护，即电化学保护。

钢闸门不管采用哪种防腐措施，在具体实施过程中，首先都必须进行表面的处理。表面处理就是清除钢闸门表面的氧化皮、铁锈焊渣、油污、旧漆及其他污物。经过处理的钢闸门要求表面无油脂、无污物、无灰尘、无锈蚀、表面干燥、无失效的旧漆等。目前钢闸门表面处理方法有人工处理、火焰处理、化学处理和喷砂处理等。

人工处理就是靠人工铲除锈和旧漆，此法工艺简单，无需大型设备，但劳动强度大、工效低、质量较差。

火焰处理就是对旧漆和油脂有机物，借燃烧使之碳化而清除。对氧化皮是利用加热后金属母体与氧化皮及铁锈间的热膨胀系数不同而使氧化皮崩裂、铁锈脱落。处理用的燃料一般为氧乙炔焰。此种方法，设备简单，清理费用较低，质量比人工处理好。

化学处理是利用碱液或有机溶剂与旧漆层发生反应来除漆，利用无机酸与钢铁的锈蚀产物进行化学反应清理铁锈。除旧漆可利用纯碱石灰溶液（纯碱：生石灰：水=1：1.5：1.0）或其他有机脱漆剂。除锈可用无机酸与填加料配制成的除锈药膏。化学处理，劳动强度低，工效较高，质量较好。

喷砂处理方法较多，常见的干喷砂除锈除漆法是用压缩空气驱动砂粒通过专用的喷嘴以较高的速度冲到金属表面，依靠砂粒的冲击和摩擦除锈、除漆。此种方法工效高、质量好，但工艺较复杂，需用专用设备。

2. 钢丝网水泥闸门的防腐处理

钢丝网水泥是一种新型水工结构材料，它由若干层重叠的钢丝网、浇筑高强度等级水泥砂浆而成。它具有重量轻、造价低、便于预制、弹性好、强度高、抗震性能好等优点。完好无损的钢丝网水泥结构，其钢丝网与钢筋被氢氧化钙等碱性物质包围着，钢丝与钢筋在氢氧化钙碱性作用下生成氢氧化铁保护膜保护网、筋，防止了网筋的锈蚀。因此，对钢丝网水泥闸门必须使砂浆保护层完整无损。要达到这个要求，一般采用涂料保护。

钢丝网水泥闸门在涂防腐涂料前也必须进行表面处理，一般可采用酸洗处理，使砂浆表面达到洁净、干燥、轻度毛糙。

常用的防腐涂料有环氧材料、聚苯乙烯、氯丁橡胶沥青漆及生漆等。为保证涂抹质量，一般需涂 2~3 层。

3. 木闸门的防腐处理

在水利工程中，一些中小型闸门常用木闸门，木闸门在阴暗潮湿或干湿交替的环境中工作，易于霉料和虫蛀，因此也需进行防腐处理。

木闸门常用的防腐剂有氟化钠、硼铬合剂、硼酚合剂、铜铬合剂等。作用在于毒杀微生物与菌类，达到防止木材腐蚀的目的。施工方法有涂刷法、浸泡法、热浸法等。处理前应将木材烤干，使防腐剂容易吸附和渗入木材体内。

木闸门通过防腐剂处理以后，为了彻底封闭木材空隙，隔绝木材与外界的接触，常在木闸门表面涂上油性调和漆、生桐油、沥青等，以杜绝发生腐蚀的各种条件。

第六节 险情抢护

一、涵闸与土堤结合部出险

（一）出险原因

土料回填不实；闸体或土堤所承受的荷载不均匀，引起不均匀沉陷错缝、裂缝，遇到降雨地面径流进入，冲蚀形成陷坑，或使岸墙、护坡失去依托而蛰裂、塌陷；洪水顺裂缝造成集中绕渗，严重时在闸下游侧造成管涌、流土，危及涵闸及堤防的安全。

（二）抢护原则与方法

堵塞漏洞的原则是：临水堵塞漏洞进水口，背水反滤导渗。抢护渗水的原则是：临河截渗，背河导渗。常用的抢护方法有以下几种：

　　1.堵塞漏洞进口

　　（1）布篷覆盖

　　一般适用于涵洞式水闸闸前堤坡上漏洞的抢护。布篷长度要能从堤顶向下铺放将洞口严密覆盖，并留一定宽裕度，用直径10~20cm的钢管一根，长度大于布宽约0.6m，长竹竿数根以及拉绳、木桩等。将篷布两端各缝一套筒，上端套上竹竿，下端套上钢管，绑扎牢固，把篷布套在钢管上，在堤顶肩部打木桩数根，将卷好的篷布上端固定，下端钢管两头各拴一根拉绳，然后用竹竿顶推布篷卷使其顺堤坡滚下，直至铺盖住漏洞进口，为提高封堵效果，在篷布上面抛压土袋。

　　（2）草捆或棉絮堵塞

　　当漏洞口尺寸不大，且水深在2.5m以内时，用草捆（棉絮）堵塞，并在上压盖土袋，以使闭气。

　　（3）草泥网袋堵塞

　　当洞口不大，水深2m以内时，可用草泥装入尼龙网袋，用网袋将漏洞进口堵塞。

　　2.背河反滤导渗

　　如果渗漏已在涵闸下游堤坡出逸，为防止流土或管涌等渗透破坏，致使险情扩大，需在出渗处采取导渗反滤措施。

　　（1）砂石反滤导渗

　　在渗水处按要求填筑反滤结构，滤水体汇集的水流，可通过导管或明沟流入涵闸下游排走。

　　（2）土工织物滤层

　　铺设前将坡面进行平整并清除杂物，使土工织物与土面接触良好，铺放时要避免尖锐物体扎破织物。织物幅与幅之间可采用搭接，搭接宽度一般不小于0.2m。为固定土工织物，每隔2m左右用"Ⅱ"型钉将织物固定在堤坡上。

　　（3）柴草反滤

　　在背水坡用柴草修作反滤设施，第一层铺麦秸厚约5cm，第二层铺秸料（或苇帘等）约20cm，第三层铺细柳枝厚约20cm。铺放时注意秸料均要顺水流向铺放，以利排出渗水。为防止大风将柴草刮走，要在柴草上压一层土袋。

二、涵闸滑动抢险

（一）出险原因

　　1.上游挡水位超过设计挡水位，使水平水压力增加，同时渗透压力和上浮力也增大，使水平方向的滑动力超过抗滑摩阻力。

　　2.防渗、止水设施破坏，使渗径变短，造成地基土壤渗透破坏甚至冲蚀，地基摩阻力降低。

3.其他附加荷载超过设计值，如地震力等。

（二）抢护原则与方法

抢护的原则是增加摩阻力，减小滑动力，以稳固工程基础。常用的方法有以下几种：

1.加载增加摩阻力

适用于平面缓慢滑动险情的抢护。具体做法是在水闸的闸墩、公路桥面等部位堆放块石、土袋或钢铁等重物，需加载量由稳定核算确定。注意事项：加载不得超过地基许可应力，否则会造成地基大幅度沉陷。具体加载部位的加载量不能超过该构件允许的承载限度。一般不要向闸室内抛物增压，以免压坏闸底板或损坏闸门构件。险情解除后要及时卸载，进行善后处理。

2.下游堆重阻滑

适用对圆弧滑动和混合滑动两种缓滑险情的抢护。在水闸出现的滑动面下端，堆放土袋、块石等重物，以防滑动，重物堆放位置和数量由阻滑稳定计算确定。

3.下游蓄水平压

在水闸下游一定范围内用土袋或土筑成围堤，以塞高水位，减小上下游水头差，抵消部分水平推力。围堤高度根据壅水需要而定。若水闸下游渠道上建有节制闸，且距离较近时，可关闭壅高水位，亦能起到同样的作用。

4.圈堤围堵

一般适用于闸前有较宽的滩地的情况，临河侧可堆筑土袋，背水侧填筑土戗，或两侧均堆筑土袋，中间填土夯实，以减少土方量。

三、闸顶漫溢抢护

（一）出险原因

设计洪水水位标准偏低或河道淤积，洪水位超过闸门或胸墙顶高程。

（二）抢护方法

涵洞式水闸因埋设于堤内，其抢护方法与堤防的防漫溢措施基本相同，开敞式水闸的防漫溢措施如下：

1.无胸墙开敞式水闸

当闸跨度不大时，可焊一个平面钢架，将钢架吊入闸门槽内，放置于关闭的闸门顶上，紧靠闸门的下游侧，然后在钢架前部的闸门顶部，分层叠放土袋，迎水面放置土工膜（布）或布篷挡水，宽度不足时可以搭接，搭接长度不小于0.2m。亦可用2~4cm厚的木板，严密拼接紧靠在钢架上，在木板前放一排土袋做前戗，压紧木板防止漂浮。

2. 有胸墙开敞式水闸

利用闸前工作桥在胸墙顶部堆放土袋，迎水面压放土工膜（布）或篷布挡水。

上述堆放土袋应与两侧大堤衔接，共同挡御洪水。

为防闸顶漫溢抢筑的土袋高度不易过高，若洪水位超高过多，应考虑抢筑围堤挡水，以保证闸的安全。

四、闸基渗水、管涌抢险

（一）出险原因

水闸地下轮廓渗径不足，渗透比降大于地基土壤允许比降，地基下埋藏有强透水层，承压水与河水相通，当闸下游出逸渗透比降大于土壤允许值时，可能发生流土或管涌，冒水冒砂，形成渗漏通道。

（二）抢护原则与方法

抢护的原则是：上游截渗、下游导渗和蓄水平压减小水位差。具体措施如下：

1. 闸上游落淤阻渗

先关闭闸门，在渗漏进口处，用船载黏土袋由潜水人员下水填堵进口，再加抛散黏土落淤封闭，或利用洪水挟带的泥沙，在闸前落淤阻渗，或者用船在渗漏区抛填黏土形成铺盖层防止渗漏。

2. 闸下游管涌或冒水冒砂区修筑反滤围井。

3. 下游围堤蓄水平压，减小上下游水头差。

4. 闸下游滤水导渗

当闸下游冒水冒砂面积较大或管涌成片时，在渗流破坏区采用分层铺填中粗砂、石屑、碎石反滤层，下细上粗，每层厚 20~30cm，上面压块石或土袋，如缺乏砂石料，亦可用秸料或细柳枝做成柴排（厚 15~30cm），上铺草帘或苇席（厚 5~10cm），再压块石或砂土袋，注意不要将柴草压得过紧，同时不可将水抽干再铺填滤料，以免使险情恶化。

第四章　水利工程混凝土施工

第一节　料场规划

一、骨料的料场规划

骨料的料场规划是骨料生产系统设计的基础。伴随设计阶段的深入，料场勘探精度的提高，要提出相应的最佳用料方案。最佳用料方案取决于料场的分布高程，骨料的质量、储量天然级配、开采条件、加工要求、弃料多少、运输方式、运距远近、生产成本等因素。骨料料场的规划、优选，应通过全面技术经济论证。

砂石骨料的质量是料场选择的首要前提。骨料的质量要求包括强度、抗冻、化学成分、颗粒形状、级配和杂质含量等。水工现浇混凝土粗骨料多用四级配，即 5~20mm、20~40mm、40~80mm、80~120mm（或 150mm）。砂子为细骨料，通常分为粗砂和细砂两级，其大小级配由细度模数控制，合理取值为 2.4~3.2。增大骨料颗粒尺寸、改善级配，对于减少水泥用量、提高混凝土质量，特别是对大体积混凝土的控温防裂具有积极意义。然而，骨料的天然级配和设计级配要求总有差异，各种级配的储量往往不能同时满足要求。这就需要多采或通过加工来调整级配及其相应的产量。骨料来源有三种：天然骨料，采集天然沙砾料经筛分分级，将富裕级配的多余部分作为弃料；天然混合料中含砂不足时，可用山砂即风化砂补足。人工骨料，用爆破开采块石，通过人工破碎筛分成碎石，磨细成砂。组合骨料，以天然骨料为主，人工骨料为辅。人工骨料可以由天然骨料筛出的超径料加工而得，也可以爆破开采块石经加工而成。

搞好砂石料场规划应遵循如下原则：

1. 首先要了解砂石料的需求、流域（或地区）的近期规划、料源的状况，以确定是建立流域或地区的砂石生产基地还是建立工程专用的砂石系统。

2. 应充分考虑自然景观、珍稀动植物、文物古迹保护方面的要求，将料场开采后的景观、植被恢复（或美化改造）列入规划之中，应重视料源剥离和弃渣的堆存，应避免水土流失，还应采取恢复的措施。在进行经济比较时应计入这方面的投资。当在河滩开采时，还应对河道冲淤、航道影响进行论证。

3. 满足水工混凝土对骨料的各项质量要求，其储量力求满足各设计级配的需要，并有必要的富余量。初查精度的勘探储量，一般不少于设计需要量的 3 倍，详细精度的勘探储量，一般不少于设计需要量的 2 倍。

4. 选用的料场，特别是主要料场，应场地开阔、高程适宜、储量大、质量好、开采季节长，主辅料场应能兼顾洪枯季节，互为备用。

5. 选择可采率高，天然级配与设计级配较为接近，用人工骨料调整级配数量少的料场。任何工程应充分考虑利用工程弃渣的可能性和合理性。

6. 料场附近有足够的回车和堆料场地，且占用农田少，不拆迁或少拆迁现有生活、生产设施。

7. 选择开采准备工作量小，施工简便的料场。

如以上要求难以同时满足，应以满足主要要求，即以满足质量数量为基础，寻求开采运输、加工成本费用低的方案，确定采用天然骨料、人工骨料还是组合骨料用料方案。若是组合骨料，则需确定天然和人工骨料的最佳搭配方案。通常对天然料场中的超径料，通过加工补充短缺级配，形成生产系统的闭路循环，这是减少弃料、降低成本的好办法。若采用天然骨料方案，为减少弃料应考虑各料场级配的搭配，满足料场的最佳组合。显然，质好、量大、运距短的天然料场应优先采用。只有在天然料运距太远、成本太高时，才考虑采用人工骨料方案。

人工骨料通过机械加工，级配比较容易调整，以满足设计要求。人工破碎的碎石，表面粗糙，与水泥砂浆胶结强度高，可以提高混凝土的抗拉强度，对防止混凝土开裂有利。但在相同水灰比情况下，同等水泥用量的碎石混凝土较卵石混凝土的和易性和工作度要差一些。

有活性的骨料会引起混凝土的过量膨胀，一般应避免使用。当采用低碱水泥或掺粉煤灰时，碱骨料反应受到抑制，经试验证明对混凝土不致产生有害影响时，也可选用。当主体工程开挖渣料数量较多，且质量符合要求时，应尽量予以利用。它不仅可以降低人工骨料成本，还可节省运渣费用，减少堆渣用地和环境污染。

二、天然砂石料开采

20 世纪 50—60 年代，混凝土骨料以天然砂石料为主，如三门峡、新安江、丹江口、刘家峡等工程。70—80 年代兴建的葛洲坝、铜街子、龙羊峡、李家峡等大型水电站和 90 年代兴建的黄河小浪底水利枢纽，也都采用天然砂石骨料。葛洲坝一期、二期工程砂石骨料生产系统月生产 49.5 万 m^3，年产 395 万 m^3，生产总量达 2600 万 m^3。

按照砂石料场开采条件，可分为水下和陆上开采两类。20 世纪 50 年代到 60 年代中期，水下开采砂石料多使用 120m³/h 链斗式采砂船和 50~60m³ 容量的砂驳配套采运，也有用窄轨矿车配套采运的。20 世纪 70 年代后，葛洲坝工程先后采用了生产能力更大的 250m³/h 和 750m³/h 的链斗式采砂船，250 型采砂船枯水期最大日产 5220m³。750 型采砂船枯水期最大日产达 13458m³，中水期达 11537m³，水面下正常挖深 16m，最大挖深 20m。两艘船平均日产可达 1.5 万 ~1.6 万 m³。水口工程砂石料场含沙率偏高，在采砂船链斗转料点装设筛分机，筛除部分沙子，减少毛料运输。

三、人工骨料采石场

中国西南、中南一些地区缺少天然砂石料资源，20 世纪 50 年代修建的狮子滩、上犹江、流溪河等工程，都曾建人工碎石系统。60 年代，映秀湾工程采用棒磨制砂。70 年代，乌江渡采用规模较大的人工砂石料生产系统，生产的人工砂石骨料质优价廉。借鉴乌江渡的经验，80 年代后，广西岩滩、云南漫湾、贵州东风、湖南五强溪、湖北隔河岩、四川宝珠寺等大型水电站工程相继采用人工砂石骨料，并取得较高的社会经济效益。五强溪工程在采用强磨蚀性石英砂岩生产人工骨料方面有了新的突破。90 年代的二滩水电站建成了较先进的人工砂石系统，长江三峡水利枢纽建成了世界上规模最大的月生产成品砂 39 万 t 的下岸溪人工砂系统和月生产成品粗骨料 76 万 t 的古树岭人工碎石加工系统，采用新型液压圆锥破碎机和立式冲击破碎机等先进的砂石生产设备。

工程实践证明，由于新鲜灰岩具有较好的强度和变形性能，且便于开采和加工，被公认为最佳的骨料料源；其次为正长岩、玄武岩、花岗岩和砂岩；流纹岩、石英砂岩和石英岩由于硬度较高，虽也可做料源，但加工困难并加大了生产成本。有些工程还利用主体工程开挖料作为骨料料源。

人工骨料料源有时在含泥量上超标，需在加工工艺流程中设法解决。如乌江渡工程，因含泥量偏大，并存在黏土结团颗粒，在加工系统中设置了洗衣机，效果良好，含泥量从 3% 降到 1% 以下。湖南江垭工程则在一破单元中专设筛子剔除泥块。

少数水电工程由于对料源的勘探深度未达到要求，在开工之后曾发生料场不符合要求的情况。如漫湾水电站的田坝沟流纹岩石料场，在开挖后发现 1 号和 2 号山头剥离量过大，不得不将其放弃，改以 3 号山头作为采区。

二滩工程混凝土骨料用正长岩生产砂石料，采石场位于大坝上游左岸金龙沟，规划开采总量 470 万 m³。开采梯段高度 12.5m，用 6 台液压履带钻车钻孔，使用微差挤压爆破技术，使石料块度适宜，1.6m 以上的大块率可控制在 5%~8%。平均单位耗药量 0.5~0.6kg/m³。石料用 2 台推土机和 1 台装载机配合 4 辆 30t 的自卸车运至集料平台，向破碎机供料，或是用自卸车直接向旋回破碎机供料。采石场开采后形成高 255m 的边坡，按照边坡长期稳定和环保要求，采用钢丝网喷混凝土和预应力锚索等综合支护措施。采石场实际月生产能力可达 20 万 m³ 以上。

随着大型高效、耐用的骨料加工机械的发展以及管理水平的提高，人工骨料的成本接近甚至低于天然骨料。采用人工骨料尚有许多天然骨料生产不具备的优点，如级配可按需调整，质量稳定，管理相对集中，受自然因素影响小，有利于均衡生产，减少设备用量，减少堆料场地，同时尚可利用有效开挖料。因此，采用人工骨料或用机械加工骨料搭配的工程越来越多，在实践中取得了明显的技术经济效果。

第二节 骨料开采与加工

1. 骨料的开采与加工

骨料的加工主要是对天然骨料进行筛选分级，人工骨料需要通过破碎、筛分加工等。

2. 基础处理

对沙砾地基应清除杂物，整平基础面；对于岩基，一般要求清除到质地坚硬的新鲜岩面，然后进行整修。整修是用铁锹等工具去掉表面松软岩石、棱角和反坡，并用高压水进行冲洗，压缩空气吹扫。当有地下水时，要认真处理，否则会影响混凝土的质量。常见的处理方法为：做截水墙拦截渗水，引入集水井一并排出。

对基岩进行必要的固结灌浆，以封堵裂缝、阻止渗水；沿周边打排水孔，导出地下水，在浇筑混凝土时埋管，用水泵排出孔内积水，直至混凝土初凝，7天后灌浆封孔；将底层砂浆和混凝土的水灰比适当降低。

3. 仓面准备

浇筑仓面的准备工作，包括机具设备、劳动组合、材料的准备等，应事先安排就绪。仓面施工的脚手架应检查是否牢固，电源开关、动力线路是否符合安全规定；照明、风水电供应、所需混凝土及工作平台、安全网、安全标识等是否准备就绪。地基或施工缝处理完毕并养护一定时间后，在仓面进行放线，安装模板、钢筋和预埋件。

4. 模板、钢筋及预埋件检查

当已浇好的混凝土强度达到 2.5MPa 后，可进行脚手架架设等作业。开仓浇筑前，必须按照设计图样和施工规范的要求，对以下三方面内容进行检查，签发合格证。

（1）模板检查。主要检查模板的架立位置与尺寸是否准确，模板及其支架是否牢固、稳定，固定模板用的拉条是否发生弯曲等。模板板面要求洁净、密封并涂刷脱模剂。

（2）钢筋检查。主要检查钢筋的数量、规格、间距、保护层、接头位置及搭接长度是否符合设计要求。要求焊接或绑扎接头必须牢固，安装后的钢筋网骨架应有足够的刚度和稳定性，钢筋表面应清洁。

（3）预埋件检查。主要是对预埋管道、止水片、止浆片等进行检查。主要检查其数量、安装位置和牢固程度。

第三节　混凝土拌制

混凝土拌制，是指按照混凝土配合比设计要求，将其各组成材料（砂石、水泥、水、外加剂及掺和料等）拌和成均匀的混凝土料，以满足浇筑的需要。

混凝土制备的过程包括贮料、供料、配料和拌和。其中配料和拌和是主要生产环节，也是质量控制的关键，要求品种无误、配料准确、拌和充分。

一、混凝土配料

配料是按设计要求，称量每次拌和混凝土的材料用量。配料的精度直接影响着混凝土的质量。混凝土配料要求采用重量配料法，即将砂、石、水泥、掺和料按重量计量，水和外加剂溶液按重量折算成体积计算。施工规范对配料精度（按重量百分比计）的要求是：水泥、掺和料、水、外加剂溶液为1%，砂石料为2%。

设计配合比中的加水量根据水灰比计算确定，并以饱和面干状态的沙子为标准。水灰比对混凝土强度和耐久性影响极为重大，绝对不能任意变更。施工采用的砂子，其含水量又往往较高，在配料时采用的加水量，应扣除砂子表面含水量及外加剂中的水量。

1. 给料设备

给料是将混凝土各组分从料仓按要求供到称料料斗。给料设备的工作机构常与称量设备相连，当需要给料时，控制电路开通，进行给料。当计量达到要求时，即断电停止给料。常用的给料设备有皮带给料机、电磁振动给料机、叶轮给料机和螺旋给料机。

2. 混凝土称量

混凝土配料称量的设备有简易称量（地磅）、电动磅秤、自动配料杠杆秤、电子秤、配水箱及定量水表。

（1）简易称量。当混凝土拌制量不大，可采用简易称量方式。地磅称量，是将地磅安装在地槽内，用手推车装运材料推到地磅上进行称量。这种方法最简便，但称量速度较慢。台秤称量需配置称料斗、贮料斗等辅助设备。称料斗安装在台秤上，骨料能由贮料斗迅速落入，故称量时间较快，但贮料斗承受骨料的重量大，结构较复杂。贮料斗的进料可采用皮带机、卷扬机等提升设备。

（2）自动配料杠杆秤。自动配料杠杆秤带有配料装置和自动控制装置。自动化水平高，可作砂、石的称量，精度较高。

（3）电子秤。电子秤是通过传感器承受材料重力拉伸，输出电信号在标尺上指出荷重的大小，当指针与预先给定数据的电接触点接通时，即断电停止给料，同时继电器动作，称料斗斗门打开向集料斗供料，其称量更加准确，精度可达99.5%。

（4）配水箱及定量水表。水和外加剂溶液可用配水箱和定量水表计量。配水箱是搅拌机的附属设备，可利用配水箱的浮球刻度尺控制水或外加剂溶液的投放量。定量水表常用于大型搅拌楼，使用时将指针拨至每盘搅拌用水量刻度上，按电钮即可送水，指针也随进水量回移，至零位时电磁阀即断开停水。此后，指针能自动复位至设定的位置。

称量设备一般要求精度较高，而其所处的环境粉尘较大，因此应经常检查调整，及时清除粉尘。一般要求每班检查一次称量精度。

二、混凝土拌和

混凝土拌和的方法，有人工拌和、机械拌和两种。

1. 人工拌和

人工拌和是在一块钢板上进行，先倒入砂子，后倒入水泥，用铁铲反复干拌至少三遍，直到颜色均匀为止。然后在中间扒一个坑，倒入石子和 2/3 的定量水，翻拌 1 遍。再进行翻拌（至少 2 遍），其余 1/3 的定量水随拌随洒，拌至颜色一致，石子全部被砂浆包裹，石子与砂浆没有分离、泌水与不均匀现象为止。人工拌和劳动强度大、混凝土质量不容易保证，拌和时不得任意加水。人工拌和只适宜于施工条件困难、工作量小、强度不高的混凝土施工。

2. 机械拌和

用拌和机拌和混凝土较广泛，能提高拌和质量和生产率。拌和机械有自落式和强制式两种。自落式分为锥形反转出料和锥形倾翻出料两种型式，强制式分为涡浆式、行星式、单卧轴式和双卧轴式。

（1）混凝土搅拌机

①自落式混凝土搅拌机：自落式搅拌机是通过筒身旋转，带动搅拌叶片将物料提高，在重力作用下物料自由坠下，反复进行，互相穿插、翻拌、混合使混凝土各组分搅拌均匀的。

锥形反转出料搅拌机是中、小型建筑工程常用的一种搅拌机，其正转搅拌，反转出料。由于搅拌叶片呈正、反向交叉布置，拌和料一方面被提升后靠自落进行搅拌，另一方面又被迫沿轴向左右窜动，搅拌作用强烈。

锥形反转出料搅拌机，主要由上料装置搅拌筒、传动机构、配水系统和电气控制系统等组成。当混合料拌好以后，可通过按钮直接改变搅拌筒的旋转方向，拌和料即可经出料叶片排出。

双锥形倾翻出料搅拌机进出料在同一口，出料时由气动倾翻装置使搅拌筒下旋50°～60°，即可将物料卸出。双锥形倾翻出料搅拌机卸料迅速，拌筒容积利用系数高，拌和物的提升速度低，物料在拌筒内靠滚动自落而搅拌均匀，能耗低、磨损小，能搅拌大粒轻骨料混凝土。主要用于大体积混凝土工程。

②强制式混凝土搅拌机：强制式搅拌机一般筒身固定，搅拌机片旋转，对物料施加剪

切、挤压、翻滚、滑动、混合使混凝土各组分搅拌均匀。

立轴强制式搅拌机是在圆盘搅拌筒中装一根回转轴，轴上装的拌和铲和刮板，随轴一同旋转。它用旋转着的叶片，将装在搅拌筒内的物料强行搅拌使之均匀。涡桨强制式搅拌机由动力传动系统、上料和卸料装置、搅拌系统、操纵机构和机架等组成。

单卧轴强制式混凝土搅拌机的搅拌轴上装有两组叶片，两组推料方向相反，使物料既有圆周方向运动，也有轴向运动，因而能形成强烈的物料对流，使混合料能在较短的时间内搅拌均匀。它由搅拌系统、进料系统、卸料系统和供水系统等组成。

此外，还有双卧轴式搅拌机。

（2）混凝土搅拌机的使用

在混凝土搅拌机使用时应注意如下操作要点：

①进料时应注意：防止砂、石落入运转机构；进料容量不得超载；进料时避免先倒入水泥，减少水泥黏结搅拌筒内壁。

②运行时应注意：运行声响，如有异常，应立即检查；运行中经常检查紧固件及搅拌叶，防止松动或变形。

③安全方面应注意：上料斗升降区严禁任何人通过或停留；检修或清理该场地时，用链条或锁门将上料斗扣牢；进料手柄在非工作时或工作人员暂时离开时，必须用保险环扣紧；出料时操作人员应手不离开操作手柄，防止手柄自动回弹伤人（强制式机更要重视）；上料前，应将出料手柄用安全钩扣牢，方可上料搅拌；停机下班，应将电源拉断，关好开关箱；冬季施工下班，应将水箱、管道内的存水排清。

④停电或机械故障时应注意：对于快硬、早强、高强混凝土应及时将机内拌和物掏净；普通混凝土，在停拌 45min 内将拌和物掏净；缓凝混凝土，根据缓凝时间，在初凝前将拌和物掏净；掏料时，应将电源拉断，防止突然来电。

此外，还应注意混凝土搅拌机运输安全，安装稳固。

第四节　混凝土运输与施工

一、水平运输设备

通常混凝土的水平运输有轨运输和无轨运输两种，前者一般用轨距为 762mm 或 1000mm 的窄轨机车拖运平台车完成，平台车上除放 3~4 个盛料的混凝土罐外，还应留一放空罐的位置，以便卸料后起吊设备可以放置空罐。

放置在平车上的混凝土盛料容器常用立罐。罐壳为钢制品，装料口大，出料口小，并设弧门控制，用人力或压气启闭。立罐容积有 1m³、3m³、6m³、9m³ 几种，容量大小应与拌和机及起重机的能力相匹配；如 $3m^3$ 罐为 1.7t，盛料 $3m^3$ 约 8t，共约 10t，可与 1000L、1500L、3000L 的拌和机和 10t 的起重机匹配。$6m^3$ 罐则与 20t 起重机匹配。

为了方便卸料，可在罐的底部附设振动器，利用振动作用使塑性混凝土料顺利下落。立罐多用平台车运输，也有将汽车改装后载运立罐的，这样运输较为机动灵活。

汽车运输有用自卸车直接盛混凝土，运送并卸入与起重机不脱钩的卧罐内，再将卧罐吊运入仓卸料；也有将卧罐直接放在车厢内到拌和楼装料后运至浇筑仓前，再由起重机吊入仓内。尽管汽车运输比较机动灵活，但成本较高，混凝土容易漏浆和分离，特别是当道路不平整时，其质量难以保证。故通常仅用于建筑物基础部位，分散工程，或机车运输难于达到的部位，作为一种辅助运输方式。

综上可见，大量混凝土的水平运输以有轨机车拖运装载料罐的平板车更普遍。若地形陡峭，拌和楼布置于一岸，则轨路一般按进退式铺设，即列车往返采用进退出入；若运输量较大，则采用双轨，以保证运输畅通无阻；若地形较开阔，可铺设环行线路，效率较高；若拌和楼两岸布置，采用穿梭式轨路，则运输效率更高。有轨运输，当运距为 1~1.5km 时，列车正常循环时间约 1h，包括料罐脱钩、挂钩、吊运、卸料、空回多次往复时间。视运距长短，每台起重机可配置 2~4 辆列车。铁路应经常检查维修，保持行驶平稳、安全，有利于减轻运送混凝土的泌水和分离。

二、垂直运输设备

1. 门式起重机

门式起重机又称门机，它的机身下部有一门架，可供运输车辆通行，这样便可使起重机和运输车辆在同一高程上行驶。它运行灵活，操纵方便，可起吊物料做径向和环向移动，定位准确，工作效率较高。门机的起重臂可上扬收拢，便于在较拥挤狭窄的工作面上与相邻门机共浇一仓，有利于提高浇筑速度。国内常用的 10/20t 门机，最大起重幅度 40/20m，轨上起重高度 30m，轨下下放深度 35m。为了增大起重机的工作空间，国内新产 20/60t 和 10/30t 的高架门机，其轨上高度可达 70m，既有利于高坝施工，减少栈桥层次和高度，也适宜于中低坝降低或取消起重机行驶的工作栈桥。

2. 塔式起重机

塔式起重机又称塔机或塔吊。为了增加起吊高度，可在移动的门架上加设高达数十米的钢塔。其起重臂可铰接于钢塔顶，能仰俯，也有臂固定，由起重小车在臂的轨道上行驶，完成水平运动，以改变其起重幅度。塔机的工作空间比门机大，由于机身高，其稳定灵活性较门机差。在行驶轮旁设有夹具，工作时夹具夹住钢轨保持稳定。当有 6 级以上大风时，必须停止行驶工作。因塔顶是借助钢丝绳的索引旋转，所以它只能向一个方向旋转 180° 或 360° 后再反向旋转，而门机却可随意旋转，故相邻塔机运行的安全距离要求较严。对 10/25t 塔机而言，起重机相向运行，相邻的中心距不小于 85~87m；当起重臂与平衡重相向时，不小于 58~62m；当平衡重相向时，不小于 34m。若分高程布置塔机，则可使相近塔机在近距离同时运行。由于塔机运行的灵活性较门机差，其起重能力、生产率都较门机低。

为了扩大工作范围，门机和塔机多安设在栈桥上。栈桥桥墩可以是与坝体结合的钢筋混凝土结构，也可以是下部为与坝体结合的钢筋混凝土，上部是可拆除回收的钢架结构。桥面结构多用工具式钢架，跨度 20~40m，上铺枕木、轨道和桥面板。桥面中部为运输轨道，两侧为起重机轨道。

3. 缆式起重机

平移式缆索起重机有首尾两个可移动的钢塔架。在首尾塔架顶部凌空架设承重缆索。行驶于承重索上的起重小车靠牵引索牵引移动，另用起重索起吊重物。机房和操纵室均设在首塔内，用工业电视监控操纵。尾塔固定，首塔沿弧形轨道移动者，称为辐射式缆机；两端固定者，称为固定式缆机，俗称"走线"。固定式缆机工作控制面积为一矩形，辐射式缆机控制面积为一扇形。固定式缆机运行灵活，控制面积大，但设备投资、基建工程量、能源消耗和运行费用都大于后者。辐射式缆机的优缺点恰好与之相反。

4. 履带式起重机

将履带式挖掘机的工作机构改装，即成为履带式起重机。若将 3m³ 挖掘机改装，当起重 20t、起重幅度 18m 时，相应起吊高度 23m；当要求起重幅度达 28m 时，起重高度 13m，相应起重量为 12t。这种起重机起吊高度不大，但机动灵活，常与自卸汽车配合浇筑混凝土墩、墙或基础、护坦、护坡等。

5. 塔带机

早在 20 世纪 20 年代塔带机就曾用于混凝土运输，由于用塔带机输送，混凝土易产生分离和砂浆损失，因而影响了它的推广应用。

近些年来，国外一些厂商研制开发了各种专用的混凝土塔带机，从以下三方面来满足运输混凝土的要求。

（1）提高整机和零部件的可靠性。

（2）力求设备轻型化，整套设备组装方便、移动灵活、适应性强。

（3）配置保证混凝土质量的专用设备。

墨西哥惠特斯（Huites）大坝第一次成功地用 3 台罗泰克（ROTEC）塔带机为主要设备浇筑混凝土，用 2 年多时间浇筑了 280 万 m³ 混凝土，高峰年浇筑混凝土达 210 万 m³，高峰月浇筑强度达 24.8 万 m³，创造了混凝土筑坝技术的新纪录。长江三峡工程用 6 台塔（顶）带机，1999—2000 年共浇筑了 330 万 m³ 混凝土，单台最高月产量 5.1 万 m³，最高日产量 3270m³。塔带机是集水平运输和垂直运输于一体，将塔机和带式输送机有机结合的专用皮带机，要求混凝土拌和、水平供料、垂直运输及仓面作业一条龙配套，以提高效率。塔带机布置在坝内，要求大坝坝基开挖完成后快速进行塔带机系统的安装、调试和运行，使其尽早投入正常生产。输送系统直接从拌和厂受料，拌和机兼作给料机，全线自动连续作业。机身可沿立柱自升，施工中无须搬迁，不必修建多层、多条上坝公路，汽车可不出仓面。

在简化施工设施、节省运输费用、提高浇筑速度、保证仓面清洁等方面，充分反映了这种浇筑方式的优越性。

塔带机一般为固定式，专用皮带机也有移动式的，移动式又有轮胎式和履带式两种，以轮胎式应用较广，最大皮带长度为32~61m，以CC200型胎带机为目前最大规格，布料幅度达61m，浇筑范围50~60m，一般较大的浇筑块可用一台胎带机控制整个浇筑仓面。

塔带机是一种新型混凝土浇筑运输设备，它具有连续浇筑、生产率高、运行灵活等明显优势。随着塔带机运输浇筑系统的不断完善，在未来大坝混凝土施工中将会获得更加广泛的应用。

6. 混凝土泵

混凝土泵可进行水平运输和垂直运输，能将混凝土输送到难以浇筑的部位，运输过程中新拌混凝土受周围环境因素的影响较小，运输浇筑的辅助设施及劳力消耗较少，是具有相当优越性的运输浇筑设备。然而，由于它对于混凝土坍落度和最大骨料粒径有比较严格的要求，它在大坝施工中的应用有限。

三、混凝土施工准备

混凝土施工准备工作的主要项目有基础处理、施工缝处理、设置卸料入仓的辅助设备、模板、钢筋的架设、预埋件及观测设备的埋设、施工人员的组织、浇筑设备及其辅助设施的布置、浇筑前的检查验收等。

1. 基础处理

土基应先将开挖基础时预留下来的保护层挖除，并清除杂物，然后用碎石垫底，盖上湿砂，再压实，浇8~12cm厚素混凝土垫层。沙砾地基应清除杂物，整平基础面，并浇筑10~20cm厚素混凝土垫层。

对于岩基，一般要求清除到质地坚硬的新鲜岩面，然后进行整修。整修是用铁锹等工具去掉表面松软岩石、棱角和反坡，并用高压水冲洗，压缩空气吹扫。若岩面上有油污、灰浆及其他黏结的杂物，还应采用钢丝刷反复刷洗，直至岩面清洁为止。清洗后的岩基在混凝土浇筑前应保持洁净和湿润。

2. 施工缝处理

施工缝是指浇筑块之间新老混凝土之间的结合面。为了保证建筑物的整体性，在新混凝土浇筑前，必须将老混凝土表面的水泥膜（又称乳皮）清除干净，并使其表面新鲜整洁、有石子半露的麻面，以利于新老混凝土的紧密结合。施工缝的处理方法有以下几种：

（1）风砂水枪喷毛。将经过筛选的粗砂和水装入密封的砂箱，并通入压缩空气。高压空气混合水砂，经喷枪喷出，把混凝土表面喷毛。一般在混凝土浇后24~48h开始喷毛，视气温和混凝土强度增长情况而定。如能在混凝土表层喷洒缓凝剂，则可减少喷毛的难度。

（2）高压水冲毛。在混凝土凝结后但尚未完全硬化以前，用高压水（压力0.1~0.25MPa）

冲刷混凝土表面，形成毛面，对龄期稍长的可用压力更高的水（压力0.4~0.6MPa），有时配以钢丝刷刷毛。高压水冲毛关键是掌握冲毛时机，过早会使混凝土表面松散和冲去表面混凝土；过迟则混凝土变硬，不仅增加工作困难，而且不能保证质量。一般春秋季节，在浇筑完毕后10~16h开始，夏季掌握在6~10h，冬季则在18~24h后进行。如在新浇混凝土表面洒刷缓凝剂，则延长冲毛时间。

（3）刷毛机刷毛。在大而平坦的仓面上，可用刷毛机刷毛，它装有旋转的粗钢丝刷和吸收浮渣的装置，利用粗钢丝刷的旋转刷毛并利用吸渣装置吸收浮渣。喷毛、冲毛和刷毛适用于尚未完全凝固混凝土水平缝面的处理。全部处理完后，需用高压水清洗干净，要求缝面无尘无渣，然后再盖上麻袋或草袋进行养护。

（4）风镐凿毛或人工凿毛。已经凝固混凝土利用风镐凿毛或石工工具凿毛，凿深约1~2cm，然后用压力水冲净。凿毛多用于垂直缝。

仓面清扫应在即将浇筑前进行，以清除施工缝上的垃圾、浮渣和灰尘，并用压力水冲洗干净。

四、混凝土浇筑方式的确定

1.混凝土坝分缝分块原则

混凝土坝施工，由于受温度应力与混凝土浇筑能力的限制，不可能使整个坝段连续不断地一次浇筑完毕。因此，需要用垂直于坝轴线的横缝和平行于坝轴线的纵缝以及水平缝，将坝体划分为许多浇筑块进行浇筑。

（1）根据结构特点、形状及应力情况进行分层分块，避免在应力集中、结构薄弱部位分缝。

（2）采用错缝分块时，必须采取措施防止竖直施工缝张开后向上、向下继续延伸。

（3）分层厚度应根据结构特点和温度控制要求确定。基础约束区一般为1~2m，约束区以上可适当加厚；墩墙侧面可散热，分层也可厚些。

（4）应根据混凝土的浇筑能力和温度控制要求确定分块面积的大小。块体的长宽比不宜过大，一般以小于2.5∶1为宜。

（5）分层分块均应考虑施工方便。

2.混凝土坝的分缝分块形式

混凝土坝的浇筑块是用垂直于坝轴线的横缝和平行于坝轴线的纵缝以及水平缝划分的。分缝方式有垂直纵缝法、错缝法、斜缝法、通仓浇筑法等。

（1）纵缝法

用垂直纵缝把坝段分成独立的柱状体，因此又叫柱状分块。它的优点是温度控制容易、混凝土浇筑工艺较简单、各柱状块可分别上升、彼此干扰小、施工安排灵活，但为保证坝体的整体性，必须进行接缝灌浆；它的缺点是模板工作量大、施工复杂。纵缝间距一般为

20~40m，以便降温后接缝有一定的张开度，便于接缝灌浆。

为了传递剪应力的需要，在纵缝面上设置键槽，并需要在坝体到达稳定温度后进行接缝灌浆，以增加其传递剪应力的能力，提高坝体的整体性和刚度。

（2）错缝分块法

错缝法又称砌砖法。分块时将块间纵缝错开，互不贯通，故坝的整体性好，可进行纵缝灌浆。但由于浇筑块互相搭接，施工干扰很大，施工进度较慢，同时在纵缝上、下端因应力集中容易开裂。

（3）斜缝法

斜缝一般沿平行于坝体第二主应力方向设置，缝面剪应力很小，只要设置缝面键槽不必进行接缝灌浆，斜缝法往往是为了便于坝内埋管的安装，或利用斜缝形成临时挡洪面采用的。但斜缝法施工干扰大，斜缝顶并缝处容易产生应力集中，斜缝前后浇筑块的高差和温差需严格控制，否则会产生很大的温度应力。

（4）通缝法

通缝法即通仓浇筑法，它不设纵缝，混凝土浇筑按整个坝段分层进行，一般不需要埋设冷却水管。同时由于浇筑仓面大，便于大规模机械化施工，简化了施工程序，特别是大大减少了模板工作量，施工速度快。但因其浇筑块长度大，容易产生温度裂缝，所以温度控制要求比较严格。

第五节　混凝土特殊季节施工

一、混凝土冬季施工

（一）混凝土冬季施工的一般要求

现行施工规范规定：寒冷地区的日平均气温稳定在5℃以下或最低气温稳定在3℃以下时，温和地区的日平均气温稳定在3℃以下时，均属于低温季节。这就需要采取相应的防寒保温措施，避免混凝土受到冻害。

混凝土在低温条件下，水化凝固速度大为降低，强度增长受到阻碍。当气温在-2℃时，混凝土内部水分结冰，不仅水化作用完全停止，而且结冰后由于水的体积膨胀，使混凝土结构受到损害，当冰融化后，水化作用虽将恢复，混凝土强度也可继续增长，但最终强度必然降低。试验资料表明，混凝土受冻越早，最终强度降低越大。如在浇筑后3~6h受冻，最终强度至少降低50%；如在浇筑后2~3d受冻，最终强度降低只有15%~20%。如混凝土强度达到设计强度的50%以上（在常温下养护3~5d）时再受冻，最终强度则降低极小，甚至不受影响。因此，低温季节混凝土施工，首先要防止混凝土早期受冻。

（二）冬季施工措施

低温季节混凝土施工可以采用人工加热、保温蓄热及加速凝固等措施，使混凝土入仓浇筑温度不低于 5℃；同时保证混凝土浇筑后的正温养护条件，使其在未达到允许受冻临界强度以前不遭受冻结。

1. 调整配合比和掺外加剂

（1）对非大体积混凝土，采用发热量较高的快凝水泥。

（2）提高混凝土的配制强度。

（3）掺早强剂或早强型减水剂。其中氯盐的掺量应按有关规定严格控制，并不适应于钢筋混凝土结构。

（4）采用较低的水灰比。

（5）掺加气剂可减缓混凝土冻结时在其内部水结冰时产生的静水压力，从而提高混凝土的早期抗冻性能，但含气量应限制在 3%~5%。因为，混凝土中含气量每增加 1%，会使强度损失 5%，为弥补由于加气剂招致的强度损失，最好与减水剂并用。

2. 原材料加热法

当日平均气温为 -5~-2℃时，应加热水拌和；当气温再低时，可考虑加热骨料。水泥不能加热，但应保持正温。

水的加热温度不能超过 80℃，并且在将水和骨料拌和后，水不超过 60℃，以免水泥产生假凝。所谓假凝是指拌和水温超过 60℃时，水泥颗粒表面将会形成一层薄的硬壳，使混凝土和易性变差而后期强度降低的现象。砂石加热的最高温度不能超过 100℃，平均温度不宜超过 65℃，并力求加热均匀。对大中型工程，常用蒸气直接加热骨料，即直接将蒸气通过需要加热的砂、石料堆中，料堆表面用帆布盖好，防止热量损失。

3. 蓄热法

蓄热法是将浇筑好的混凝土在养护期间用保温材料覆盖，尽可能把混凝土在浇筑时所包含的热量和凝固过程中产生的水化热蓄积起来，以延缓混凝土的冷却速度，使混凝土在达到抗冰冻强度以前，始终保持正温。

4. 加热养护法

当采用蓄热法不能满足要求时可以采用加热养护法，即利用外部热源对混凝土加热养护，包括暖棚、蒸气加热法和电热法等。大体积混凝土多采用暖棚法，蒸气加热法多用于混凝土预制构件的养护。

（1）暖棚法。暖棚法即在混凝土结构周围用保温材料搭成暖棚，在棚内安设热风机、蒸气排管、电炉或火炉进行采暖，使棚内温度保持在 15℃~20℃，保证混凝土浇筑和养护处于正温条件下。暖棚法费用较高，但暖棚为混凝土硬化和施工人员的工作创造了良好的条件。此法适用于寒冷地区的混凝土施工。

（2）蒸气加热法。利用蒸气加热养护混凝土，不仅使新浇混凝土得到较高的温度，而且可以得到足够的湿度，促进水化凝固作用，使混凝土强度迅速增长。

（3）电热法。电热法是用钢筋或薄铁片作为电极，插入混凝土内部或贴附于混凝土表面，利用新浇混凝土的导电性和电阻大的特点，通过50~100V的低压电，直接对混凝土加热，使其尽快达到抗冻强度。由于耗电量大，大体积混凝土较少采用。

上述几种施工措施，在严寒地区往往是同时采用，并要求在拌和、运输、浇筑过程中，尽量减少热量损失。

（三）冬季施工注意事项

1. 砂石骨料宜在进入低温季节前筛洗完毕。成品料堆应有足够的储备和堆高，并进行覆盖，以防冰雪和冻结。

2. 拌和混凝土前，应用热水或蒸汽冲洗搅拌机，并将水或冰排除。

3. 混凝土的拌和时间应比常温季节适当延长。延长时间应通过试验确定。

4. 在岩石地基或老混凝土面上浇筑混凝土前，应检查其曙度。如为负温，应将其加热成正温。加热深度应不小于10cm，并经验证合格方可浇筑混凝土。仓面清理宜采用喷洒温水配合热风枪，寒冷期间亦可采用蒸汽枪，不宜采用水枪或风水枪。在软基上浇筑第一层混凝土时，必须防止与地基接触的混凝土遭受冻害和地基受冻变形。

5. 混凝土搅拌机应设在搅拌棚内并设有采暖设备，棚内温度应高于5℃。混凝土运输容器应有保温装置。

6. 浇筑混凝土前和浇筑过程中，应注意清除钢筋、模板和浇筑设施上附着的冰雪和冻块，严禁将雪冻块带入仓内。

7. 在低温季节施工的模板，一般在整个低温期间都不宜拆除。如果需要拆除，要满足以下要求：

（1）混凝土强度必须大于允许受冻的临界强度。

（2）具体拆模时间，应满足温控防裂要求，当预计拆模后混凝土表面降温可能超过6℃~9℃时，应推迟拆模时间，如必须拆模时，应在拆模后采取保护措施。

8. 低温季节施工期间，应特别注意温度检查。

二、混凝土夏季施工

在混凝土凝结过程中，水泥水化作用进行的速度与环境温度成正比。当温度超过32℃时，水泥的水化作用加剧，混凝土内部温度急剧上升，等到混凝土冷却收缩时，混凝土就可能产生裂缝。前后的温差越大，裂缝产生的可能性就越大。对于大体积混凝土施工时，夏季降温措施尤为重要。为了降低夏季混凝土施工时的温度，可以采取以下一些措施：

1. 采用发热量低的水泥，并加掺和料和减水剂，以减低水泥用量。

2. 采用地下水或人造冰水拌制混凝土，或直接在拌和水中加入碎冰块以代替一部分水，但要保证碎冰块能在拌和过程中全部融化。

3. 用冷水或冷风预冷骨料。

4. 在拌和站运输道路和浇筑仓面上搭设凉棚，遮阳防晒，对运输工具可用湿麻袋覆盖，也可在仓面不断喷雾降温。

5. 加强洒水养护，延长养护时间。

6. 气温过高时，浇筑工作可安排在夜间进行。

第六节　混凝土质量评定标准

普通混凝土施工分为基础面、施工缝处理，模板制作及安装，钢筋制作及安装，预埋件制作及安装，混凝土浇筑，外观质量检查6个工序。

一、基础面、施工缝处理

基础面、施工缝处理包括基础面及施工缝两个工序。

（一）基础面

1. 项目分类

（1）主控项目。基础面施工工序主控项目有基础面、地表水和地下水施工缝。

（2）一般项目。基础面施工工序一般项目有岩面清理。

2. 检查方法及数量

（1）主控项目。

①基础面（岩基）：观察、查阅设计图样或地质报告，进行全仓检查。

②基础面（软基）：观察、查阅测量断面图及设计图样，进行全仓检查。

③地表水和地下水：观察，进行全仓检查。

（2）一般项目。

岩面清理：观察，进行全仓检查。

3. 质量验收评定标准

（1）基础面（岩基）：符合设计要求；基础面（软基），预留保护层已挖除。

（2）地表水和地下水：妥善引排或封堵。

（3）岩面清理：符合设计要求，清洗洁净，无积水，无积渣杂物。

（二）施工缝

1. 项目分类

（1）主控项目。施工缝施工工序主控项目有施工缝的留置位置、施工缝面凿毛。

（2）一般项目。施工缝施工工序一般项目有缝面清理。

2.检查方法及数量

通过观察，进行全数检查。

3.质量验收评定标准

（1）施工缝的留置位置。符合设计或有关施工规范规定。

（2）施工缝面凿毛。基面无乳皮、成毛面、微露粗砂。

（3）缝面清理。符合设计要求，清洗洁净，无积水、无积渣杂物。

二、模板制作及安装

1.项目分类

（1）主控项目。模板制作及安装施工工序主控项目有稳定性、刚度和强度，承重模板底面高程，排架、梁板、柱、墙，结构物边线与设计边线，预留孔、洞尺寸及位置。

（2）一般项目。模板制作及安装施工工序一般项目有模板平整度、相邻两板面错台、局部平整度、板面缝隙、结构物水平断面内部尺寸、脱模剂涂刷、模板外观。

2.检查方法及数量

（1）稳定性、刚度和强度。对照设计图样检查，进行全部检查。

（2）承重模板底面高程。仪器测量，模板面积在 $100m^2$ 以内，不少于 10 点；每增加 $100m^2$，增加检查点数不少于 10 点。

（3）排架、梁板、柱、墙。

①结构断面尺寸：钢尺测量，模板面积在 $100m^2$ 以内，不少于 10 点；每增加 $100m^2$，增加检查点数不少于 10 点。

②轴线位置偏差：仪器测量，模板面积在 $100m^2$ 以内，不少于 10 点；每增加 $100m^2$，增加检查点数不少于 10 点。

③垂直度：2m 靠尺量测或仪器测量，模板面积在 $100m^2$ 以内，不少于 10 点；每增加 $100m^2$，增加检查点数不少于 10 点。

（4）结构物边线与设计边线。钢尺测量，模板面积在 $100m^2$ 以内，不少于 10 点；每增加 $100m^2$，增加检查点数不少于 10 点。

（5）预留孔、洞尺寸及位置。测量、查看图样，模板面积在 $100m^2$ 以内，不少于 10 点；每增加 $100m^2$，增加检查点数不少于 10 点。

（6）模板平整度、相邻两板面错台。2m 靠尺量测或拉线检查，模板面积在 $100m^2$ 以内，不少于 10 点；每增加 $100m^2$，增加检查点数不少于 10 点。

（7）局部平整度。按水平线（或垂直线）布置检测点，2m 靠尺量测，模板面积在 $100m^2$ 以上，不少于 20 点；每增加 $100m^2$，增加检查点数不少于 10 点。

（8）板面缝隙。量测，100m² 以上，检查 3~5 点；100m² 以内，检查 1~3 点。

（9）结构物水平断面内部尺寸。量测，100m² 以上，不少于 10 点；100m² 以内，不少于 5 点。

（10）脱模剂涂刷。查阅产品质检证明，进行全面检查。

（11）模板外观。观察，全面检查。

3. 质量验收评定标准

（1）稳定性、刚度和强度。满足混凝土施工荷载要求，符合模板设计要求。

（2）承重模板底面高程。允许偏差 ±5mm。

（3）排架梁板、柱、墙。

①结构断面尺寸：允许偏差 ±10mm。

②轴线位置偏差：允许偏差 ±10mm。

③垂直度：允许偏差 ±5mm。

（4）结构物边线与设计边线。

①外露表面内模板：允许偏差 -10~0mm；外模板允许偏差 0~10mm。

②隐蔽内面：允许偏差 15mm。

（5）预留孔、洞尺寸及位置。

①孔、洞尺寸：允许偏差 ±10mm。

②孔、洞位置：允许偏差 ±10mm。

（6）模板平整度、相邻两板面错台。

①外露表面：钢模允许偏差 2mm；木模允许偏差 3mm。

②隐蔽内面：允许偏差 5mm。

（7）局部平整度。

①外露表面：钢模允许偏差 3mm；木模允许偏差 5mm。

②隐蔽内面：允许偏差 10mm。

（8）板面缝隙。

①外露表面：钢模允许偏差 1mm；木模允许偏差 2mm。

②隐蔽内面：允许偏差 2mm。

（9）结构物水平断面内部尺寸。允许偏差 ±20mm。

（10）脱模剂涂刷。产品质量符合标准要求、涂刷均匀、无明显色差。

（11）模板外观。表面光洁、无污物。

三、钢筋制作及安装

钢筋制作及安装包括钢筋制作与安装及钢筋连接两个施工工序。

（一）钢筋制作与安装

1. 项目分类

（1）主控项目。钢筋制作与安装施工工序主控项目有钢筋的数量、规格尺寸、安装位置，钢筋接头的力学性能，焊接接头和焊缝外观，钢筋连接，钢筋间距、保护层。

（2）一般项目。钢筋制作与安装施工工序一般项目有钢筋长度方向、同一排受力钢筋间距、双排钢筋的排与排间距、梁与柱中箍筋间距、保护层厚度。

2. 检查方法及数量

（1）主控项目

①钢筋的数量、规格尺寸、安装位置：对照设计文件，进行全数检查。

②钢筋接头的力学性能：对照仓号在结构上取样测试，焊接 200 个接头检查 1 组，机械连接 500 个接头检查 1 组。

③焊接接头和焊缝外观：观察并记录，不少于 10 点。

④钢筋连接：参照钢筋连接施工质量标准。

⑤钢筋间距、保护层：观察、量测，不少于 10 点。

（2）一般项目。

①钢筋长度方向：观察、量测，不少于 5 点。

②同一排受力钢筋间距：观察、量测，不少于 5 点。

③双排钢筋的排与排间距：观察、量测，不少于 5 点。

④梁与柱中箍筋间距：观察、量测，不少于 10 点。

⑤保护层厚度：观察、量测，不少于 5 点。

3. 质量验收评定标准

（1）钢筋的数量、规格尺寸、安装位置。符合质量标准和设计的要求。

（2）钢筋接头的力学性能。符合规范要求和国家及行业有关规定。

（3）焊接接头和焊缝外观。不允许有裂缝、脱焊点、漏焊点，表面平顺，没有明显的咬边、凹陷气孔等。

（4）钢筋连接。参照钢筋连接施工质量标准。

（5）钢筋间距、保护层。符合质量标准和设计的要求。

（6）钢筋长度方向。局部偏差 ±1/2 净保护层厚。

（7）同一排受力钢筋间距。

①排架、柱、梁：允许偏差 ±0.5d。

②板、墙：允许偏差 +0.1 倍间距。

（8）双排钢筋的排与排间距。允许偏差 +0.1 倍排距。

（9）梁与柱中箍筋间距。允许偏差 +0.1 倍箍筋间距。

（10）保护层厚度。局部偏差 ±1/4 净保护层厚度。

（二）钢筋连接

1. 项目分类

钢筋连接施工工序检验项目有点焊及电弧焊、对焊及熔槽焊、绑扎连接、机械连接。

2. 检查方法及数量

（1）点焊及电弧焊。观察、量测，每项不少于10点。

（2）对焊及熔槽焊。观察、量测，每项不少于10点。

（3）绑扎连接。

①缺扣、松扣：观察、量测，每项不少于10点。

②弯钩朝向正确：观察、量测，每项不少于10点。

③搭接长度：量测，每项不少于10点。

（4）机械连接。观察、量测，每项不少于10点。

3. 质量验收评定标准

（1）点焊及电弧焊。

①帮条对焊接头中心：纵向偏移差不大于0.5d。

②接头处钢筋轴线的曲折：≤4°。

③焊缝：长度允许偏差 -0.05d；高度允许偏差 -0.05；表面气孔夹渣在2d长度上数量不多于2个气孔，夹渣的直径不大于3mm。

（2）对焊及熔槽焊。

①焊接接头根部未焊透深度：ϕ25~40mm钢筋：≤0.15d。ϕ40~70mm钢筋：≤0.10d。

②接头处钢筋中心线的位移：0.10d且不大于2mm。

③焊缝表面（长为2d）和焊缝截面上蜂窝、气孔、非金属杂质：不大于1.5d。

（3）绑扎连接。

①缺扣、松扣：≤20%且不集中。

②弯钩朝向正确：符合设计图样。

③搭接长度：允许偏差 -0.05 设计值。

（4）机械连接。

①带肋钢筋冷挤压连接接头。

压痕处套筒外形尺寸：挤压后套筒长度应为原套筒长度的1.10~1.15倍，或压痕处套筒的外径波动范围为原套筒外径的0.8~0.9倍。挤压道次：符合型式检验结果。接头弯折：≤4°。裂缝检查：挤压后肉眼观察无裂缝。

②直（锥）螺纹连接接头。

丝头外观质量：保护良好，无锈蚀和油污，牙型饱满光滑。套头外观质量：无裂纹或其他肉眼可见缺陷。外露丝扣：无1扣以上完整丝扣外露。螺纹匹配：丝螺纹与套筒螺纹满足连接要求，螺纹结合紧密，无明显松动，以及相应处理方法得当。

第七节　混凝土坝裂缝处理

一、坝体裂缝的分类及成因

（一）混凝土坝裂缝的分类及成因

1. 混凝土坝裂缝的分类及特征

当混凝土坝由于温度变化、地基不均匀沉陷及其他原因引起的应力和变形超过了混凝土的强度和抵抗变形的能力时，将产生裂缝。按产生的原因不同，可以分为沉陷缝、干缩缝、温度缝、应力缝和施工缝等五种。

（1）沉陷缝。属于贯穿性的裂缝，其走向一般与沉陷走向一致。对于大体积混凝土，较小的不均匀沉陷引起的裂缝，一般看不出错距；对较大的不均匀沉陷引起的裂缝，往往有错距；对于轻型薄壁的结构，则有较大的错距，裂缝的宽度受温度变化影响较小。

（2）干缩缝。属于表面性的裂缝，走向纵横交错，无规律性，形似龟纹，缝宽与长度均很小。

（3）温度缝。由混凝土固结时的水化作用或外界温度变化引起。由于裂缝产生的原因不同，裂缝可分为表层、深层或贯穿性的。表层裂缝的走向一般无规律性，深层或贯穿性的裂缝，方向一般与主钢筋方向平行或接近于平行，与架立钢筋方向垂直或接近于垂直，缝宽大小不一，裂缝沿长度方向无大的变化，缝宽受温度变化的影响较明显。

（4）应力缝。属于深层或贯穿性的裂缝、其走向基本上与主应力方向垂直，与主钢筋方向垂直或接近垂直，缝宽一般较大，且沿长度或深度方向有显著的变化，受温度变化的影响较小。

（5）施工缝。属于深层或贯穿性的裂缝。走向与工作缝面一致，竖直施工缝开缝宽度较大，水平施工缝一般宽度较小。

2. 混凝土坝裂缝的成因

（1）设计方面的原因。主要包括：①结构断面过于单薄，孔洞面积所占比例过大，或配筋不够以及钢筋布置不当等，致使结构强度不足，建筑物抗裂性能降低；②分缝分块不当，块长或分缝间距过大，错缝分块时搭接长度不够，温度控制不当，造成温差过大，使温度应力超过允许值；③基础处理不当，引起基础不均匀沉陷或扬压力增大，使坝体内局部区域产生较大的拉应力或剪应力而造成裂缝。

（2）施工方面的原因。主要包括：①混凝土养护不当，使混凝土水分消失过快而引起干缩；②基础处理、分缝分块、温度控制或配筋等未按设计要求施工；③施工质量控制不严，使混凝土的均匀性、密实性和抗裂性降低；④模板强度不够，或振捣不慎，使模板发生变形或位移；⑤施工缝处理不当，或出现冷缝时未按工作缝要求进行处理；⑥混凝土凝结过程中，在外界温度骤降时，没有做好保温措施，使混凝土表面剧烈收缩；⑦使用了收缩性较大的水泥，使混凝土过度收缩或膨胀。

（3）管理运用方面的原因。主要包括：①建筑物在超载情况下使用，承受的应力大于允许应力；②维护不当，或冰冻期间未做好防护措施等。

（4）其他方面的原因。由于地震、爆破、冰凌、台风和超标准洪水等引起建筑物的振动，或超设计荷载作用而发生裂缝。

（二）砌石坝产生裂缝的原因

1.坝体温差过大。温降时坝体产生收缩，若材料受约束而不能自由变形时，坝体内出现拉应力，当拉应力超过材料的抗拉强度时，坝体中产生裂缝。这种裂缝为温度裂缝。

2.地基不均匀沉陷。地基中存在软弱夹层，或节理裂隙发育，风化不一，受力后使坝体产生不均匀沉陷，使砌体局部产生较大的拉应力或剪应力。这种裂缝为沉陷缝。

3.坝体应力不足。由于砌体石料强度不够，或砂浆标号太低，超标准运用，施工质量控制不严，当坝体受力后，因抗拉、抗压和抗剪强度不够而产生应力裂缝。

二、混凝土坝裂缝处理的方法

（一）处理目的及方法选择

混凝土坝裂缝处理的目的是恢复其整体性，保持混凝土的强度、耐久性和抗渗性。一般裂缝宜在低水头或地下水位较低时修补，而且要在适宜于修补材料凝固的温度或干燥条件下进行；水下裂缝如必须在水下修补时，应选用相应的修补材料和方法。

1.对龟裂缝或开度大于0.5mm的裂缝，可在表面涂抹环氧砂浆或表面粘贴条状砂浆，有些裂缝可以进行表面凿槽嵌补或喷浆处理。

2.对微细裂缝，可在迎水面做表面涂抹水泥砂浆喷浆或增做防水层处理。

3.对渗漏裂缝，视情况轻重可在渗水出口处进行表面凿槽后嵌补水泥砂浆或环氧材料，或钻孔进行内部灌浆处理。

4.对结构强度有影响的裂缝，可浇筑新混凝土或钢筋混凝土进行补强，还可视情况进行灌浆、喷浆、钢筋锚固或预应力锚索加固等处理。

5.对温度缝和伸缩缝，可用环氧砂浆粘贴橡皮等柔性材料修补，也可用喷浆、钻孔灌浆或表面凿槽嵌补沥青砂浆或环氧砂浆等方法修补。

6.对施工冷缝，可采用钻孔灌浆、喷浆或表面凿槽嵌补进行处理。

（二）裂缝的内部处理方法

裂缝的内部处理方法通常为钻孔灌浆。灌浆材料常用水泥和化学材料，可根据裂缝的性质、开度及施工条件等具体情况选定。对开度大于 0.3mm 的裂缝，一般采用水泥灌浆；对开度小于 0.3mm 的裂缝，宜采用化学灌浆；而对于渗透流速较大或受温度变化影响的裂缝，则不论其开度如何，均宜采用化学灌浆的处理方法。

（三）裂缝的表层处理方法

1. 表面涂抹

（1）普通水泥砂浆涂抹

先将裂缝附近的混凝土凿毛后清洗干净，并洒水使之保持湿润，用标号不低于 425 号的水泥和中细砂以 1：1~1：2 的灰砂比拌成砂浆涂抹其上。将水泥砂浆一次或分几次抹完，一次涂抹过厚容易在侧面和顶部引起流淌或因自重下坠脱壳，太薄容易在收缩时引起开裂。涂抹的总厚度一般为 1.0~2.0cm，最后用铁抹压实、抹光。涂抹 3~4h 后需洒水养护，并避免阳光直射，防止收浆过程中发生干裂或受浆。

（2）防水快凝砂浆涂抹

为加速凝固和提高防水性能，可在水泥砂浆内加入防水剂，即快凝剂。防水剂可采用成品，也可自行配制。涂抹时，先将裂缝凿成深约 2cm、宽约 20cm 的毛面，清洗干净并保持表面湿润，然后在其上涂刷一层厚约 1mm 的防水快凝灰浆，硬化后即涂抹一层厚约 0.5~1.0cm 的防水快凝砂浆，待硬化后再抹一层防水快凝灰浆，逐层交替涂抹，直至与原混凝土面平齐为止。

（3）环氧砂浆涂抹

环氧砂浆的配方及配制工艺可参见有关参考资料。根据裂缝的环境分别选用不同的配方。对干燥状态的裂缝可用普通环氧砂浆；对潮湿状态的裂缝，则宜用环氧焦油砂浆或用以酮亚胺作固化剂的环氧砂浆。

2. 表面贴补

表面贴补就是用粘胶剂把橡皮或其他材料粘贴在裂缝部位的混凝土面上，达到封闭裂缝、防渗堵漏的目的。

（1）橡皮贴补

沿裂缝两侧先凿成宽 14~16cm、深 1.5~2.0cm 的槽，并吹洗干净，使槽面干燥。在槽内涂一层环氧基液，随即用水泥砂浆抹平，待表面凝固后，洒水养护三天。橡皮厚度以 3~5mm 为宜，宽度按混凝土面凿毛宽度为准。橡皮按需要尺寸备好后，进行表面处理，先放在浓硫酸中浸泡 5~10min，再用水冲净，晾干待用。

在处理好的表面刷一层环氧基液，再铺一层厚 5mm 的环氧砂浆，并在环氧砂浆中间顺裂缝方向划开宽 3mm 的缝，缝内填以石棉线，然后将粘贴面刷有一层环氧基液的橡皮，从裂缝的一端开始铺贴在刚涂抹好的环氧砂浆上。铺贴时要用力均匀压紧，直至浆液从橡皮边缘挤出。为使橡皮不翘起，需用包有塑料薄膜的木板将橡皮压紧。在橡皮表面刷一层环氧基液，再抹一层环氧砂浆以防止橡皮老化。

（2）玻璃丝布贴补

玻璃丝布一般采用无碱玻璃纤维织成。其强度高，耐久性好，气泡易排除，施工方便。玻璃布贴补的黏胶剂多为环氧基液。玻璃布粘贴前要将混凝土面凿毛，并冲洗干净，使表面无油污灰尘，如果表面不平整，可先用环氧砂浆抹平。粘贴时，先在粘贴面上均匀刷一层环氧基液（不能有气泡产生），然后展平、拉直玻璃布，放置并抹平使之紧贴混凝土面上，再用刷子或其他工具在玻璃布面上刷一遍，使环氧基液浸透玻璃布并溢出，接着再在玻璃布上刷环氧基液。按同样方法粘贴第二层玻璃布，但上层玻璃布应比下层玻璃布稍宽1~2cm，以便压力。玻璃布的层数视情况而定，一般粘贴2~3层即可。

（3）紫铜片和橡皮联合贴补

沿裂缝凿一条宽20cm、深5cm的槽，槽的上部向两侧各扩大10cm凿毛面，槽内和凿毛面均清洗干净。槽底用厚为15mm的水泥砂浆填平，待凝固干燥后刷一层环氧基液，再抹上厚为5mm的环氧砂浆，随即将剪裁好的紫铜片紧贴在环氧砂浆上，并用支撑压紧。在紫铜片上刷一层环氧基液，再填抹厚为20mm的水泥砂浆，干燥后在其上刷一层环氧基液和环氧砂浆，然后用橡皮贴上压紧。

（四）浆砌石坝裂缝处理方法

浆砌石坝体裂缝处理的目的是增强坝体整体性，提高坝体的抗渗能力，恢复或加强坝体的结构强度。处理的具体方法有填塞封闭裂缝、加厚坝体、灌浆处理和表面粘补等四种。

1. 填塞封闭裂缝

这种方法是当库水位下降时，先将裂缝凿深约5cm，并洗净缝内的砂浆，用水泥砂浆仔细勾缝堵塞，并常做成凸缝，以增加耐久性。对于内部裂缝则以水灰比较大的砂浆灌填密实。

裂缝填塞后，能提高坝体抗渗能力和局部整体性。对于稳定的温度裂缝和错缝不大的沉陷缝，均可采用这种方法。处理工作尽量安排在低温时进行，否则高温下处理，温降干缩时又会出现裂缝。

2. 加厚坝体

对于坝体单薄、强度不够所产生的应力裂缝和贯穿整个坝体的沉陷缝，根本的处理方法是加厚坝体，以增强坝体的整体性和改善坝体应力状态。坝体加厚的尺寸，应由应力核算确定。

3. 表面粘补

对于随气温或坝体变形而变化，但尚未稳定的裂缝，可采用表面粘补的方法处理。这些裂缝并不影响坝体结构的受力条件。通常用环氧基液粘贴橡皮、玻璃丝布或塑料布等，粘贴在裂缝的上游面，以防止沿裂渗漏并适应裂缝的活动变化。

下篇·管理篇

第五章 水利工程项目施工成本控制

第一节 建筑安装工程费用的组成

一、建筑安装工程费用项目内容及组成概述

（一）建筑安装工程费用项目内容

1.建筑工程费用项目内容

（1）各类建筑工程和列入建筑工程预算的供水、供暖、卫生、通风、煤气等设备费用及其装饰油饰工程的费用，列入建筑工程预算的各种管道、电力、电信和电缆导线敷设工程的费用。

（2）设备基础、支柱、工作台、烟囱、水塔、水池、灰塔等建筑工程以及各种炉窑的砌筑工程和金属结构工程的费用。

（3）为施工而进行的场地平整，工程和水文地质勘察，原有建筑物和障碍物的拆除以及施工临时用水、电、气、路和完工后的场地清理，环境绿化、美化等工作的费用。

（4）矿井开凿井巷延伸、露天矿剥离，石油、天然气钻井，修建铁路、公路、桥梁、水库、堤坝、灌渠及防洪等工程的费用。

2.安装工程费用项目内容

（1）生产、动力起重、运输、传动和医疗、试验等各种需要安装的机械设备的装配费用，与设备相连的工作台、梯子、栏杆等设施的工程费用，附属于被安装设备的管线敷设工程费用，以及被安装设备的绝缘、防腐、保温、油漆等工作的材料费和安装费。

（2）为测定安装工程质量，对单台设备进行单机试运转、对系统设备进行系统联动无负荷试运转工作的调试费。

（二）我国现行建筑安装工程费用项目的组成

我国现行建筑安装工程费用项目主要由直接费、间接费、利润和税金四部分组成。

二、直接费

建筑安装工程直接费由直接工程费和措施费组成。

（一）直接工程费

直接工程费是指施工过程中耗费的直接构成工程实体的各项费用，包括人工费、材料费、施工机械使用费。

1. 人工费

建筑安装工程费中的人工费，是指直接从事建筑安装工程施工的生产工人开支的各项费用。构成人工费的基本要素有两个，即人工工日消耗量和人工日工资单价。

（1）人工工日消耗量是指在正常施工生产条件下，建筑安装产品（分部分项工程或结构构件）必须消耗的某种技术等级的人工工日数量。它由分项工程所综合的各个工序施工劳动定额包括的基本用工、其他用工两部分组成。

（2）相应等级的日工资单价包括生产工人基本工资、工资性补贴、生产工人辅助工资、职工福利费及生产工人劳动保护费。

2. 材料费

建筑安装工程费中的材料费，是指施工过程中耗费的构成工程实体的原材料、辅助材料、构配件、零件、半成品的费用。构成材料费的基本要素是材料消耗量、材料基价和检验试验费。

（1）材料消耗量是指在合理使用材料的条件下，建筑安装产品（分部分项工程或结构构件）必须消耗的一定品种规格的原材料辅助材料、构配件、零件、半成品等的数量标准。它包括材料净用量和材料不可避免的损耗量。

（2）材料基价是指材料在购买、运输、保管过程中形成的价格，其内容包括材料原价(或供应价格)、材料运杂费、运输损耗费、采购及保管费等。

（3）检验试验费是指对建筑材料、构件和建筑安装物进行一般鉴定、检查所发生的费用，包括自设实验室进行试验所耗用的材料和化学药品等费用，不包括新结构、新材料的试验费和建设单位对具有出厂合格证明的材料进行检验、对构件做破坏性试验及其他特殊要求检验、试验的费用。

3. 施工机械使用费

建筑安装工程费中的施工机械使用费，是指施工机械作业所发生的机械使用费以及机械安拆费和场外运费。构成施工机械使用费的基本要素是施工机械台班消耗量和机械台班单价。

（1）施工机械台班消耗量，是指在正常施工条件下，建筑安装产品（分部分项工程或结构构件）必须消耗的某类某种型号施工机械的台班数量。

（2）机械台班单价。内容包括台班折旧费、台班大修理费、台班经常修理费、台班安拆费及场外运输费、台班人工费、台班燃料动力费、台班养路费及车船使用税。

①折旧费：指施工机械在规定的使用期限内，陆续收回其原值及购置资金的时间价值。

②大修理费：指施工机械按规定的大修间隔台班进行必要的大修理，以恢复其正常功能所需的费用。

③经常修理费：指施工机械除大修理以外的各级保养和临时故障排除所需的费用。包括为保障机械正常运转所需替换与随机配备工具附具的摊销和维护费用、机械运转及日常保养所需润滑与擦拭的材料费用及机械停滞期间的维护和保养费用等。

④安拆费及场外运输费：安拆费指施工机械在现场进行安装与拆卸所需的人工、材料、机械和试运转费用，以及机械辅助设施的折旧、搭设、拆除等费用；场外运输费指施工机械整体或分体自停放地点运至施工现场或由一施工地点运至另一施工地点的运输、装卸、辅助材料及架线等费用。

⑤人工费：指机上司机（司炉）和其他操作人员的工作日人工费及上述人员在施工机械规定的年工作台班以外的人工费。

⑥燃料动力费：指施工机械在运转作业中所耗用的固体燃料（煤、木柴）、液体燃料（汽油、柴油）及水、电等费用。

⑦养路费及车船使用税：指施工机械按照国家规定和有关部门规定应缴纳的养路费、车船使用税、保险费及年检费用等。

（二）措施费

措施费是指实际施工中必须发生的施工准备和施工过程中技术、生活、安全、环境保护等方面的非工程实体项目的费用。所谓非实体性项目，一般来说，其费用的发生和金额的大小与使用时间、施工方法或者两个以上工序相关，与实际完成的实体工程量的多少关系不大，典型的是大型施工机械设备进出场及安拆、文明施工和安全防护、临时设施等。措施费项目的构成需考虑多种因素，除工程本身的因素外，还涉及水文、气象、环境、安全等因素。

我国当前的措施项目费主要包括安全、文明施工费；夜间施工增加费；二次搬运费；冬雨季施工增加费；大型机械设备进出场及安拆费；施工排水费；施工降水费；地上地下设施、建筑物的临时保护设施费；已完工程及设备保护费；专业措施项目。

三、间接费

建筑安装工程间接费是指虽不直接由施工的工艺过程所引起，但与工程的总体条件有关的，建筑安装企业为组织施工和进行经营管理，以及间接为建筑安装生产服务的各项费用。

按现行规定，建筑安装工程间接费由规费和企业管理费组成。

1. 规费

规费是指政府和有关权力部门规定必须缴纳的费用。

（1）工程排污费：指施工现场按规定缴纳的工程排污费。

（2）社会保障费。

①养老保险费：指企业按规定标准为职工缴纳的基本养老保险费。

②失业保险费：指企业按照国家规定标准为职工缴纳的失业保险费。

③医疗保险费：指企业按照规定标准为职工缴纳的基本医疗保险费。

（3）住房公积金：指企业按规定标准为职工缴纳的住房公积金。

（4）危险作业意外伤害保险费：指按照建筑法规定，企业为从事危险作业的建筑安装施工人员支付的意外伤害保险费。

2. 企业管理费

企业管理费是指建筑安装企业组织施工生产和经营管理所需的费用，详细内容如表5-1所示。

表5-1　企业管理费的构成

序号	企业管理费的构成	详细内容
1	管理人员工资	管理人员的基本工资、工资性补贴、职工福利费劳动保护费等
2	办公费	企业管理办公用的文具、纸张账表、印刷、邮电、书报、会议、水电、烧水和集体取暖（包括现场临时宿舍取暖）用煤等费用
3	差旅交通费	职工因公出差、调动工作的差旅费、住勤补助费，市内交通费和误餐补助费，职工探亲路费，劳动力招募费、职工离退休、退职一次性路费，工伤人员就医路费，工地转移费以及管理部门使用的交通工具的油料、燃料、养路费及牌照费
4	固定资产使用费	管理和试验部门及附属生产单位使用的属于固定资产的房屋、设备仪器等的折旧、大修、维修或租赁费
5	工具用具使用费	管理使用的不属于固定资产的生产工具、器具、家具、交通工具和检验、试验测绘、消防用具等的购置、维修和摊销费
6	劳动保险费	由企业支付离退休职工的易地安家补助费、职工退职金，六个月以上的病假人员工资、职工死亡丧葬补助费、抚恤费、按规定支付给离休干部的各项经费
7	工会经费	企业按职工工资总额计提的工会经费
8	职工教育经费	企业为职工学习先进技术和提高文化水平，按职工工资总额计提的费用
9	财产保险费	施工管理用财产、车辆保险
10	财务费	企业为筹集资金而发生的各种费用
11	税金	企业按规定缴纳的房产税、车船使用税、土地使用税、印花税等
12	其他	包括技术转让费、技术开发费、业务招待费、绿化费、广告费、公证费、法律顾问费、审计费、咨询费等

第二节　施工成本管理与施工成本计划

一、施工成本管理的任务与措施

项目成本管理是在保证满足工程质量、工期等合同要求的前提下，对项目实施过程中所发生的费用，通过计划、组织、控制和协调等活动实现预定的成本目标，并尽可能地降低成本费用的一种科学的管理活动，它主要通过技术（如施工方案的制订比选）、经济（如核算）和管理（如施工组织管理各项规章制度等）活动达到预定目标，实现盈利的目的。施工成本管理就是要在保证工期和质量满足要求的情况下，利用组织措施、经济措施、技术措施、合同措施把成本控制在计划范围内，并进一步寻求最大限度的成本节约。

（一）施工成本管理的任务

施工成本管理的任务主要包括成本预测、成本计划、成本控制、成本核算、成本分析和成本考核。

1. 成本预测

施工成本预测是成本管理的第一个环节，就是依据成本的历史资料和有关信息，在认真分析当前各种技术经济条件、外界环境变化及可能采取的管理措施的基础上，对未来的成本与费用及其发展趋势所做的定量描述和逻辑推断。

施工成本预测的实质就是在施工以前对成本进行估算。通过成本预测，可以使项目经理部在满足业主和施工企业要求的前提下，选择成本低、效益高的最佳成本方案，并能够在施工项目成本形成过程中针对薄弱环节，加强成本控制，克服盲目性，提高预见性。因此，施工项目成本预测是施工项目成本决策与计划的依据。

2. 成本计划

施工成本计划是以货币形式编制施工项目在计划期内的生产费用、成本水平、成本降低率以及为降低成本所采取的主要措施和规划的书面方案，它是建立施工项目成本管理责任制、开展成本控制和核算的基础。一般来说，一个施工项目成本计划应包括从开工到竣工所必需的施工成本，它是该施工项目降低成本的指导文件，是设立目标成本的依据，可以说，成本计划是目标成本的一种形式。

3. 成本控制

成本控制主要是指工程项目施工成本的过程控制。施工成本控制是指在施工过程中，对影响施工项目成本的各种因素加强管理，并采取各种有效措施，将施工中实际发生的各种消耗和支出严格控制在成本计划范围内，随时揭示并及时反馈，严格审查各项费用是否符合标准，计算实际成本和计划成本（目标成本）之间的差异并进行分析，消除施工中的损失浪费现象，发现和总结先进经验。

施工项目成本控制应贯穿于施工项目从投标阶段开始直到项目竣工验收的全过程，分为事先控制、事中控制和事后控制，它是企业全面成本管理的重要环节。

4. 成本核算

施工成本核算是指按照规定开支范围对施工费用进行归集，计算出施工费用的实际发生额，并根据成本核算对象，采用适当的方法，计算出该施工项目的总成本和单位成本。施工项目成本核算所提供的各种成本信息是成本预测、成本计划、成本控制、成本分析和成本考核等各个环节的依据。

5. 成本分析

成本分析是一个动态的过程，它贯穿于施工成本管理的全过程，在成本形成过程中，对施工项目成本进行的对比评价和总结工作。主要利用施工项目的成本核算资料，与计划成本、预算成本以及类似施工项目的实际成本等进行比较，了解成本的变动情况，同时也要分析主要技术经济指标对成本的影响，系统地研究成本变动原因，检查成本计划的合理性，深入揭示成本变动的规律，以便有效地进行成本管理。

影响施工项目成本变动的因素有两个方面：一是外部的属于市场经济的因素，二是内部的属于企业经营管理的因素。作为项目经理，应该了解这些因素，但应将施工项目成本分析的重点放在影响施工项目成本升降的内部因素上。

6. 成本考核

施工成本考核是指施工项目完成后，对施工项目成本形成中的各责任者，按施工项目成本目标责任制的有关规定，将成本的实际指标与计划、定额、预算进行对比和考核，评定施工项目成本计划的完成情况和各责任者的业绩，并据此给予相应的奖励和处罚。通过成本考核，做到有奖有惩、赏罚分明，才能有效地调动企业的每一个职工在各自的施工岗位上努力完成目标成本的积极性，为降低施工项目成本和增加企业的积累，做出自己的贡献。

施工成本管理的每一个环节都是相互联系和相互作用的。成本预测是成本决策的前提，成本计划是成本决策所确定目标的具体化。成本计划控制则是对成本计划的实施进行控制和监督，保证决策的成本目标的实现；成本核算是对成本计划是否实现的最后检验，它所提供的成本信息又对下一个施工项目成本预测和决策提供基础资料。因此成本考核是实现成本目标责任制的保证和实现决策目标的重要手段。

（二）施工成本管理的措施

建设工程的投资主要发生在施工阶段，在这一阶段需要投入大量的人力、物力、资金等，是工程项目建设费用消耗最多的时期，也是施工企业成本管理最困难的阶段，因此对施工阶段的费用支出控制应给予足够的重视。

为了取得施工成本管理的理想效果，应当从多方面采取措施实施管理，通常可以将这些措施归纳为组织措施、技术措施、经济措施、合同措施。

1.组织措施

组织措施是从施工成本管理的组织方面采取的措施，如实行项目经理责任制，落实施工成本管理的组织机构和人员，明确各级施工成本管理人员的任务和职能分工、权利和责任，编制本阶段施工成本控制工作计划和详细的工作流程图等。施工成本管理不仅是专业成本管理人员的工作，各级项目管理人员都负有成本控制责任。组织措施是其他各类措施的前提和保障，而且一般不需要增加什么费用，运用得当可以收到良好的效果。

2.技术措施

技术措施不仅对解决施工成本管理过程中的技术问题是不可缺少的，而且对纠正施工成本管理目标偏差也有相当重要的作用。因此，运用技术纠偏措施的关键，一是要能提出多个不同的技术方案，二是要对不同的技术方案进行技术经济分析。在实践中，要避免仅从技术角度选定方案而忽视对其经济效果的分析论证。

3.经济措施

经济措施是最易为人接受和采取的措施。管理人员应编制资金使用计划，确定、分解施工成本管理目标。对施工成本管理目标进行风险分析，并制定防范性对策。通过偏差原因分析和未完工程施工成本预测，可以发现一些潜在的问题将引起未完工程施工成本的增加，对这些问题应以主动控制为出发点，及时采取预防措施。由此可见，经济措施的运用绝不仅仅是财务人员的事情。

4.合同措施

成本管理要以合同为依据，因此合同措施就显得尤为重要。对于合同措施从广义上理解，除了参加合同谈判、修订合同条款、处理合同执行过程中的索赔问题、防止和处理好与业主和分包商之间的索赔外，还应分析不同合同之间的相互联系和影响，对每一个合同做总体和具体分析等。

二、施工成本计划的类型

对于一个施工项目而言，其成本计划的编制是一个不断深化的过程。在这一过程的不同阶段形成深度和作用不同的成本计划，按其作用可分为三类。

（一）竞争性成本计划

竞争性成本计划是指工程项目投标及签订合同阶段的估算成本计划。这类成本计划是以招标文件中的合同条件投标者须知、技术规程、设计图纸或工程量清单等为依据，以有关价格条件说明为基础，结合调研和现场考察获得的情况，根据本企业的工料消耗标准、水平、价格资料和费用指标，对本企业完成招标工程所需要支出的全部费用的估算。在投标报价过程中，虽也着力考虑降低成本的途径和措施，但总体上较为粗略。

（二）指导性成本计划

指导性成本计划是指选派项目经理阶段的预算成本计划，是项目经理的责任成本目标，也可以称为概念性计划，是自上而下确定目标的计划。其成本计划是以合同标书为依据，按照企业的预算定额标准制订的设计预算成本计划，且一般情况下只是确定责任总成本指标。

（三）实施性计划成本

实施性计划成本是指项目施工准备阶段的施工预算成本计划，是自下而上的结构分解计划。它以项目实施方案为依据，以落实项目经理责任目标为出发点，采用企业的施工定额通过施工预算的编制而形成的实施性施工成本计划。实施性成本计划要编制比较详细的工作结构分解图，尽可能把每一个阶段的项目目标及实施措施细化到计划中去，施工成本计划主要指的就是实施性成本计划。

以上三类成本计划共同构成了工程施工成本计划。其中，竞争性成本计划是项目投标阶段企业带有成本战略目的的计划，它奠定了整个施工成本的基本框架和水平。指导性成本计划是竞争性成本计划的进一步展开和深化，是施工企业进一步根据项目特点经过认真考察、计算得来的一个目标成本计划；实施性成本计划则是具体的实施方案计划，是可控制的、可操作的、具体的现场计划。

三、施工成本计划的编制依据

制订施工成本计划是一项非常重要的工作，不应仅仅把它看作是几张计划表的编制，更重要的是项目成本管理的决策过程，即选定技术上可行、经济上合理的最优降低成本方案。同时，通过成本计划把目标成本层层分解，落实到施工过程的每个环节，以调动全体职工的积极性，有效地进行成本控制。

广泛收集资料并进行归纳整理是编制成本计划的必要步骤，所需收集的资料是编制成本计划的依据。这些资料主要包括以下几个方面：

1.国家和上级部门有关编制成本计划的规定。

2.项目经理部与企业签订的承包合同及企业下达的成本降低额、降低率和其他有关技术经济指标。

3.有关成本预测、决策的资料。

4.施工项目的施工图预算、施工预算。

5.施工组织设计。

6.施工项目使用的机械设备生产能力及其利用情况。

7.施工项目的材料消耗、物资供应、劳动工资及劳动效率等计划资料。

8.计划期内的物资消耗定额、劳动工时定额、费用定额等资料。

9.以往同类项目成本计划的实际执行情况及有关技术经济指标完成情况的分析资料。

10.同行业同类项目的成本、定额、技术经济指标资料及增产节约的经验和有效措施。

11.本企业的历史先进水平和当时的先进经验及采取的措施。

12.国外同类项目的先进成本水平情况等资料。

此外，还应深入分析当前情况和未来的发展趋势，了解影响成本升降的各种有利和不利因素，研究如何克服不利因素和降低成本的具体措施，为编制成本计划提供丰富、具体和可靠的成本资料。

四、施工成本计划的编制方法

施工成本计划工作主要是在项目经理负责下，在成本预算、决策基础上进行的。编制中的关键工作是确定目标成本，这是成本计划的核心，是成本管理所要达到的目的。成本目标通常以项目成本总降低额和降低率来定量地表示。项目成本目标的方向性、综合性和预测性，决定了必须选择科学的确定目标的方法。

施工总成本目标确定之后，还需通过编制详细的实施性施工成本计划把目标成本层层分解，落实到施工过程的每个环节，有效地进行成本控制。施工成本计划的编制方式有以下几种：

1.按施工成本组成编制施工成本计划的方法

施工成本可以按成本组成分解为人工费、材料费、施工机械使用费、措施费和间接费，编制按施工成本组成分解的施工成本计划。

2.按项目组成编制施工成本计划的方法

大中型工程项目通常是由若干单项工程构成的，而每个单项工程包括多个单位工程，每个单位工程又是由若干个分部分项工程所构成的。因此，首先要把项目总施工成本分解到单项工程和单位工程中，再进一步分解为分部工程和分项工程。

在完成施工项目成本目标分解之后，接下来就要具体地分配成本，编制分项工程的成本支出计划。

在编制成本支出计划时，要在项目总的方面考虑总的预备费，也要在主要的分项工程中安排适当的不可预见费，避免在具体编制成本计划时，可能发现个别单位工程或工程量表中某项内容的工程量计算有较大出入，使原来的成本预算失实，并在项目实施过程中对其尽可能地采取一些措施。

3.按工程进度编制施工成本计划的方法

按工程进度编制的施工成本计划，通常可利用控制项目进度的网络图进一步扩充而得，即在建立网络图时，一方面确定完成各项工作所需花费的时间，另一方面同时确定完成这一工作的合适的施工成本支出计划。在实践中，将工程项目分解为既能方便地表示时间，又能方便地表示施工成本支出计划的工作是不容易的，通常如果项目分解程度对时间控制合适的话，则对施工成本支出计划可能分解过细，以至于不可能对每项工作确定其施工成本支出计划；反之亦然。因此，在编制网络计划时，应在充分考虑进度控制对项目划分要求的同时，考虑确定施工成本支出计划对项目划分的要求，做到二者兼顾。

按工程进度编制施工成本计划的表现形式是通过对施工成本目标按时间进行分解，在网络计划基础上，可获得项目进度计划的横道图，并在此基础上编制成本计划。其表示方式有两种：一种是在时标网络图上按月编制的成本计划；另一种是利用时间成本累积曲线（S形曲线）表示。其中时间——成本累积曲线的绘制步骤如下：

（1）确定工程项目进度计划，编制进度计划的横道图。

（2）根据每单位时间内完成的实物工程量或投入的人力、物力和财力，计算单位时间（月或旬）的成本，在时标网络图上按时间编制成本支出计划。

（3）计算规定时间 t 计划累计支出的成本额，其计算方法为各单位时间计划完成的成本额累加求和。

一般而言，所有工作都按最迟开始时间开始，对节约资金贷款利息是有利的；但同时也降低了项目按期竣工的保证率，因此项目经理必须合理地确定成本支出计划，达到既能节约成本支出，又能控制项目工期的目的。

以上三种编制施工成本计划的方法并不是相互独立的，在实践中，往往是将这几种方法结合起来使用，从而达到扬长避短的效果。例如，将按项目分解项目总施工成本与按施工成本构成分解项目总施工成本两种方法相结合，横向按施工成本构成分解，纵向按子项目分解，或相反。这种分解方法有助于检查各分部分项工程施工成本构成是否完整，有无重复计算或漏算；同时还有助于检查各项具体的施工成本支出的对象是否明确或落实，并且可以从数字上校核分解的结果有无错误。或者还可将按子项目分解项目总施工成本计划与按时间分解项目总施工成本计划结合起来，一般纵向按子项目分解，横向按时间分解。

第三节　施工成本控制与成本分析

一、施工成本控制的依据

1. 工程承包合同

施工成本控制要以工程承包合同为依据，围绕降低工程成本这个目标，从预算收入和实际成本两方面，努力挖掘增收节支潜力，以求获得最大的经济效益。

2. 施工成本计划

施工成本计划是根据施工项目的具体情况制订的施工成本控制方案，既包括预定的具体成本控制目标，又包括实现控制目标的措施和规划，是施工成本控制的指导文件。

3. 进度报告

进度报告提供了每一时刻工程实际完成量、工程施工成本实际支付情况等重要信息。施工成本控制工作正是通过实际情况与施工成本计划相比，找出二者之间的差别，分析偏差产生的原因，从而采取措施改进以后的工作。此外，进度报告有助于管理者及时发现工程实施中存在的问题，并在事态还未造成重大损失之前采取有效措施，尽量避免损失。

4. 工程变更

在项目的实施过程中，由于各方面的原因，工程变更是很难避免的。工程变更一般包括设计变更、进度计划变更、施工条件变更、技术规范与标准变更、施工次序变更、工程数量变更等。一旦出现变更，工程量、工期、成本都必将发生变化，从而使得施工成本控制工作变得更加复杂和困难。因此，施工成本管理人员就应当通过对变更要求当中各类数据的计算、分析，随时掌握变更情况，包括已发生工程量、将要发生工程量、工期是否拖延、支付情况等重要信息，判断变更以及变更可能带来的索赔额度等。

除上述几种施工成本控制工作的主要依据外，有关施工组织设计、分包合同文本等也都是施工成本控制的依据。

二、施工成本控制的步骤

在确定施工成本计划之后，必须定期进行施工成本计划值与实际值的比较，当实际值偏离计划值时，分析产生偏差的原因，采取适当的纠偏措施，以确保施工成本控制目标的实现。其步骤如下：

1. 比较

按照某种确定的方式将施工成本计划值与实际值逐项进行比较，以发现施工成本是否已超支。

2. 分析

在比较的基础上，对比较的结果进行分析，以确定偏差的严重性及偏差产生的原因。这一步是施工成本控制工作的核心，其主要目的在于找出产生偏差的原因，从而采取有针对性的措施，减少或避免相同原因的再次发生或减少由此造成的损失。

3. 预测

根据项目实施情况估算整个项目完成时的施工成本。预测的目的在于为决策提供支持。

4. 纠偏

当工程项目的实际施工成本出现偏差时，应当根据工程的具体情况、偏差分析和预测的结果，采取适当的措施，以达到使施工成本偏差尽可能小的目的。纠偏是施工成本控制中最具实质性的一步。只有通过纠偏，才能最终达到有效控制施工成本的目的。

对偏差原因进行分析的目的是有针对性地采取纠偏措施，从而实现成本的动态控制和主动控制。纠偏首先要确定纠偏的主要对象，偏差原因有些是无法避免和控制的，如客观原因，充其量只能对其中少数原因做到防患于未然，力求减少该原因所产生的经济损失。在确定纠偏的主要对象之后，就需要采取有针对性的纠偏措施。纠偏可采取组织措施、经济措施、技术措施和合同措施等。

5. 检查

检查是指对工程的进展进行跟踪和检查，及时了解工程进展状况以及纠偏措施的执行情况和效果，为今后的工作积累经验。

三、施工成本控制的方法

成本控制的方法很多，而且具有一定的随机性。也就是在什么情况下，就要采用与之相适应的控制手段和控制方法。这里就一般常用的成本控制方法论述如下。

（一）施工成本的过程控制法

项目施工成本的过程控制法是在成本发生和形成的过程中对成本进行的监督检查，成本的发生与形成是一个动态的过程，这就决定了成本的控制也是一个动态的过程，也可称为成本的过程控制。成本的过程控制主控对象与内容如下：

1. 人工费控制

人工费占全部工程费用的比例较大，一般在 10% 左右，所以要严格控制人工费。要从用工数量控制，有针对性地减少或缩短某些工序的工日消耗量，从而达到降低工日消耗、控制工程成本的目的。

2. 材料费的控制

材料费一般占全部工程费的 65%~75%，直接影响着工程成本和经济效益。一般做法是要按量、价分离的原则，主要做好以下两个方面的工作：

一是对材料用量进行控制：首先是坚持按定额确定材料消耗量，实行限额领料制度；其次是改进施工技术，推广使用降低料耗的各种新技术、新工艺、新材料；最后是对工程进行功能分析，对材料进行性能分析，力求用低价材料代替高价材料，加强周转料管理，增加周转次数等。

二是对材料价格进行控制：主要由采购部门在采购中加以控制。首先对市场行情进行调查，在保质保量的前提下，货比三家，择优购料；其次是合理组织运输，就近购料，选用最经济的运输方式，以降低运输成本；最后是要考虑奖金的时间价值，减少资金占用，合理确定进货批量与批次，尽可能降低材料储备。

3. 机械费的控制

尽量减少施工中所消耗的机械台班量，通过合理施工组织、机械调配，提高机械设备的利用率和完好率，同时加强现场设备的维修、保养工作，降低大修、经常性修理等各项费用的开支，避免不正当使用造成机械设备的闲置；加强租赁设备计划的管理，充分利用社会闲置机械资源，从不同角度降低机械台班价格。从经济的角度管制工程成本还包括对参与成本控制的部门和个人给予奖励的措施。

4. 构件加工费和分包工程费的控制

在市场经济体制下，钢门窗、木制成品、混凝土构件、金属构件和成型钢筋的加工，以及打桩、土方、吊装、安装、装饰和其他专项工程（如屋面防水等）的分包，都要通过经济合同来明确双方的权利和义务。在签订这些经济合同时，特别要坚持"以施工图预算控制合同金额"的原则，绝不允许合同金额超过施工图预算。根据部分工程的历史资料综合测算，上述各种合同金额的总和占全部工程造价的 55%~70%。由此可见，将构件加工和分包工程的合同金额控制在施工图预算以内是十分重要的。如果能做到这一点，实现预期的成本目标，就有了相当大的把握。

（二）赢得值（挣值）法

在项目实施过程中，其费用和进度之间联系非常紧密。如果压缩费用，资源投入会减少，相应的进度会受影响；如果赶进度，或项目持续时间过长，又可能使费用上升。因此，在进行项目的费用控制和进度控制时，还要考虑费用与进度的协调控制，设法使这两个控制指标达到最优。美国国防部于 1967 年首次确定了赢得值（挣值）法，近年来受到了极大的关注。

赢得值法是以完成工作预算的赢得值为基础，用三个基本值量测项目的费用和进度，反映项目进展状况的项目管理整体技术方法。该方法通过测量和计算已完工作的预算费用与实际费用和计划工作的预算费用，得到有关计划实施的费用和进度偏差、评价指标，通过这些指标预测项目完工时的估算，从而达到判断项目费用、进度计划执行情况。

1. 赢得值法的三个基本参数

（1）已完工作预算费用

已完工作预算费用（BCWP），是指在某一时间已经完成的工作（或部分工作），以批准认可的预算为标准所需要的资金总额，由于业主正是根据这个值为承包人完成的工作量支付相应的费用，也就是承包人获得（挣得）的金额，故称赢得值或挣值。

已完工作预算费用（BCWP）＝ 已完成工作量 × 预算单价

它主要反映该项目任务按合同计划实施的进展状况。这个参数具有反映费用和进度执行效果的双重特性，回答了这样的问题："到底完成了多少工作量？"

（2）计划工作预算费用

计划工作预算费用（BCWS），是根据进度计划，在某一时刻应当完成的工作（或部分工作），以预算为标准所需要的资金总额。一般来说，除非合同有变更，BCWS 在工程实施过程中应保持不变。

计划工作预算费用（BCWS）＝ 计划工作量 × 预算单价

它是项目进度执行效果的参数，反映按进度计划应完成的工作量，不表明按进度计划的实际费用消耗量，回答了这样的问题："到该日期原来计划费用是多少？"

（3）已完工作实际费用

已完工作实际费用（ACWP），即到某一时刻为止，已完成的工作（或部分工作）所实际花费的总金额。

已完工作实际费用（ACWP）= 已完成工作量 × 实际单价

它是指项目实施过程中对执行效果进行检查时，在指定时间内已完成任务（包括已全部完成和部分完成的各单项任务）实际花费的金额，回答了这样的问题："我们到底花费了多少钱？"

2. 赢得值法的四个评价指标

赢得值法的四个评价指标是由三个基本参数导出的。

（1）费用偏差 CV

费用偏差（CV）= 已完工作预算费用（BCWP）- 已完工作实际费用（ACWP）

当 CV<0 时，表明项目运行超出预算费用；当 CV>0 时，表明项目运行节支；当 CV=0 时，表明项目运行符合预算费用。

（2）进度偏差 SV

进度偏差（SV）= 已完工作预算费用（BCWP）- 计划工作预算费用（BCWS）

当 SV<0 时，表明进度延误；当 SV>0 时，表明进度提前；当 SV=0 时，表明符合计划。

（3）费用绩效指数（CPI）

费用绩效指数（CPI）= 已完工作预算费用（BCWP）/ 已完工作实际费用（ACWP）

当 CPI<1 时，表明超支，实际费用高于预算费用；当 CPI>1 时，表明节约，实际费用低于预算费用；当 CPI=1 时，表明实际费用等于预算费用。

（4）进度绩效指数 SPI

进度绩效指数（SPI）= 已完工作预算费用（BCWP）/ 计划工作预算费用（BCWS）

当 SPI<1 时，表明进度延误，实际进度比计划进度拖后；当 SPI>1 时，表明进度提前，实际进度比计划进度快；当 SPI=1 时，表明实际进度等于计划进度。

3. 偏差分析的方法

偏差分析可采用不同的方法，常用的有横道图法、表格法和曲线法。

（1）横道图法

用横道图法进行费用偏差分析，是用不同的横道标识已完工作预算费用（BCWP）、计划工作预算费用（BCWS）和已完工作实际费用（ACWP），横道的长度与其金额成正比例。它反映的信息量少，一般在管理高层应用。

（2）表格法

表格法是进行偏差分析最常用的一种方法。可以根据项目的具体情况、数据来源、投资控制工作的要求等条件来设计表格，因而适用性较强，表格法的信息量大，可以反映各种偏差变量和指标，对全面深入地了解项目投资的实际情况非常有益；另外，表格法还便于用计算机辅助管理，提高投资控制工作的效率。

（3）曲线法

曲线法是用投资时间曲线进行偏差分析的一种方法。在用曲线法分析偏差时，通常有三条投资曲线，即已完工程实际投资曲线 a、已完工程计划投资曲线 b 和拟完工程计划投资曲线 p，如图 5-1 所示，图中曲线 a 和 b 的竖向距离表示投资偏差，曲线 p 和 b 的水平距离表示进度偏差。图中所反映的是累计偏差，而且主要是绝对偏差。用曲线法进行偏差分析，具有形象直观的优点，但不能直接用于定量分析，如果能与表格法结合起来，则会取得更好的效果。

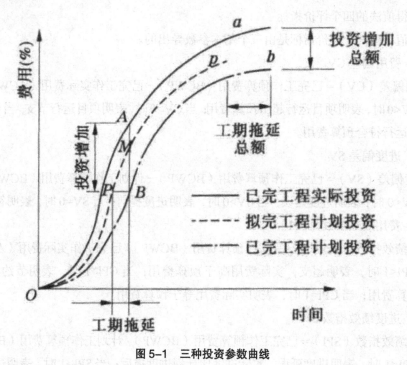

图 5-1　三种投资参数曲线

四、施工成本分析的方法

（一）施工成本分析的依据

施工成本分析，就是根据会计核算、业务核算和统计核算提供的资料，对施工成本的形成过程和影响成本升降的因素进行分析，以寻求进一步降低成本的途径；另外，通过成本分析，可从账簿、报表反映的成本现象看清成本的实质，从而增强项目成本的透明度和可控性，为加强成本控制，实现项目成本目标创造条件。施工成本分析的依据分别是会计核算、业务核算、统计核算三种，以会计核算为主。

1.会计核算

会计核算主要是价值核算。会计是对一定单位的经济业务进行计量、记录、分析和检查，做出预测、参与决策、实行监督，旨在实现最高经济效益的一种管理活动。它通过设置账户、复式记账、填制和审核凭证、登记账簿，成本计算、财产清查和编制会计报表等一系列有组织、有系统的方法，来记录企业的一切生产经营活动，然后据以提出一些用货币来反映的有关各种综合性经济指标的数据。资产、负债、所有者权益、营业收入、成本、利润等会计六要素指标，主要是通过会计来核算。会计记录由于具有连续性、系统性、综合性等特点，所以是施工成本分析的重要依据。

2.业务核算

业务核算是各业务部门根据业务工作的需要而建立的核算制度，它包括原始记录和计算登记表，如单位工程及分部分项工程进度登记，质量登记，工效、定额计算登记，物资消耗定额记录，测试记录等。业务核算的范围比会计、统计核算要广，会计和统计核算一般是对已经发生的经济活动进行核算，而业务核算不但可以对已经发生的，而且还可以对尚未发生或正在发生的或尚在构思中的经济活动进行核算，看是否可以做、是否有经济效果。它的特点是对个别的经济业务进行单项核算。只是记载单一的事项，最多是略有整理或稍加归类，不求提供综合性、总括性指标。核算范围不太固定，方法也很灵活，不像会计核算和统计核算那样有一套特定的、系统的方法。例如各种技术措施、新工艺等项目，可以核算已经完成的项目是否达到原定的目的，取得预期的效果，也可以对准备采取措施的项目进行核算和审查，看是否有效果，值不值得采纳，随时都可以进行。业务核算的目的在于迅速取得资料在经济活动中及时采取措施进行调整。

3.统计核算

统计核算是利用会计核算资料和业务核算资料，把企业生产经营活动客观现状的大量数据，按统计方法加以系统整理，表明其规律性。它的计量尺度比会计宽，可以用货币计算，也可以用实物或劳动量计量。它通过全面调查和抽样调查等特有的方法，不仅能提供绝对数指标，还能提供相对数和平均数指标，可以计算当前的实际水平，确定变动速度，可以预测发展的趋势。统计除主要研究大量的经济现象外，也很重视个别先进事例与典型事例的研究。有时，为了使研究的对象更有典型性和代表性，还把一些偶然性的因素或次要的枝节问题予以剔除。为了对主要问题进行深入分析，不一定要求对企业的全部经济活动做出完整、全面、时序的反映。

（二）施工成本分析的方法

1.成本分析的基本方法

由于施工成本涉及范围很广，需要分析的内容很多，应该在不同的情况下采用不同的分析方法，施工成本分析基本方法主要有比较法、因素分析法、差额分析法、比率法等。

（1）比较法

比较法，又称指标对比分析法，就是通过技术经济指标的对比，检查目标的完成情况，分析产生差异的原因，进而挖掘内部潜力的方法。这种方法具有通俗易懂、简单易行、便于掌握的特点，因而得到广泛的应用，但在应用时必须注意各技术经济指标的可比性。比较法的应用，通常有下列三种形式：

①实际指标与目标指标对比。以此检查目标完成情况，分析影响完成目标的积极因素和消极因素，以便及时采取措施，保证成本目标的实现。在进行实际指标与目标指标对比时，还应注意目标本身有无问题，如果目标本身出现问题，则应调整目标，重新正确评价实际工作的成绩。

②本期实际指标与上期实际指标对比。通过这种对比，可以看出各项技术经济指标的变动情况，反映施工管理水平的提高程度。

③与本行业平均水平、先进水平对比。通过这种对比，可以反映本项目的技术管理和经济管理与行业的平均水平和先进水平的差距，进而采取措施赶超先进水平。

（2）因素分析法

因素分析法又称连环置换法。这种方法可用来分析各种因素对成本的影响程度。在进行分析时，首先要假定众多因素中的一个发生了变化，而其他因素则不变，然后逐个替换，分别比较其计算结果，以确定各个因素的变化对成本的影响程度。

因素分析法的计算步骤如下：

①确定分析对象（所分析的技术经济指标），并计算出实际数与目标数的差异。

②确定该指标是由哪几个因素组成的，并按其相互关系进行排序。

③以目标数为基础，将各因素的目标数相乘，作为分析替代的基数。

④将各个因素的实际数据按照上面的排列顺序进行替换计算，并将替换后的实际数据保留下来。

⑤将每次替换计算所得的结果，与前一次的计算结果相比，两者的差异即为该因素的成本影响程度。

⑥各个因素的影响程度之和，应与分析对象的总差异相等。

必须指出，在应用因素分析法进行成本分析时，各个因素的排列顺序应该固定不变。否则，就会得出不同的计算结果，也会产生不同的结论。

（3）差额分析法

差额分析法是因素分析法的一种简化形式，它利用各个因素的目标值与实际值的差额来计算其对成本的影响程度。

（4）比率法

比率法是指用两个以上的指标的比例进行分析的方法。它的基本特点是先把对比分析的数值变成相对数，再观察其相互之间的关系。常用的比率法有以下几种：

①相关比率法：由于项目经济活动的各个方面是相互联系、相互依存，又相互影响的，因而可以将两个性质不同而又相关的指标加以对比，求出比率，并以此来考察经营成果的好坏。例如，产值和工资是两个不同的概念，但它们的关系又是投入与产出的关系。在一般情况下，都希望以最少的工资支出完成最大的产值。因此，用产值工资率指标来考核人

工费的支出水平，就很能说明问题。

②构成比率法：又称比重分析法或结构对比分析法。通过构成比率，可以考察成本总量的构成情况及各成本项目占成本总量的比重，同时也可以看出量、本、利的比例关系（预算成本、实际成本和降低成本的比例关系），从而为寻求降低成本的途径指明方向。

③动态比率法：动态比率法就是将同类指标不同时期的数值进行对比，求出比率，以分析该项指标的发展方向和发展速度。动态比率的计算，通常采用基期指数和环比指数两种方法。

2.综合成本的分析方法

所谓综合成本，是指涉及多种生产要素，并受多种因素影响的成本费用，如分部分项工程成本、月（季）度成本、年度成本等。

（1）分部分项工程成本分析

由于施工项目包括很多分部分项工程，通过分部分项工程成本的系统分析，可以基本上了解项目成本形成的全过程，所以分部分项工程成本分析是施工项目成本分析的基础。分部分项工程成本分析的对象为已完成分部分项工程，分析的方法是进行预算成本、目标成本和实际成本的"三算"对比，分别计算实际偏差和目标偏差，分析偏差产生的原因，为今后的分部分项工程成本寻求节约途径。

（2）月（季）度成本分析

月（季）度成本分析，是施工项目定期的、经常性的中间成本分析，月（季）度成本分析的依据是当月（季）度成本报表。坚持每月（季）一次的成本分析制度，分析成本费用控制的薄弱环节，提出改进措施，让主管和员工时刻关心计划控制实施状况。这对于具有一次性特点的施工项目来说，有着特别重要的意义，因为通过月（季）度成本分析，可以及时发现问题，以便按照成本目标指定的方向进行监督和控制，保证项目成本目标的实现。月（季）度成本分析通常有以下几个方面：

①通过实际成本与预算成本的对比，分析当月（季）的成本降低水平；通过累计实际成本与累计预算成本的对比，分析累计的成本降低水平，预测实现项目成本目标的前景。

②通过实际成本与目标成本的对比，分析目标成本的落实情况，以及目标管理中的问题和不足，进而采取措施，加强成本管理，保证成本目标的落实。

③通过对各成本项目的成本分析，可以了解成本总量的构成比例和成本管理的薄弱环节。

④通过主要技术经济指标的实际与目标对比，分析产量、工期、质量、"三材"节约率、机械利用率等对成本的影响。

⑤通过对技术组织措施执行效果的分析，寻求更加有效的节约途径。

⑥分析其他有利条件和不利条件对成本的影响。

（3）年度成本分析

年度成本分析的依据是年度成本报表。年度成本分析的内容，除了月（季）度成本分析的六个方面外，重点是针对下一年度的施工进展情况规划提出切实可行的成本管理措施，以保证施工项目成本目标的实现。企业成本要求一年结算一次，不得将本年成本转入下一年度。而项目成本则以项目的寿命周期为结算期，要求从开工、竣工到保修期结束连续计算，最后结算出成本总量及其盈亏。由于项目的施工周期一般较长，除进行月（季）度成本核算和分析外，还要进行年度成本的核算和分析。这不仅是为了满足企业汇编年度成本报表的需要，同时也是项目成本管理的需要。因为通过年度成本的综合分析，可以总结一年来成本管理的成绩和不足，为今后的成本管理提供经验和教训。

（4）竣工成本的综合分析

一般有几个单位工程而且是单独进行成本核算（成本核算对象）的施工项目，其竣工成本分析应以各单位工程竣工成本分析资料为基础，再加上项目经理部的经营效益（如资金调度、对外分包等所产生的效益）进行综合分析。如果施工项目只有一个成本核算对象（单位工程），就以该成本核算对象的竣工成本资料作为成本分析的依据。单位工程竣工成本分析包括竣工成本分析、主要资源节超对比分析、主要技术节约措施及经济效果分析。

通过以上分析，可以全面了解单位工程的成本构成和降低成本的来源，对今后同类工程的成本管理有很好的参考价值。

第六章　水利工程项目施工进度控制

第一节　进度控制的目的和任务

一、水利工程项目总进度目标

项目总进度目标是指整个项目的进度目标，它是在项目决策阶段进行项目定义时确定的。在项目总进度目标确定前，首先应分析和论证目标实现的可能性。若项目总进度目标不可能实现，项目管理者应提出调整项目总进度目标的建议，提请项目决策者审议。

在项目实施阶段，项目总进度目标涉及的内容包括设计前准备阶段工作进度、设计工作进度、招标工作进度、施工前准备工作进度、施工和设备安装进度、物资采购工作进度、动用前准备工作进度。

在论证项目总进度目标时，应分析和论证上述各项工作的进度，以及上述各项工作进展之间的相互关系。

在进行项目总进度目标论证时，往往还未掌握比较详细的资料，也缺乏比较全面的有关项目发包的组织、项目实施的组织和实施技术方面的资料，以及其他有关项目实施条件的资料。因此，项目总进度目标的论证并不是单纯地编制项目总进度规划，它涉及许多项目实施的条件分析和项目实施策划方面的问题。

二、建设工程项目进度控制的目的

建设工程项目进度控制是指对工程项目建设各阶段的工作内容、工作程序、持续时间和衔接关系根据进度总目标及资源优化配置的原则编制计划并付诸实施，然后在进度计划的实施过程中经常检查实际进度是否按计划要求进行，并对实际进度与计划进度出现的偏差进行分析，进而调整、修改原计划后再付诸实施，如此循环，直至竣工验收交付使用。无论是原计划的实施，还是修改后的新计划的实施，都需要采取相应的进度控制措施予以保证。

建设工程项目进度控制的最终目的是确保建设项目按预定的时间动用或提前交付使用。建设工程进度控制的总目标是建设工期。

三、建设工程项目进度控制的任务

1.设计准备阶段进度控制的任务

（1）收集有关工期的信息，进行工期目标和进度控制决策。

（2）编制工程项目总进度计划。

（3）编制设计准备阶段详细工作计划，并控制其执行。

2.设计阶段进度控制的任务

（1）编制设计阶段工作计划，并控制其执行。

（2）编制详细的出图计划，并控制其执行。

3.施工阶段进度控制的任务

（1）编制施工总进度计划，并控制其执行。

（2）编制单位工程施工进度计划，并控制其执行。

（3）编制工程年、季、月作业计划，并控制其执行。

第二节　进度计划的类型及其编制步骤

一、进度计划的类型

施工进度计划按计划功能的不同分为控制性施工进度计划和实施性施工进度计划。控制性施工进度计划是指以整个建设项目为施工对象，以项目整体交付使用时间为目标的施工进度计划。它用来确定工程项目中所包含的单项工程、单位工程或分部分项工程的施工顺序、施工期限及相互搭接关系。控制性施工进度计划为编制实施性施工进度计划提供依据。

实施性施工进度计划是在控制性施工总进度计划的指导下，以单位工程为对象，按分项工程或施工过程来划分施工项目，在选定的施工方案的基础上，根据工期要求和物资条件，具体确定各施工过程的施工时间和相互搭接关系。实施性施工进度计划确定了单位工程中各施工过程的施工顺序、持续时间及相互搭接关系，为编制年、季、月作业计划提供依据。

二、控制性施工总进度计划的编制步骤

1. 列出施工项目名称并计算工程量

施工总进度计划主要起控制总工期的作用，主要反映各单项工程或单位工程的总体内容，因此在划分施工项目时不宜太细。

计算工程量可按初步（或扩大初步）设计图纸和定额手册（如概算指标）进行，工程量只粗略计算即可。

2. 确定单位工程的施工期限

影响单位工程施工期限的因素很多，应根据施工条件综合考虑各因素。同时参考工期定额来确定各单位工程的施工期限。

3. 确定各单位工程的开工、竣工时间和相互衔接关系

确定各单位工程的开工、竣工时间和相互衔接关系时，一方面要根据施工部署中的控制工期及施工项目的具体情况来确定；另一方面要使主要工种的工人连续、均衡施工，资源的消耗尽可能均衡。

4. 安排施工总进度计划

施工总进度计划可以用横道图或网络图来表达。因施工总进度计划只起控制作用，所以不要搞得过细。

5. 总进度计划的调整与修正

若某段时间资源的需求量变化较大，则需调整一些单位工程的施工速度或竣工时间，以便使各个时期的工作量尽可能均衡。

三、实施性施工进度计划的编制步骤

1. 确定施工过程名称

实施性施工进度计划应明确到分项工程或更具体的细项工程，以满足施工项目实施要求。

2. 确定施工顺序

施工顺序受工艺和组织两方面的制约。当施工方案确定后，各工序间的工艺顺序就确定了，而组织关系则需要考虑劳动力、机械设备、材料构件等资源的安排。

3. 编制施工进度计划

首先安排控制工期的主导施工过程的施工进度，使其尽可能连续施工，其他穿插性的施工过程尽可能地与主导施工过程平行施工或最大限度地搭接施工。

实施性施工进度计划，可以采用横道图或网络图来表示。

4. 施工进度计划的检查与调整

检查与调整的主要内容有工期是否满足要求，劳动力、物资方面的资源是否均衡等。

四、工程项目施工进度控制的内容

进度控制是指工程项目建设管理人员为了保证实际工程进度与计划一致，有效地实现目标而采取的一切行动。

（一）同步进度控制

同步进度控制是指项目施工过程中进行的进度控制，同步进度控制的具体内容如下：

1. 项目法人（建设单位）建立现场办公部门，加强建设工程协调工作，以保证施工进度的顺利实施。

2. 及时分析和审核施工单位提交的进度分析资料与进度控制报表。

3. 协调监理及施工单位解决在进度计划实施中的困难。密切关注施工进度计划的关键点和控制节点的变化，动态分析、动态管理。

4. 严格进行进度检查，为了了解施工进度的实际状况，避免施工单位谎报工作量，监理工程师需进行必要的现场跟踪检查，以检查现场工作量的实际完成情况，为进度分析提供可靠的数据资料。

5. 对收集的进度数据进行整理和统计分析，并将计划与实际进行比较，从中发现是否出现进度偏差。

6. 分析进度偏差将带来的影响，并进行工程总进度预测，适时局部调整进度计划。

7. 定期向上级汇报工程实际进展状况，按期提供必要的进度报告。

8. 组织定期和不定期的现场会议，及时分析、通报工程施工进度状况，并协调各参建单位之间的生产活动。

9. 及时核实已完工程量，支付工程进度款。

（二）进度反馈控制的内容

反馈进度控制是指完成整个施工任务后进行的进度控制工作，具体内容如下：

1. 及时组织验收工作。

2. 处理工程索赔。

3. 整理工程进度资料。施工过程中的工程进度资料一方面为上级提供有用信息，另一方面也是处理工程索赔必不可少的资料，必须认真整理、妥善保存。

4. 工程进度资料的归类、编目和建档。

5. 根据实际施工进度，及时修改和调整验收阶段进度计划及监理工作计划，以保证下一阶段工作的顺利开展。

五、工程项目施工进度的检查分析与调整

（一）施工进度检查

施工进度检查的目的是要查清楚各项目已进行到了什么程度。检查的方法就是将实际进度与计划进度进行对比，从中搜索问题。

进度检查的内容如下：

1. 工程形象进度检查。查勘工作现场的实际进度情况，以单元工程为分析对象，对工程现场施工工序完成情况进行查看、计划进度对比，得出工程进度结论。按信息分配组织与类别编写进度报告，逐级上报。

2. 设计图纸及技术报告的编制工作进展情况。检查了解各设计单元出图的进展情况，分析设计的主要技术问题是否解决，根据设计人员技术力量和以往设计图纸完成时间，确定或估计是否满足工程建设进度计划要求。

3. 设备采购的进展情况。检查和了解设备在采购、运输过程中的进展情况，查看设备采购合同文件，综合分析原因，确定或估计是否满足工程建设进度计划要求。

4. 材料的加工或供应情况。对于采购的材料，检查其订货质量、运输和储存情况，如钢筋、水泥、砂石料、外加剂等。有些材料需要在工厂进行加工，然后运到工地，应检查其原材料、加工运输等进展情况，如钢构件和钢管制造等。

（二）应用网络进度计划进行施工进度检查的方法

将实际工程形象进度与网络计划进度对照检查，问题明了、直观，便于分析并提出改进方案。对于单元进度计划检查以施工工序为基础，对于分部工程进度计划检查以单元工程为基础，对于单位工程进度计划检查以分部工程为基础，等等，依次类推。对于一线施工进度检查，一般以单元工程为基础，以工序为检查单元，用图或文字及时地标注到网络图上。

1. 标图检查法

检查方法是将所查时段内所完成的工作项目用图或文字及时地标注到网络图上。

标图检查法简单、方便。施工管理人员随身带着网络图，随时都能展开来标注、汇报或下达任务。某项工程完工后，其标图检查网络便是一份难得的第一手资料，可为下一项工程提供经验和参考。

2. 前锋线检查法

实际进度前锋线简称前锋线，是我国首创的用于时标网络计划控制的工具，它是在网络计划执行中的某一时刻正进行的各项工作的实际进度前锋的连线，在时标网络图上标画前锋线的关键是标定工作的实际进度前锋位置。其标定方法有两种：

（1）按已完成的工程实物量比例来标定。时标图上箭线的长度与相应工作的历时对应，

也与其工程实物量的多少成正比。

（2）按尚需的工作历时来标定。有时工作的历时是难以按工程实物来换算的，只能根据经验用其他办法估计出来。要标定检查计划时的实际进度前锋点位置，可采用原来的估算方法估算出从该时刻起到该工作全部完成尚需要的时间，从表示该工作的箭线末端反过来自右至左标出前锋位置。

对时标网络计划，可用前锋线法按一定周期（日、周或旬、月、季年）检查分析工程项目的实际进度，并预测未来的进度。

分析目前的进度，以表示检查计划时刻的日期线为基准，前锋线可以看成描述实际进度的波形线，前锋处于波峰上的线路相对于相邻线路超前，处于波谷上的线路相对于相邻线路落后；前锋在基准线前面的路线比原计划超前，在基准线后面的线路比原计划落后。绘出前锋线，工程项目在该检查计划时刻的实际进度便一目了然。

通常，检查结果是前锋线在标准线的两侧摆动，这说明各项工作有的提前有的推延——从均衡生产的要求出发，这种摆动的幅度越小越好。

第七章　水利工程项目质量控制

第一节　质量管理

一、质量管理

（一）质量与施工质量的概念

我国 GB/T 19000—2000 质量管理体系标准关于质量的定义是：一组固有特性满足要求的程度。该定义可理解为质量不仅是指产品的质量，也包括某项活动或过程的工作质量，还包括质量管理活动体系运行的质量。质量的关注点是一组固有特性，而不是赋予的特性。质量是满足要求的程度，要求是指明示的、隐含的或必须履行的需要和期望。质量要求是动态的、发展的和相对的。

施工质量是指建设工程项目施工活动及其产品的质量，即通过施工使工程满足业主（顾客）需要并符合国家法律、法规，技术规范标准，设计文件及合同规定的要求，包括在安全、使用功能、耐久性、环境保护等方面所有明示和隐含需要的能力的特性综合。其质量特性主要体现在由施工形成的建筑工程的适用性、安全性、耐久性、可靠性、经济性及与环境的协调性等六个方面。

（二）质量管理与施工质量管理的概念

我国 GB/T 19000—2000 质量管理体系标准关于质量管理的定义是：在质量方面指挥和控制组织的协调的活动。与质量有关的活动，通常包括质量方针和质量目标的建立、质量策划、质量控制、质量保证和质量改进等。所以，质量管理就是确定和建立质量方针、质量目标及职责，并在质量管理体系中通过质量策划、质量控制、质量保证和质量改进等手段来实施和实现全部质量管理职能的所有活动。

施工质量管理是指工程项目在施工安装和施工验收阶段，指挥和控制工程施工组织关于质量的相互协调的活动，使工程项目施工围绕着使产品质量满足不断更新的质量要求，而开展的策划、组织、计划、实施、检查、监督和审核等所有管理活动的总和。它是工程项目施工各级职能部门领导的职责，而工程项目施工的最高领导即施工项目经理应负全责。施工项目经理必须调动与施工质量有关的所有人员的积极性，共同做好本职工作，才能完成施工质量管理的任务。

（三）质量控制与施工质量控制的概念

根据 GB/T 19000—2000 质量管理体系标准的质量术语定义，质量控制是质量管理的一部分，是致力于满足质量要求的一系列相关活动。施工质量控制是在明确的质量方针指导下，通过对施工方案和资源配置的计划、实施、检查和处置，进行施工质量目标的事前控制、事中控制和事后控制的系统过程。

（四）质量管理与质量控制的关系

质量控制是质量管理的一部分，是致力于满足质量要求的一系列相关活动。它是 GB/T 19000—2000 质量管理体系标准的一个质量术语。

质量控制的内容包括采取的作业技术和活动，也就是包括专业技术和管理技术两方面。作业技术是直接产生产品或服务质量的前提条件。在现代社会化大生产的条件下，还必须通过科学的管理来组织和协调作业技术活动的过程，以充分发挥其质量形成能力，实现预期的质量目标。

质量管理是指确立质量方针及实施质量方针的全部职能及工作内容，并对其工作效果进行评价和改进的一系列工作。

质量控制与质量管理的区别在于：质量控制的目的性更强，是在明确的质量目标下通过行动方案和资源配置的计划、实施、检查和监督来实现预期目标的过程。

二、质量管理的特点

质量管理的特点是由工程项目质量特点决定的，而项目质量特点又变换为项目的工程特点和生产特点。

（一）工程项目的工程特点和施工生产的特点

1.施工的一次性

工程项目施工是不可逆的，若施工出现质量问题，就不可能完全回到原始状态，严重的可能导致工程报废。工程项目一般都投资巨大，一旦发生施工质量事故，就会造成重大的经济损失。因此，工程项目施工都应一次成功，不能失败。

2.工程的固定性和施工生产的流动性

每一个工程项目都固定在指定地点的土地上，工程项目施工全部完成后，由施工单位就地移交给使用单位。工程的固定性特点决定了工程项目对地基的特殊要求，施工采用的地基处理方案对工程质量产生直接影响。相对于工程的固定性特点，施工生产则表现出流动性的特点，表现为各种生产要素既在同一工程上的流动，又在不同工程项目之间的流动。由此，形成了施工生产管理方式的特殊性。

3. 产品的单件性

每一个工程项目都要和周围环境相结合。由于周围环境以及地基情况的不同，只能单独设计生产；不能像一般工业产品那样，同一类型可以批量生产。建筑产品即使采用标准图纸生产，也会由于建设地点、时间的不同及施工组织的方法不同，施工质量管理的要求也会有差异，因此工程项目的运作和施工不能标准化。

4. 工程体形庞大

工程项目是由大量的工程材料、制品和设备构成的实体，体积庞大，无论是房屋建筑或是铁路、桥梁、码头等土木工程，都会占有很大的外部空间。一般只能露天进行施工生产，施工质量受气候和环境的影响较大。

5. 生产的预约性

施工产品不像一般的工业产品那样先生产后交易，只能是在施工现场根据预定的条件进行生产，即先交易后生产。因此，选择设计、施工单位，通过投标、竞标、定约、成交，就成为建筑业物质生产的一种特有的方式。业主事先对这项工程产品的工期、造价和质量提出要求，并在生产过程中对工程质量进行必要的监督控制。

（二）质量控制的特点

1. 控制因素多

工程项目的施工质量受到多种因素的影响。这些因素包括设计、材料、机械、地质、水文、气象、施工工艺、操作方法、技术措施、管理制度、社会环境等。因此，要保证工程项目的施工质量，必须对所有这些影响因素进行有效控制。

2. 控制难度大

由于建筑产品生产的单件性和流动性，不具有一般工业产品生产常有的固定生产流水线、规范化的生产工艺、完善的检测技术、成套的生产设备和稳定的生产环境，不能进行标准化施工，施工质量容易产生波动；而且施工场面大、人员多、工序多、关系复杂、作业环境差，都加大了质量控制的难度。

3. 过程控制要求高

工程项目在施工过程中，由于工序衔接多、中间交接多、隐蔽工程多，施工质量具有一定的过程性和隐蔽性。在施工质量控制工作中，必须加强对施工过程的质量检查，及时发现和整改存在的质量问题，避免事后从表面进行检查。过程结束后的检查难以发现在过程中产生的质量隐患。

4. 终检局限大

工程项目建成以后不能像一般工业产品那样，依靠终检来判断产品的质量和控制产品的质量；也不可能像工业产品那样将其拆卸或解体检查内在质量，或更换不合格的零部件。所以，工程项目的终检（竣工验收）存在一定的局限性。因此，工程项目的施工质量控制应强调过程控制，边施工边检查边整改，及时做好检查，认真记录。

工程项目的质量总目标是业主建设意图通过项目策划提出来的，其中项目策划包括项目的定义及项目的建设规模、系统构成、使用功能和价值、规格档次标准等的定位策划和目标决策等。工程项目的质量控制必须围绕着致力于满足业主要求的质量总目标而展开，具体的内容应包括勘察设计、招标投标、施工安装、竣工验收等阶段。

三、影响施工质量的因素

施工质量的影响因素主要有"人（Man）、材料（Material）、机械（Machine）、方法（Meth-odl）及环境（Environment）"等五大方面，即4M1E。

（一）人的因素

这里讲的"人"，泛指与工程有关的单位、组织及个人，包括建设单位，勘察设计单位，施工承包单位，监理及咨询服务单位，政府主管及工程质量监督、监测单位，策划者、设计者，作业者、管理者等。人的因素影响主要是指上述人员个人的质量意识及质量活动能力对施工质量形成造成的影响。我国实行的执业资格注册制度和管理及作业人员持证上岗制度等，从本质上说，就是对从事施工活动的人的素质和能力进行必要的控制。在施工质量管理中，人的因素起决定性的作用。所以，施工质量控制应以控制人的因素为基本出发点。作为控制对象，人的工作应避免失误；作为控制动力，应充分调动人的积极性，发挥人的主导作用。必须有效控制参与施工的人员素质，不断提高人的质量活动能力，才能保证施工质量。

（二）材料的因素

材料包括工程材料和施工用料，又包括原材料、半成品、成品、构配件等。各类材料是工程施工的物质条件，材料质量是工程质量的基础，材料质量不符合要求，工程质量就不可能达到标准。所以，加强对材料的质量控制，是保证工程质量的重要基础。

（三）机械的因素

机械设备包括工程设备、施工机械和各类施工工器具。工程设备是指组成工程实体的工艺设备和各类机具，如各类生产设备、装置和辅助配套的电梯、泵机，以及通风空调、消防环保设备等，它们是工程项目的重要组成部分，其质量的优劣直接影响到工程使用功能的发挥。施工机械设备是指施工过程中使用的各类机具设备，包括运输设备、吊装设备、操作工具、测量仪器、计量器具以及施工安全设施等。施工机械设备是所有施工方案和工法得以实施的重要物质基础，合理选择和正确使用施工机械设备是保证施工质量的重要措施。

第二节 质量管理体系

一、质量保证体系

（一）质量保证体系的概念

质量保证体系是为使人们确信某产品或某项服务能满足给定的质量要求所必需的全部有计划、有系统的活动。在工程项目建设中，完善的质量保证体系可以满足用户的质量要求。质量保证体系通过对那些影响设计的或是使用规范性的要素进行连续评价，并对建筑、安装、检验等工作进行检查，以取得用户的信任，并提供证据。因此，质量保证体系是企业内部的一种管理手段，在合同环境中，质量保证体系是施工单位取得建设单位信任的手段。

（二）质量保证体系的内容

工程项目的施工质量保证体系就是以控制和保证施工产品质量为目标，从施工准备、施工生产到竣工投产的全过程，运用系统的概念和方法，在全体人员的参与下，建立一套严密、协调、高效全方位的管理体系，从而使工程项目施工质量管理制度化、标准化。其内容主要包括以下几个方面。

1.项目施工质量目标

项目施工质量保证体系，必须有明确的质量目标，并符合项目质量总目标的要求；要以工程承包合同为基本依据，逐级分解目标以形成在合同环境下的项目施工质量保证体系的各级质量目标。项目施工质量目标的分解主要从两个角度展开：从时间角度展开，实施全过程的控制；从空间角度展开，实现全方位和全员的质量目标管理。

2.项目施工质量计划

项目施工质量保证体系应有可行的质量计划。质量计划应根据企业的质量手册和项目质量目标来编制。工程项目施工质量计划可以按内容分为施工质量工作计划和施工质量成本计划。

施工质量工作计划主要包括以下几个方面：质量目标的具体描述和定量描述整个项目施工质量形成的各工作环节的责任和权限；采用的特定程序、方法和工作指导书；重要工序（工作）的试验、检验、验证和审核大纲；质量计划修订程序；为达到质量目标所采取的其他措施。

施工质量成本计划是规定最佳质量成本水平的费用计划，是开展质量成本管理的基准。质量成本可分为运行质量成本和外部质量保证成本。运行质量成本是指为运行质量体系达到和保持规定的质量水平所支付的费用，包括预防成本、鉴定成本、内部损失成本和外部损失成本。外部质量保证成本是指依据合同要求向顾客提供所需要的客观证据所支付的费用，包括特殊的和附加的质量保证措施、程序、数据、证实试验和评定的费用。

二、施工企业质量管理体系

（一）质量管理原则

GB/T 19001—2000 质量管理体系是我国按同等原则从 2000 年版 ISO9000 族国际标准转化而成的质量管理体系标准。八项质量管理原则是 2000 年版 ISO9000 族标准的编制基础，它的贯彻执行能够促进企业管理水平的提高，并提高顾客对其产品或服务的满意程度，帮助企业达到持续成功的目的。质量管理八项原则的具体内容如下。

1. 以顾客为关注焦点

组织（从事一定范围生产经营活动的企业）依存于顾客。因此，组织应当理解顾客当前和未来的需求，满足顾客要求并争取超越顾客期望。

2. 领导作用

领导者建立组织统一的宗旨及方向，他们应当创造并保持使员工能充分参与实现组织目标的内部环境，他们对于质量管理来说起着决定性的作用。

3. 全员参与的原则

各级人员是组织之本，只有他们充分参与，才能令他们为组织带来收益。组织的质量管理有利于各级人员的全员参与，组织应对员工进行质量意识等各方面的教育，激发他们的工作积极性和责任感，为其能力、知识、经验的提高提供机会，发挥创造精神，给予必要的物质和精神奖励，使全员积极参与，为达到让顾客满意的目标而奋斗。

4. 过程方法

任何使用资源进行生产活动和将输入转化为输出的一组相关联的活动都可视为过程，将相关的资源和活动作为过程进行管理，可以更高效地得到期望的结果。2000 年版 ISO 9000 标准就是建立在过程控制的基础上。一般在过程的输入端、过程的不同位置及输出端都存在着可进行测量、检查的机会和控制点，对这些控制点实行测量、检测和管理，便能控制过程的有效实施。

5. 管理的系统方法

将相互关联的过程作为系统加以识别、理解和管理，有助于组织提高实现目标的有效性和效率。不同企业应根据自己的特点，建立资源管理、过程实现、测量分析改进等方面的关系，并加以控制，即采用过程网络的方法建立质量管理体系，实施系统管理。质量管理体系的建立一般包括确定顾客期望；建立质量目标和方针；确定实现目标的过程和职责；确定必须提供的资源；规定测量过程有效性的方法；实施测量确定过程的有效性，确定防止不合格并清除产生原因的措施，建立和应用持续改进质量管理体系的过程。

6. 持续改进

持续改进总体业绩应当是组织的一个永恒目标，其作用在于增强企业满足质量要求的能力，包括产品质量、过程及体系的有效性和效率的提高。持续改进是增强满足质量要求能力的循环活动，可以使企业的质量管理走上良性循环的道路。

7. 基于事实的决策方法

有效的决策应建立在数据和信息分析的基础上，数据和信息分析是事实的高度提炼。以事实为依据做出决策，可以防止决策失误，因此企业领导应重视数据信息的收集、汇总和分析，以便为决策提供依据。

8. 与供方互利的关系

组织与供方建立相互依存的、互利的关系可以增强双方创造价值的能力。供方提供的产品是企业提供产品的一个组成部分。能否处理好与供方的关系，影响到组织能否持续稳定地向顾客提供满意的产品。因此，对供方不能只讲控制不讲合作互利，特别是对关键供方，更要建立互利互惠的合作关系，这对双方都是十分重要的。

（二）企业质量管理体系文件构成

1. GB/T 19000—2000 质量管理体系标准中的规定

要求企业重视质量体系文件的编制和使用，编制和使用质量体系文件本身就是一项具有动态管理要求的活动。质量体系的建立、健全要从编制完善的体系文件开始，质量体系的运行、审核与改进都要按照文件的规定进行，质量管理实施的结果也要形成文件，作为产品质量符合质量体系要求、质量体系有效的证据。

2. 质量管理文件的组成内容

质量管理文件包括形成文件的质量方针和质量目标、质量手册、质量管理标准所要求的各种生产、工作和管理的程序性文件，以及质量管理标准所要求的质量记录。

（1）质量方针和质量目标。一般以较为简洁的文字来表述，应反映用户及社会对工程质量的要求及企业相应的质量水平和服务承诺。

（2）质量手册。质量手册是规定企业组织建立质量管理体系的文件，对企业质量体系做了系统、完整和概要的描述，作为企业质量管理体系的纲领性文件、具有指令性，系统性、协调性、先进性、可行性和可检查性的特点。其内容一般有以下方面：企业的质量方针，质量目标，组织结构及质量职责，体系要素或基本控制程序，质量手册的评审、修改和控制的管理办法。

（3）程序文件。质量管理体系程序文件是质量手册的支持性文件，是企业各职能部门落实质量手册要求而规定的细则。企业为落实质量管理工作而建立的各项管理标准、规章制度等都属于程序文件的范畴。一般企业都应制定的通用性管理程序为：文件控制程序、质量记录管理程序、内部审核程序不合格品控制程序、纠正措施控制程序、预防措施控制程序。

涉及产品质量形成过程各环节控制的程序文件不做统一规定，可视企业质量控制的需要而制定。为确保过程的有效运行和控制，在程序文件的指导下，尚可按管理需要编制相关文件，如作业指导书、操作手册、具体工程的质量计划等。

（4）质量记录。质量记录是产品质量水平和企业质量管理体系中各项质量活动进行及结果的客观反映。对质量体系程序文件所规定的运行过程及控制测量检查的内容应如实记录，用以证明产品质量达到合同要求及质量保证的满足程度。

质量记录以规定的形式和程序进行，并有实施、验证、审核等人员的签署意见，应完整地反映质量活动实施、验证和评审的情况并记载关键活动的过程参数，具有可追溯性的特点。

第三节　质量控制与竣工验收

一、质量控制

（一）施工阶段质量控制的目标

1. 施工质量控制的总目标。贯彻执行建设工程质量法规和强制性标准，实现工程项目预期的使用功能和质量标准。

2. 建设施工单位的质量控制目标。正确配置施工生产要素和采用科学管理的方法是建设工程参与各方的共同责任。通过施工全过程的全面质量监督管理，协调和决策，保证竣工项目达到投资决策所确定的质量标准。

3. 设计单位在施工阶段的质量控制目标。通过对施工质量的验收签证、设计变更控制及纠正施工中所发现的设计问题、采纳变更设计的合理化建议等，保证竣工项目的各项施工结果与设计文件（包括变更文件）所规定的标准相一致。

4. 施工单位的质量控制目标。通过施工全过程的全面质量自控，保证交付满足施工合同及设计文件所规定的质量标准（含工程质量创优要求）的建设工程产品。

5. 监理单位在施工阶段的质量控制的目标。通过审核施工质量文件、报告报表及现场旁站检查、平行检测、施工指令、结算支付控制等手段的应用，监控施工承包单位的质量活动行为，协调施工关系，正确履行工程质量的监督责任，以保证工程质量达到施工合同和设计文件所规定的质量标准。

（二）质量控制的基本内容和方法

1. 质量控制的基本环节

质量控制应贯彻全面全过程质量管理的思想，运用动态控制原理，进行质量的事前质量控制、事中质量控制和事后质量控制。

（1）事前质量控制

事前质量控制即在正式施工前进行的事前主动质量控制，通过编制施工质量计划，明确质量目标，制订施工方案，设置质量管理点，落实质量责任，分析可能导致质量目标偏离的各种影响因素，针对这些影响因素制定有效的预防措施，防患于未然。

（2）事中质量控制

事中质量控制指在施工质量形成过程中，对影响施工质量的各种因素进行全面的动态控制。事中控制首先是对质量活动的行为约束，其次是对质量活动过程和结果的监督控制。事中质量控制的关键是坚持质量标准，控制的重点是工序质量、工作质量和质量控制点。

（3）事后质量控制

事后质量控制也称事后质量把关，以使不合格的工序或最终产品（包括单位工程或整个工程项目）不流入下道工序、不进入市场。事后质量控制包括对质量活动结果的评价、认定和对质量偏差的纠正。控制的重点是发现施工质量方面的缺陷，并通过分析提出施工质量改进的措施，保持质量处于受控状态。

以上三大环节不是互相孤立和截然分开的，它们共同构成有机的系统过程，实质上也就是质量管理 PDCA 循环的具体化，在每一次滚动循环中不断提高，达到质量管理和质量控制的持续改进。

2.质量控制的依据

（1）共同性依据

共同性依据指适用于施工阶段且与质量管理有关的通用的、具有普遍指导意义和必须遵守的基本条件。主要包括工程建设合同；设计文件、设计交底及图纸会审记录，设计修改和技术变更等；国家和政府有关部门颁布的与质量管理有关的法律和法规性文件，如《建筑法》《招标投标法》和《质量管理条例》等。

（2）专门技术法规性依据

专门技术法规性依据指针对不同的行业、不同质量控制对象制定的专门技术法规文件，包括规范、规程、标准、规定等，如工程建设项目质量检验评定标准，有关建筑材料、半成品和构配件的质量方面的专门技术法规性文件，有关材料验收、包装和标志等方面的技术标准和规定，施工工艺质量等方面的技术法规性文件，有关新工艺、新技术、新材料、新设备的质量规定和鉴定意见等。

3.质量控制的基本内容和方法

（1）质量文件审核

审核有关技术文件、报告或报表，是项目经理对工程质量进行全面管理的重要手段。这些文件包括施工单位的技术资质证明文件和质量保证体系文件，施工组织设计和施工方案及技术措施，有关材料和半成品及构配件的质量检验报告，有关应用新技术、新工艺、新材料的现场试验报告和鉴定报告，反映工序质量动态的统计资料或控制图表，设计变更和图纸修改文件，有关工程质量事故的处理方案，相关方面在现场签署的有关技术签证和文件等。

（2）现场质量检查

现场质量检查的内容如下：

①开工前的检查，主要检查是否具备开工条件，开工后是否能够保持连续正常施工，能否保证工程质量。

②工序交接检查，对于重要的工序或对工程质量有重大影响的工序，应严格执行"三检"制度，即自检、互检、专检。未经监理工程师（或建设单位技术负责人）检查认可，不得进行下道工序施工。

③隐蔽工程的检查，施工中凡是隐蔽工程必须检查认证后方可进行隐蔽掩盖。

④停工后复工的检查，因客观因素停工或处理质量事故等停工复工时，经检查认可后方能复工。

⑤分项、分部工程完工后的检查，应经检查认可，并签署验收记录后，才能进行下一工程项目的施工。

⑥成品保护的检查，检查成品有无保护措施以及保护措施是否有效可靠。现场质量检查的方法主要有目测法、实测法和试验法等。

二、施工准备的质量控制

（一）施工质量控制的准备工作

1.工程项目划分

一个建设工程从施工准备开始到竣工交付使用，要经过若干工序、工种的配合施工。施工质量的优劣取决于各个施工工序、工种的管理水平和操作质量。因此，为了便于控制、检查、评定和监督每个工序和工种的工作质量，就要把整个工程逐级划分为单位工程、分部工程、分项工程和检验批，并分级进行编号，据此来进行质量控制和检查验收，这是进行施工质量控制的一项重要基础工作。

2.技术准备的质量控制

技术准备是指在正式开展施工作业活动前进行的技术准备工作。这类工作内容繁多，主要在室内进行。例如，熟悉施工图纸，进行详细的设计交底和图纸审查；进行工程项目划分和编号；细化施工技术方案和施工人员，机具的配置方案，编制施工作业技术指导书，绘制各种施工详图（如测量放线图、大样图及配筋、配板、配线图表等），进行必要的技术交底和技术培训。技术准备的质量控制，包括对上述技术准备工作成果的复核审查，检查这些成果是否符合相关技术规范、规程的要求和对施工质量的保证程度；制订施工质量控制计划，设置质量控制点，明确关键部位的质量管理点等。

（二）现场施工准备的质量控制

1. 工程定位和标高基准的控制。工程测量放线是建设工程产品由设计转化为实物的第一步。施工测量质量的好坏，直接决定工程的定位和标高是否正确，并且制约施工过程有关工序的质量。因此，施工单位必须对建设单位提供的原始坐标点、基准线和水准点等测量控制点进行复核，并将复测结果上报监理工程师审核，批准后施工单位才能建立施工测量控制网，进行工程定位和标高基准的控制。

2. 施工平面布置的控制。建设单位应按照合同约定并考虑施工单位施工的需要，事先划定并提供施工用地和现场临时设施用地的范围。施工单位要合理科学地规划使用施工场地，保证施工现场的道路畅通、材料的合理堆放、良好的防洪排水能力、充分的给水和供电设施，以及正确的机械设备的安装布置。应制定施工场地质量管理制度，并做好施工现场的质量检查记录。

（三）材料的质量控制

建设工程采用的主要材料、半成品、成品、建筑构配件等（统称"材料"）均应进行现场验收。凡涉及工程安全及使用功能的有关材料，应按各专业工程质量验收规范规定进行复验，并应经监理工程师（建设单位技术负责人）检查认可。为了保证工程质量，施工单位应从以下几个方面把好原材料的质量控制关。

1. 采购订货关

施工单位应制订合理的材料采购供应计划，在广泛掌握市场材料信息的基础上，优选材料的生产单位或者销售总代理单位（简称"材料供货商"），建立严格的合格供应方资格审查制度，确保采购订货的质量。

（1）材料供货商对下列材料必须提供《生产许可证》：钢筋混凝土用热轧带肋钢筋、冷轧带肋钢筋、预应力混凝土用钢材（钢丝、钢棒和钢绞线）、建筑防水卷材、水泥、建筑外窗、建筑幕墙、建筑钢管脚手架扣件、人造板、铜及铜合金管材、混凝土输水管、电力电缆等材料产品。

（2）材料供货商对下列材料必须提供《建材备案证明》：水泥、商品混凝土、商品砂浆、混凝土掺合料、混凝土外加剂、烧结砖、砌块、建筑用砂、建筑用石、排水管、给水管、电工套管、防水涂料，建筑门窗、建筑涂料、饰面石材、木制板材、沥青混凝土、三渣混合料等材料产品。

（3）材料供货商要对外墙外保温、外墙内保温材料实施建筑节能材料备案登记。

（4）材料供货商要对下列产品实施强制性产品认证（简称CCC，或3C认证）：建筑安全玻璃（包括钢化玻璃、夹层玻璃、中空玻璃）、瓷质砖、混凝土防冻剂、溶剂型木器涂料、电线电缆、断路器、漏电保护器、低压成套开关设备等产品。

（5）除上述材料或产品外，材料供货商对其他材料或产品必须提供出厂合格证或质量证明书。

2. 进场检验关

施工单位必须进行下列材料的抽样检验或试验，合格后才能使用：

（1）水泥物理力学性能检验。同一生产厂、同一等级、同一品种、同一批号且连续进场的水泥，袋装不超过 200 t 为一检验批，散装不超过 500 t 为一检验批，每批抽样不少于一次。取样应在同一批水泥的不同部位等量采集，取样点不少于 20 个，并应具有代表性，且总质量不少于 12 kg。

（2）钢筋（含焊接与机械连接）力学性能检验。同一牌号、同一炉罐号、同一规格、同一等级、同一交货状态的钢筋，每批不大于 60 t。从每批钢筋中抽取 5% 进行外观检查。力学性能试验从每批钢筋中任选两根钢筋，每根取两个试样分别进行拉伸试验（包括屈服点抗拉强度和伸长率）和冷弯试验。钢筋闪光对焊、电弧焊、电渣压力焊、钢筋气压焊，在同一台班内，由同一焊工完成的 300 个同级别、同直径钢筋焊接接头应作为一批；封闭环式箍筋闪光对焊接头，以 600 个同牌号、同规格的接头作为一批，只做拉伸试验。

（3）砂、石常规检验。购货单位应按同产地、同规格分批验收。用火车、货船或汽车运输的，以 400 m³ 或 600 t 为一验收批，用马车运输的，以 200 m³ 或 300 t 为一验收批。

（4）混凝土、砂浆强度检验。每拌制 100 盘且不超过 100 m³ 的同配合比的混凝土取样不得少于一次。当一次连续浇筑超过 1 000 m³ 时，同配合比的混凝土每 200 m³ 取样不得少于一次。

同条件养护试件的留置组数，应根据实际需要确定。同一强度等级的同条件养护试件，其留置数量应根据混凝土工程量和重要性确定，为 3~10 组。

（5）混凝土外加剂检验。混凝土外加剂是由混凝土生产厂根据产量和生产设备条件，将产品分批编号，掺量大于 1%（含 1%）同品种的外加剂每一编号 100 t，掺量小于 1% 的外加剂每一编号为 50 t，同一编号的产品必须是混合均匀的。其检验费由生产厂自行负责。建设单位只负责施工单位自拌的混凝土外加剂的检测费用，但现场不允许自拌大量的混凝土。

（6）沥青、沥青混合料检验。沥青卷材和沥青：同一品种、牌号、规格的卷材，抽验数量为 1000 卷抽取 5 卷；500~1000 卷抽取 4 卷；100~499 卷抽取 3 卷；小于 100 卷抽取 2 卷。同一批出厂、同一规格标号的沥青以 20 t 为一个取样单位。

（7）防水涂料检验。同一规格、品种、牌号的防水涂料，每 10 t 为一批，不足 10 t 者按一批进行抽检。

三、水利工程项目验收管理规定

（一）验收的分类

1.按验收主持单位性质不同分

水利工程建设项目验收，按验收主持单位性质不同分为法人验收和政府验收两类。法人验收是指在项目建设过程中由项目法人组织进行的验收。法人验收是政府验收的基础。

政府验收是指由有关人民政府、水行政主管部门或者其他有关部门组织进行的验收。

政府验收包括专项验收、阶段验收和竣工验收。

2.按工程建设的不同阶段分

按工程建设的不同阶段将工程的验收分为阶段验收和交工验收。

阶段验收包括工程导（截）流、水库下闸蓄水、引（调）排水工程通水、首（末）台机组启动等关键阶段进行的验收。

另外还有专项验收，按照国家有关规定，环境保护、水土保持、移民安置以及工程档案等在工程竣工验收前要组织专项验收。经有关部门同意，专项验收可以与竣工验收一并进行。

（二）验收依据

水利工程建设项目验收的依据如下：

1.国家有关法律、法规、规章和技术标准。

2.有关主管部门的规定。

3.经批准的工程立项文件、初步设计文件、调整概算文件。

4.经批准的设计文件及相应的工程变更文件。

5.施工图纸及主要设备技术说明书等。

6.法人验收还应当以施工合同为验收依据。

（三）验收组织

1.验收主持单位应当成立验收委员会（验收工作组）进行验收，验收结论应当经三分之二以上验收委员会（验收工作组）成员同意。

验收委员会（验收工作组）成员应当在验收鉴定书上签字。验收委员会（验收工作组）成员对验收结论持有异议的，应当将保留意见在验收鉴定书上明确记载并签字。

2.验收中发现的问题，其处理原则由验收委员会（验收工作组）协商确定。主任委员（组长）对争议问题有裁决权。但是，半数以上验收委员会（验收工作组）成员不同意裁决意见的，法人验收应当报请验收监督管理机关决定，政府验收应当报请竣工验收主持单位决定。

3.验收委员会（验收工作组）对工程验收不予通过的，应当明确不予通过的理由并提出整改意见。有关单位应当及时组织处理有关问题，完成整改，并按照程序重新申请验收。

4.项目法人以及其他参建单位应当提交真实、完整的验收资料，并对提交的资料负责。

（四）法人验收

1.工程建设完成分部工程、单位工程、单项合同工程，或者中间机组启动前，应当组织法人验收。项目法人可以根据工程建设的需要增设法人验收的环节。

2.项目法人应当在开工报告批准后60个工作日内，制订法人验收工作计划，报法人验收监督管理机关和竣工验收主持单位备案。

3.施工单位在完成相应工程后，应当向项目法人提出验收申请。项目法人经检查认为建设项目具备相应的验收条件的，应当及时组织验收。

4.法人验收由项目法人主持。验收工作组由项目法人、设计、施工、监理等单位的代表组成；必要时可以邀请工程运行管理单位等参建单位以外的代表及专家参加。

项目法人可以委托监理单位主持分部工程验收，有关委托权限应当在监理合同或者委托书中明确。

5.分部工程验收的质量结论应当报该项目的质量监督机构核备；未经核备的，项目法人不得组织下一阶段的验收。

单位工程以及大型枢纽主要建筑物的分部工程验收的质量结论应当报该项目的质量监督机构核定；未经核定的，项目法人不得通过法人验收；核定不合格的，项目法人应当重新组织验收。质量监督机构应当自收到核定材料之日起20个工作日内完成核定。

6.项目法人应当自法人验收通过之日起30个工作日内，制作法人验收鉴定书，发送参加验收单位并报送法人验收监督管理机关备案。法人验收鉴定书是政府验收的备查资料。

7.单位工程投入使用验收和单项合同工程完工验收通过后，项目法人应当与施工单位办理有关工程的交接手续。

工程保修期从通过单项合同工程完工验收之日算起，保修期限按合同约定执行。

（五）政府验收

1.验收主持单位

（1）阶段验收、竣工验收由竣工验收主持单位主持。竣工验收主持单位可以根据工作需要委托其他单位主持阶段验收。

专项验收依照国家有关规定执行。

国家重点水利工程建设项目，竣工验收主持单位依照国家有关规定确定。

（2）除前款规定以外，国家确定的重要江河、湖泊建设的流域控制性工程、流域重大骨干工程建设项目，竣工验收主持单位为水利部。

除前两款规定以外的其他水利工程建设项目，竣工验收主持单位按照以下原则确定：

①水利部或者流域管理机构负责初步设计审批的中央项目，竣工验收主持单位为水利部或者流域管理机构；

②水利部负责初步设计审批的地方项目，以中央投资为主的，竣工验收主持单位为水利部或者流域管理机构，以地方投资为主的，竣工验收主持单位为省级人民政府（或者其委托的单位）或者省级人民政府水行政主管部门（或者其委托的单位）；

③地方负责初步设计审批的项目，竣工验收主持单位为省级人民政府水行政主管部门（或者其委托的单位）。

竣工验收主持单位为水利部或者流域管理机构的，可以根据工程实际情况，与省级人民政府或者有关部门共同主持。

竣工验收主持单位应当在工程开工报告的批准文件中明确。

2. 专项验收

（1）枢纽工程导（截）流、水库下闸蓄水等阶段验收前，涉及移民安置的，应当完成相应的移民安置专项验收。

工程竣工验收前，应当按照国家有关规定，进行环境保护、水土保持、移民安置以及工程档案等专项验收。经商有关部门同意，专项验收可以与竣工验收一并进行。

（2）项目法人应当自收到专项验收成果文件之日起10个工作日内，将专项验收成果文件报送竣工验收主持单位备案。

专项验收成果文件是阶段验收或者竣工验收成果文件的组成部分。

3. 阶段验收

（1）工程建设进入枢纽工程导（截）流、水库下闸蓄水、引（调）排水工程通水、首（末）台机组启动等关键阶段，应当组织进行阶段验收。竣工验收主持单位根据工程建设的实际需要，可以增设阶段验收的环节。

（2）阶段验收的验收委员会由验收主持单位、该项目的质量监督机构和安全监督机构、运行管理单位的代表以及有关专家组成；必要时，应当邀请项目所在地的地方人民政府以及有关部门参加。工程参建单位是被验收单位，应当派代表参加阶段验收工作。

（3）大型水利工程在进行阶段验收前，可以根据需要进行技术预验收。技术预验收参照有关竣工技术预验收的规定进行。

（4）水库下闸蓄水验收前，项目法人应当按照有关规定完成蓄水安全鉴定。

（5）验收主持单位应当自阶段验收通过之日起30个工作日内，制作阶段验收鉴定书，发送参加验收的单位并报送竣工验收主持单位备案。

阶段验收鉴定书是竣工验收的备查资料。

4. 竣工验收

（1）竣工验收应当在工程建设项目全部完成并满足一定运行条件后1年内进行。

不能按期进行竣工验收的，经竣工验收主持单位同意，可以适当延长期限，但最长不得超过6个月。逾期仍不能进行竣工验收的，项目法人应当向竣工验收主持单位作出专题报告。

（2）竣工财务决算应当由竣工验收主持单位组织审查和审计。竣工财务决算审计通过 15 日后，方可进行竣工验收。

（3）工程具备竣工验收条件的，项目法人应当提出竣工验收申请，经法人验收监督管理机关审查后报竣工验收主持单位。竣工验收主持单位应当自收到竣工验收申请之日起 20 个工作日内决定是否同意进行竣工验收。

（4）竣工验收原则上按照经批准的初步设计所确定的标准和内容进行。

项目有总体初步设计又有单项工程初步设计的，原则上按照总体初步设计的标准和内容进行，也可以先进行单项工程竣工验收，最后按照总体初步设计进行总体竣工验收。

项目有总体可行性研究但没有总体初步设计而有单项工程初步设计的，原则上按照单项工程初步设计的标准和内容进行竣工验收。

建设周期长或者因故无法继续实施的项目，对已完成的部分工程可以按单项工程或者分期进行竣工验收。

（5）竣工验收分为竣工技术预验收和竣工验收两个阶段。

（6）大型水利工程在竣工技术预验收前，项目法人应当按照有关规定对工程建设情况进行竣工验收技术鉴定。中型水利工程在竣工技术预验收前，竣工验收主持单位可以根据需要决定是否进行竣工验收技术鉴定。

（7）竣工技术预验收由竣工验收主持单位以及有关专家组成的技术预验收专家组负责。

工程参建单位的代表应当参加技术预验收，汇报并解答有关问题。

（8）竣工验收的验收委员会由竣工验收主持单位、有关水行政主管部门和流域管理机构、有关地方人民政府和部门、该项目的质量监督机构和安全监督机构、工程运行管理单位的代表以及有关专家组成。工程投资方代表可以参加竣工验收委员会。

（9）竣工验收主持单位可以根据竣工验收的需要，委托具有相应资质的工程质量检测机构对工程质量进行检测。

（10）项目法人全面负责竣工验收前的各项准备工作，设计、施工、监理等工程参建单位应当做好有关验收准备和配合工作，派代表出席竣工验收会议，负责解答验收委员会提出的问题，并作为被验收单位在竣工验收鉴定书上签字。

（11）竣工验收主持单位应当自竣工验收通过之日起 30 个工作日内，制作竣工验收鉴定书，并发送有关单位。

竣工验收鉴定书是项目法人完成工程建设任务的凭据。

5. 验收遗留问题处理与工程移交

（1）项目法人和其他有关单位应当按照竣工验收鉴定书的要求妥善处理竣工验收遗留问题和完成尾工。

验收遗留问题处理完毕和尾工完成并通过验收后，项目法人应当将处理情况和验收成果报送竣工验收主持单位。

（2）工程通过竣工验收、验收遗留问题处理完毕和尾工完成并通过验收的，竣工验收主持单位向项目法人颁发工程竣工证书。

工程竣工证书格式由水利部统一制定。

（3）项目法人与工程运行管理单位不同的，工程通过竣工验收后，应当及时办理移交手续。

工程移交后，项目法人以及其他参建单位应当按照法律法规的规定和合同约定，承担后续的相关质量责任。项目法人已经撤销的，由撤销该项目法人的部门承接相关的责任。

（六）验收监督

1. 水利部负责全国水利工程建设项目验收的监督管理工作。

水利部所属流域管理机构按照水利部授权，负责流域内水利工程建设项目验收的监督管理工作。

县级以上地方人民政府水行政主管部门，按照规定权限负责本行政区域内水利工程建设项目验收的监督管理工作。

2. 法人验收监督管理机关对项目的法人验收工作实施监督管理。

由水行政主管部门或者流域管理机构组建项目法人的，该水行政主管部门或者流域管理机构是本项目的法人验收监督管理机关；由地方人民政府组建项目法人的，该地方人民政府水行政主管部门是本项目的法人验收监督管理机关。

（七）罚则

1. 违反相关规定，项目法人不按时限要求组织法人验收或者不具备验收条件而组织法人验收的，由法人验收监督管理机关责令改正。

2. 项目法人以及其他参建单位提交验收资料不真实导致验收结论有误的，由提交不真实验收资料的单位承担责任。竣工验收主持单位收回验收鉴定书，对责任单位予以通报批评；造成严重后果的，依照有关法律法规处罚。

3. 参加验收的专家在验收工作中玩忽职守、徇私舞弊的，由验收监督管理机关予以通报批评；情节严重的，取消其参加验收的资格；构成犯罪的，依法追究其刑事责任。

4. 国家机关工作人员在验收工作中玩忽职守、滥用职权、徇私舞弊，尚不构成犯罪的，依法给予行政处分；构成犯罪的，依法追究刑事责任。

四、水利工程项目验收

1. 总体要求

（1）使用范围

《水利水电建设工程验收规程》（SL 223—2008）适用于由中央、地方财政全部投资或部分投资建设的大中型水利水电建设工程（含1、2、3级堤防工程）的验收，其他水利水电建设工程的验收可参照执行。

（2）验收主持单位

水利水电建设工程验收按验收主持单位可分为法人验收和政府验收。法人验收应包括分部工程验收、单位工程验收、水电站（泵站）中间机组启动验收、合同工程完工验收等；政府验收应包括阶段验收、专项验收、竣工验收等。验收主持单位可根据工程建设需要增设验收的类别和具体要求。

政府验收应由验收主持单位组织成立的验收委员会负责；法人验收应由项目法人组织成立的验收工作组负责。验收委员会（工作组）由有关单位代表和有关专家组成。

（3）验收依据

工程验收应以下列文件为主要依据：

①国家现行有关法律、法规、规章和技术标准；

②有关主管部门的规定；

③经批准的工程立项文件、初步设计文件、调整概算文件；

④经批准的设计文件及相应的工程变更文件；

⑤施工图纸及主要设备技术说明书等；

⑥法人验收还应以施工合同为依据。

（4）验收的主要内容

工程验收应包括以下主要内容：

①检查工程是否按照批准的设计进行建设；

②检查已完工程在设计、施工、设备制造安装等方面的质量及相关资料的收集、整理和归档情况；

③检查工程是否具备运行或进行下一阶段建设的条件；

④检查工程投资控制和资金使用情况；

⑤对验收遗留问题提出处理意见；

⑥对工程建设做出评价和结论。

（5）验收的成果

验收的成果性文件是验收鉴定书，验收委员会（工作组）成员应在验收鉴定书上签字。对验收结论有异议的，应将保留意见在验收鉴定书上明确记载并签字。

（6）其他

①工程项目中需要移交非水利行业管理的工程，验收工作宜同时参照相关行业主管部门的有关规定。

②当工程具备验收条件时，应及时组织验收。未经验收或验收不合格的工程不得交付使用或进行后续工程施工。验收工作应相互衔接，不应重复进行。

③工程验收应在施工质量检验与评定的基础上，对工程质量提出明确结论意见。

④验收资料制备由项目法人统一组织，有关单位应按要求及时完成并提交。项目法人应对提交的验收资料进行完整性、规范性检查。

⑤验收资料分为应提供的资料和需备查的资料。有关单位应保证其提交资料的真实性并承担相应责任。

⑥工程验收的图纸、资料和成果性文件应按竣工验收资料要求制备。除图纸外，验收资料的规格宜为国际标准 A4（210mm×297mm）。文件正本应加盖单位印章且不得采用复印件。

⑦水利水电建设工程的验收除应遵守本规程外，还应符合国家现行有关标准的规定。

2. 工程验收监督管理

水利部负责全国水利工程建设项目验收的监督管理工作。水利部所属流域管理机构按照水利部授权，负责流域内水利工程建设项目验收的监督管理工作。县级以上地方人民政府水行政主管部门按照规定权限负责本行政区域内水利工程建设项目验收的监督管理工作。

法人验收监督管理机关应对工程的法人验收工作实施监督管理。

由水行政主管部门或者流域管理机构组建项目法人的，该水行政主管部门或者流域管理机构是本工程的法人验收监督管理机关；由地方人民政府组建项目法人的，该地方人民政府水行政主管部门是本工程的法人验收监督管理机关。

工程验收监督管理的方式应包括现场检查、参加验收活动、对验收工作计划与验收成果性文件进行备案等。

水行政主管部门、流域管理机构以及法人验收监督管理机关可根据工作需要到工程现场检查工程建设情况、验收工作开展情况，以及对接到的举报进行调查处理等。

当发现工程验收不符合有关规定时，验收监督管理机关应及时要求验收主持单位予以纠正，必要时可要求暂停验收或重新验收，并同时报告竣工验收主持单位。

法人验收监督管理机关应对收到的验收备案文件进行检查，不符合有关规定的备案文件应要求有关单位进行修改、补充和完善。

项目法人应在开工报告批准后 60 个工作日内，制订法人验收工作计划，报法人验收监督管理机关备案。当工程建设计划进行调整时，法人验收工作计划也应相应地进行调整并重新备案。

法人验收过程中发现的技术性问题原则上应按合同约定进行处理。合同约定不明确的，按国家或行业技术标准规定处理。当国家或行业技术标准暂无规定时，由法人验收监督管理机关负责协调解决。

3. 分部工程验收

（1）验收组织

分部工程验收应由项目法人（或委托监理单位）主持。验收工作组由项目法人、勘测、设计、监理、施工、主要设备制造（供应）商等单位的代表组成。运行管理单位可根据具体情况决定是否参加。

质量监督机构宜派代表列席大型枢纽工程主要建筑物的分部工程验收会议。

大型工程分部工程验收工作组成员应具有中级及其以上技术职称或相应执业资格；其他工程的验收工作组成员应具有相应的专业知识或执业资格。参加分部工程验收的每个单位代表人数不宜超过 2 名。

分部工程具备验收条件时，施工单位应向项目法人提交验收申请报告。项目法人应在收到验收申请报告之日起 10 个工作日内决定是否同意进行验收。

（2）验收条件

分部工程验收应具备以下条件：

①所有单元工程已完成；

②已完成单元工程施工质量经评定全部合格，有关质量缺陷已处理完毕或有监理机构批准的处理意见；

③合同约定的其他条件。

（3）验收程序

分部工程验收应按以下程序进行：

①听取施工单位工程建设和单元工程质量评定情况的汇报；

②现场检查工程完成情况和工程质量；

③检查单元工程质量评定及相关档案资料；

④讨论并通过分部工程验收鉴定书。

项目法人应在分部工程验收通过之日后 10 个工作日内，将验收质量结论和相关资料报质量监督机构核备。大型枢纽工程主要建筑物分部工程的验收质量结论应报质量监督机构核定。

质量监督机构应在收到验收质量结论之日后 20 个工作日内，将核备（定）意见书面反馈给项目法人。

分部工程验收鉴定书正本数量可按参加验收单位、质量和安全监督机构各一份以及归档所需要的份数确定。自验收鉴定书通过之日起 30 个工作日内，由项目法人发送有关单位，并报送法人验收监督管理机关备案。

4.单位工程验收

（1）验收组织

单位工程验收应由项目法人主持。验收工作组由项目法人、勘测、设计、监理、施工、主要设备制造（供应）商、运行管理等单位的代表组成。必要时，可邀请上述单位以外的专家参加。

单位工程验收工作组成员应具有中级及其以上技术职称或相应执业资格，每个单位代表人数不宜超过3名。

单位工程完工并具备验收条件时，施工单位应向项目法人提出验收申请报告。项目法人应在收到验收申请报告之日起10个工作日内决定是否同意进行验收。

项目法人组织单位工程验收时，应提前10个工作日通知质量和安全监督机构。主要建筑物单位工程验收应通知法人验收监督管理机关。法人验收监督管理机关可视情况决定是否列席验收会议，质量和安全监督机构应派员列席验收会议。

（2）验收条件

单位工程验收应具备以下条件：

①所有分部工程已完建并验收合格；

②分部工程验收遗留问题已处理完毕并通过验收，未处理的遗留问题不影响单位工程质量评定并有处理意见；

③合同约定的其他条件。

（3）验收的主要内容

单位工程验收应包括以下主要内容：

①检查工程是否按批准的设计内容完成；

②评定工程施工质量等级；

③检查分部工程验收遗留问题处理情况及相关记录；

④对验收中发现的问题提出处理意见。

（4）验收程序

单位工程验收应按以下程序进行：

①听取工程参建单位工程建设有关情况的汇报；

②现场检查工程完成情况和工程质量；

③检查分部工程验收有关文件及相关档案资料；

④讨论并通过单位工程验收鉴定书。

（5）单位工程提前投入使用验收

需要提前投入使用的单位工程应进行单位工程投入使用验收。单位工程投入使用验收由项目法人主持，根据工程具体情况，经竣工验收主持单位同意，单位工程投入使用验收也可由竣工验收主持单位或其委托的单位主持。

单位工程投入使用验收除满足基本条件外，还应满足以下条件：

工程投入使用后，不影响其他工程正常施工，且其他工程施工不影响该单位工程安全运行；已经初步具备运行管理条件，需移交运行管理单位的，项目法人与运行管理单位已签订提前使用协议书。

单位工程投入使用验收还应对工程是否具备安全运行条件进行检查。

项目法人应在单位工程验收通过之日起10个工作日内，将验收质量结论和相关资料报质量监督机构核定。质量监督机构应在收到验收质量结论之日起20个工作日内，将核定意见反馈给项目法人。

5. 合同工程完工验收

合同工程完成后，应进行合同工程完工验收。当合同工程仅包含一个单位工程（分部工程）时，宜将单位工程（分部工程）验收与合同工程完工验收一并进行，但应同时满足相应的验收条件。

（1）验收组织

合同工程完工验收应由项目法人主持。验收工作组由项目法人以及与合同工程有关的勘测、设计、监理、施工、主要设备制造（供应）商等单位的代表组成。

合同工程具备验收条件时，施工单位应向项目法人提出验收申请报告。项目法人应在收到验收申请报告之日起20个工作日内决定是否同意进行验收。

（2）验收条件

合同工程完工验收应具备以下条件：

①合同范围内的工程项目已按合同约定完成；

②工程已按规定进行了有关验收；

③观测仪器和设备已测得初始值及施工期各项观测值；

④工程质量缺陷已按要求进行处理；

⑤工程完工结算已完成；

⑥施工现场已经进行清理；

⑦需移交项目法人的档案资料已按要求整理完毕；

⑧合同约定的其他条件。

6. 阶段验收

（1）一般规定

阶段验收应包括枢纽工程导（截）流验收、水库下闸蓄水验收、引（调）排水工程通水验收、水电站（泵站）首（末）台机组启动验收、部分工程投入使用验收以及竣工验收主持单位根据工程建设需要增加的其他验收。

①阶段验收组织。

阶段验收应由竣工验收主持单位或其委托的单位主持。阶段验收委员会由验收主持单位、质量和安全监督机构、运行管理单位的代表以及有关专家组成；必要时，可邀请地方人民政府以及有关部门参加。

工程参建单位应派代表参加阶段验收，并作为被验收单位在验收鉴定书上签字。

②阶段验收内容。

阶段验收应包括以下主要内容：

检查已完工程的形象面貌和工程质量；

检查在建工程的建设情况；

检查后续工程的计划安排和主要技术措施落实情况，以及是否具备施工条件；

检查拟投入使用工程是否具备运行条件；

检查历次验收遗留问题的处理情况；

鉴定已完工程施工质量；

对验收中发现的问题提出处理意见；

讨论并通过阶段验收鉴定书。

阶段验收的工作程序可参照竣工验收的规定进行。

（2）枢纽工程导（截）流验收

枢纽工程导（截）流前，应进行导（截）流验收。

①导（截）流验收条件如下：

导流工程已基本完成，具备过流条件，投入使用（包括采取措施后）不影响其他未完工程继续施工；

满足截流要求的水下隐蔽工程已完成；

截流设计已获批准，截流方案已编制完成，并做好各项准备工作；

工程度汛方案已经有管辖权的防汛指挥部门批准，相关措施已落实；

截流后壅高水位以下的移民搬迁安置和库底清理已完成并通过验收；

有航运功能的河道，碍航问题已得到解决。

②导（截）流验收应包括以下主要内容：

检查已完水下工程、隐蔽工程、导（截）流工程是否满足导（截）流要求；

检查建设征地、移民搬迁安置和库底清理完成情况；

审查导（截）流方案，检查导（截）流措施和准备工作落实情况；

检查为解决碍航等问题而采取的工程措施落实情况；

鉴定与截流有关已完工程施工质量；

对验收中发现的问题提出处理意见；

讨论并通过阶段验收鉴定书；

工程分期导（截）流时，应分期进行导（截）流验收。

（3）水库下闸蓄水验收

水库下闸蓄水前，应进行下闸蓄水验收。

①下闸蓄水验收应具备以下条件：

挡水建筑物的形象面貌满足蓄水位的要求；

蓄水淹没范围内的移民搬迁安置和库底清理已完成并通过验收;

蓄水后需要投入人使用的泄水建筑物已基本完成,具备过流条件;

有关观测仪器、设备已按设计要求安装和调试,并已测得初始值和施工期观测值;

蓄水后未完工程的建设计划和施工措施已落实;

蓄水安全鉴定报告已提交;

蓄水后可能影响工程安全运行的问题已处理,有关重大技术问题已有结论;

蓄水计划、导流洞封堵方案等已编制完成,并已做好各项准备工作;

年度度汛方案(包括调度运用方案)已经有管辖权的防汛指挥部门批准,相关措施已落实。

②下闸蓄水验收应包括以下主要内容:

检查已完工程是否满足蓄水要求;

检查建设征地、移民搬迁安置和库区清理完成情况;

检查近坝库岸处理情况;

检查蓄水准备工作落实情况;

鉴定与蓄水有关的已完工程施工质量;

对验收中发现的问题提出处理意见;

讨论并通过阶段验收鉴定书。

(4)引(调)排水工程通水验收

引(调)排水工程通水前,应进行通水验收。

①通水验收应具备以下条件:

引(调)排水建筑物的形象面貌满足通水的要求;

通水后未完工程的建设计划和施工措施已落实;

引(调)排水位以下的移民搬迁安置和障碍物清理已完成并通过验收;

引(调)排水的调度运用方案已编制完成;

度汛方案已得到有管辖权的防汛指挥部门的批准,相关措施已落实。

②通水验收应包括以下主要内容:

检查已完工程是否满足通水的要求;

检查建设征地、移民搬迁安置和清障完成情况;

检查通水准备工作落实情况;

鉴定与通水有关的工程施工质量;

对验收中发现的问题提出处理意见;

讨论并通过阶段验收鉴定书。

(5)水电站(泵站)机组启动验收

水电站(泵站)每台机组投入运行前,应进行机组启动验收。

①主持单位。首(末)台机组启动验收应由竣工验收主持单位或其委托单位组织的机

组启动验收委员会负责；中间机组启动验收应由项目法人组织的机组启动验收工作组负责。验收委员会（工作组）应有所在地区电力部门的代表参加。根据机组规模情况，竣工验收主持单位也可以委托项目法人主持首（末）台机组启动验收。

②机组试运行。机组启动验收前，项目法人应组织成立机组启动试运行工作组开展机组启动试运行工作。首（末）台机组启动试运行前，项目法人应将试运行工作安排报验收主持单位备案，必要时，验收主持单位可以派专家到现场收集有关资料，指导项目法人进行机组启动试运行工作。

机组启动试运行工作组应主要进行以下工作：

审查批准施工单位编制的机组启动试运行试验文件和机组启动试运行操作规程等；

检查机组及相应附属设备安装、调试、试验以及分部试运行情况，决定是否进行充水试验和空载试运行；

检查机组充水试验和空载试运行情况；

检查机组带主变压器与高压配电装置试验和并列及负荷试验情况，决定是否进行机组带负荷连续运行；

检查机组带负荷连续运行情况；

审查施工单位编写的机组带负荷连续运行情况报告。

③机组带负荷连续运行应符合以下要求：

水电站机组带额定负荷连续运行时间为72h；泵站机组带额定负荷连续运行时间为24h或7d内累计运行时间为48h，包括机组无故障停机次数不少于3次。

受水位或水量限制无法满足上述要求时，经过项目法人组织论证并提出专门报告报验收主持单位批准后，可适当降低机组启动运行负荷以及减少连续运行的时间。

7. 专项验收

工程竣工验收前，应按有关规定进行专项验收。专项验收主持单位应按国家和相关行业的有关规定确定。

项目法人应按国家和相关行业主管部门的规定，向有关部门提出专项验收申请报告，并做好有关准备和配合工作。

专项验收应具备的条件、验收主要内容、验收程序以及验收成果性文件的具体要求等应执行国家及相关行业主管部门的有关规定。

专项验收成果性文件应是工程竣工验收成果性文件的组成部分。项目法人提交竣工验收申请报告时，应附相关专项验收成果性文件复印件。

8. 竣工验收

（1）总要求

竣工验收应在工程建设项目全部完成并满足一定运行条件后1年内进行。不能按期进行竣工验收的，经竣工验收主持单位同意，可适当延长期限，但最长不得超过6个月。一定运行条件是指泵站工程经过一个排水或抽水期；河道疏浚工程完成后；其他工程经过6

个月（经过一个汛期）至 12 个月。

工程具备验收条件时，项目法人应向竣工验收主持单位提出竣工验收申请报告。竣工验收申请报告应经法人验收监督管理机关审查后报竣工验收主持单位，竣工验收主持单位应自收到申请报告后 20 个工作日内决定是否同意进行竣工验收。工程未能按期进行竣工验收的，项目法人应提前 30 个工作日向竣工验收主持单位提出延期竣工验收专题申请报告。申请报告应包括延期竣工验收的主要原因及计划延长的时间等内容。

项目法人编制完成竣工财务决算后，应报送竣工验收主持单位财务部门进行审查和审计部门进行竣工审计。审计部门应出具竣工审计意见。项目法人应对审计意见中提出的问题进行整改并提交整改报告。

竣工验收分为竣工技术预验收和竣工验收两个阶段。

大型水利工程在竣工技术预验收前，应按照有关规定进行竣工验收技术鉴定。中型水利工程，竣工验收主持单位可以根据需要决定是否进行竣工验收技术鉴定。

竣工验收应具备以下条件：

工程已按批准设计全部完成；

工程重大设计变更已经有审批权的单位批准；

各单位工程能正常运行；

历次验收所发现的问题已基本处理完毕；

各专项验收已通过；

工程投资已全部到位；

竣工财务决算已通过竣工审计，审计意见中提出的问题已整改并提交了整改报告；

运行管理单位已明确，管理养护经费已基本落实；

质量和安全监督工作报告已提交，工程质量达到合格标准；

竣工验收资料已准备就绪。

工程有少量建设内容未完成，但不影响工程正常运行，且能符合财务有关规定，项目法人已对尾工做出安排的，经竣工验收主持单位同意，可进行竣工验收。

竣工验收应按以下程序进行：

项目法人组织进行竣工验收自查；

项目法人提交竣工验收申请报告；

竣工验收主持单位批复竣工验收申请报告；

进行竣工技术预验收；

召开竣工验收会议；

印发竣工验收鉴定书。

（2）竣工验收自查

申请竣工验收前，项目法人应组织竣工验收自查。自查工作由项目法人主持，勘测、设计、监理、施工、主要设备制造（供应）商以及运行管理等单位的代表参加。

竣工验收自查应包括以下主要内容：

检查有关单位的工作报告；

检查工程建设情况，评定工程项目施工质量等级；

检查历次验收、专项验收的遗留问题和工程初期运行所发现问题的处理情况；

确定工程尾工内容及其完成期限和责任单位；

对竣工验收前应完成的工作做出安排；

讨论并通过竣工验收自查工作报告。

项目法人组织工程竣工验收自查前，应提前 10 个工作日通知质量和安全监督机构，同时向法人验收监督管理机关报告。质量和安全监督机构应派员列席自查工作会议。

项目法人应在完成竣工验收自查工作之日起 10 个工作日内，将自查的工程项目质量结论和相关资料报质量监督机构核备。

参加竣工验收自查的人员应在自查工作报告上签字。项目法人应自竣工验收自查工作报告通过之日起 30 个工作日内，将自查报告报法人验收监督管理机关。

（3）工程质量抽样检测

根据竣工验收的需要，竣工验收主持单位可以委托具有相应资质的工程质量检测单位对工程质量进行抽样检测。项目法人应与工程质量检测单位签订工程质量检测合同。检测所需费用由项目法人列支，质量不合格工程所发生的检测费用由责任单位承担。

工程质量检测单位不得与参与工程建设的项目法人、设计、监理、施工、设备制造（供应）商等单位隶属同一经营实体。

根据竣工验收主持单位的要求和项目的具体情况，项目法人应负责提出工程质量抽样检测的项目、内容和数量，经质量监督机构审核后报竣工验收主持单位核定。

工程质量检测单位应按照有关技术标准对工程进行质量检测，按合同要求及时提出质量检测报告，并对检测结论负责。项目法人应自收到检测报告 10 个工作日内将检测报告报竣工验收主持单位。

对抽样检测中发现的质量问题，项目法人应及时组织有关单位研究处理。在影响工程安全运行以及使用功能的质量问题未处理完毕前，不得进行竣工验收。

（4）竣工技术预验收

竣工技术预验收应由竣工验收主持单位组织的专家组负责。技术预验收专家组成员应具有高级技术职称或相应执业资格，2/3 以上成员应来自工程非参建单位。工程参建单位的代表应参加技术预验收，负责回答专家组提出的问题。

竣工技术预验收专家组可下设专业工作组，并在各专业工作组检查意见的基础上形成竣工技术预验收工作报告。

竣工技术预验收应包括以下主要内容：

检查工程是否按批准的设计完成；

检查工程是否存在质量隐患和影响工程安全运行的问题；

检查历次验收、专项验收的遗留问题和工程初期运行中所发现问题的处理情况；

对工程重大技术问题做出评价；

检查工程尾工安排情况；

鉴定工程施工质量；

检查工程投资、财务情况；

对验收中发现的问题提出处理意见。

竣工技术预验收应按以下程序进行：

现场检查工程建设情况并查阅有关工程建设资料；

听取项目法人、设计、监理、施工、质量和安全监督机构、运行管理等单位的工作报告；

听取竣工验收技术鉴定报告和工程质量抽样检测报告；

专业工作组讨论并形成各专业工作组意见；

讨论并通过竣工技术预验收工作报告；

讨论并形成竣工验收鉴定书初稿。

竣工技术预验收工作报告应是竣工验收鉴定书的附件。

（5）竣工验收

竣工验收委员会可设主任委员1名、副主任委员以及委员若干名，主任委员应由验收主持单位代表担任。竣工验收委员会由竣工验收主持单位、有关地方人民政府和部门、有关水行政主管部门和流域管理机构、质量和安全监督机构、运行管理单位的代表以及有关专家组成。工程投资方代表可参加竣工验收委员会。

项目法人、勘测、设计、监理、施工和主要设备制造（供应）商等单位应派代表参加竣工验收，负责解答验收委员会提出的问题，并作为被验收单位代表在验收鉴定书上签字。

竣工验收会议应包括以下主要内容和程序：

①现场检查工程建设情况及查阅有关资料。

②召开大会：

宣布验收委员会组成人员名单；

观看工程建设声像资料；

听取工程建设管理工作报告；

听取竣工技术预验收工作报告；

听取验收委员会确定的其他报告；

讨论并通过竣工验收鉴定书；

验收委员会委员和被验收单位代表在竣工验收鉴定书上签字。

工程项目质量达到合格以上等级的，竣工验收的质量结论意见为合格。

9.工程移交及遗留问题处理

（1）工程交接

通过合同工程完工验收或投入使用验收后，项目法人与施工单位应在30个工作日内组织专人负责工程的交接工作，交接过程应有完整的文字记录并有双方交接负责人签字。

项目法人与施工单位应在施工合同或验收鉴定书约定的时间内完成工程及其档案资料的交接工作。

工程办理具体交接手续的同时，施工单位应向项目法人递交工程质量保修书。保修书的内容应符合合同约定的条件。

工程质量保修期从工程通过合同工程完工验收后开始计算，但合同另有约定的除外。

在施工单位递交了工程质量保修书、完成施工场地清理以及提交有关竣工资料后，项目法人应在 30 个工作日内向施工单位颁发合同工程完工证书。

（2）工程移交

工程通过投入使用验收后，项目法人应及时将工程移交运行管理单位管理，并与其签订工程提前启用协议。

在竣工验收鉴定书印发后 60 个工作日内，项目法人与运行管理单位应完成工程移交手续。

工程移交应包括工程实体、其他固定资产和工程档案资料等，应按照初步设计等有关批准文件进行逐项清点，并办理移交手续。

办理工程移交，应有完整的文字记录和双方法定代表人签字。

（3）验收遗留问题及尾工处理

有关验收成果性文件应对验收遗留问题有明确的记载；影响工程正常运行的，不得作为验收遗留问题处理。

验收遗留问题和尾工的处理由项目法人负责。项目法人应按照竣工验收鉴定书、合同约定等要求，督促有关责任单位完成处理工作。

验收遗留问题和尾工处理完成后，有关单位应组织验收，并形成验收成果性文件。

项目法人应参加验收并负责将验收成果性文件报竣工验收主持单位。

工程竣工验收后，应由项目法人负责处理的验收遗留问题，项目法人已撤销的，由组建或批准组建项目法人的单位或其指定的单位处理完成。

（4）工程竣工证书颁发

工程质量保修期满后 30 个工作日内，项目法人应向施工单位颁发工程质量保修责任终止证书，但保修责任范围内的质量缺陷未处理完成的除外。

工程质量保修期满以及验收遗留问题和尾工处理完成后，项目法人应向工程竣工验收主持单位申请领取竣工证书。申请报告应包括以下内容：

工程移交情况；

工程运行管理情况；

验收遗留问题和尾工处理情况；

工程质量保修期有关情况。

竣工验收主持单位应自收到项目法人申请报告后 30 个工作日内决定是否颁发工程竣

工证书。

颁发竣工证书应符合以下条件：

竣工验收鉴定书已印发；

工程遗留问题和尾工处理已完成并通过验收；

工程已全面移交运行管理单位管理。

工程竣工证书是项目法人全面完成工程项目建设管理任务的证书，也是工程参建单位完成相应工程建设任务的最终证明文件。

工程竣工证书数量按正本 3 份和副本若干份颁发，正本由项目法人、运行管理单位和档案部门保存，副本由工程主要参建单位保存。

五、水利工程项目质量评定

1.总则

（1）目的

为加强水利水电工程建设质量管理、保证工程施工质量、统一施工质量检验与评定方法，使施工质量检验与评定工作标准化、规范化，特制定《水利水电工程施工质量检验与评定规程》（SL 176—2007）。

（2）使用范围

该规程适用于大、中型水利水电工程及符合下列条件的小型水利水电工程施工质量检验与评定。其他小型工程可参照执行。

坝高 30m 以上的水利枢纽工程；

4 级以上的堤防工程；

总装机 10MW 以上的水电站；

小（Ⅰ）型水闸工程；

4 级堤防工程指防洪标准（重现期）<30 年、≥ 20 年的堤防工程。

小（Ⅰ）型水闸工程按《灌溉与排水工程设计规范》（GB 50288—99）、《堤防工程设计规范》（GB 50286—98）及《水闸设计规范》（SL 265—2001）的规定分类：

①灌溉、排水渠系中的小（Ⅰ）型水闸指过水流量 5~20m/s 的水闸；

②4 级堤防（挡潮堤）工程上的水闸；

③平原地区小（Ⅰ）型水闸工程指最大过闸流量为 20~100m³/s 的水闸枢纽工程。

（3）评定分级

水利水电工程施工质量等级分为"合格""优良"两级。

项目法人（含建设单位、代建机构，下同）、监理单位（含监理机构，下同）、勘测单位、设计单位、施工单位等工程参建单位及工程质量检测单位等，应按国家和行业有关规定，建立健全工程质量管理体系，做好工程建设质量管理工作。

工程建筑物属于契约型商品范畴，其质量的形成与参建各方关系密切。按国家及水利行业有关规定，主要参建方的质量管理体系应符合以下要求：

①项目法人质量检查体系：

项目法人应建立健全质量检查体系；

项目法人应有专职抓工程质量的技术负责人；

有专职质量检查机构及人员；

有一般的质量检测手段，当条件不具备时，应委托有资质的工程质量检测单位为其进行抽检；

建立健全工程质量管理各项规章制度、如总工程师岗位责任制、质量管理分工负责制、技术文件编制、审核、上报制，以及工程质量管理例会制、工程质量月报制、工程质量事故报告制等。

②监理机构质量控制体系：

监理机构应建立健全质量控制体系；

总监理工程师、监理工程师、监理员及其他工作人员的组成（人员素质及数量）应符合合同规定，并满足所承担监理任务的要求。总监、监理工程师及监理员应持证上岗；

建立健全质量管理制度，如岗位责任制、技术文件审核审批制度、原材料和中间产品及工程设备检验制度、工程质量检验制度、质量缺陷备案及检查处理制度、监理例会制、紧急情况报告制度、工作报告制度、工程验收制度等；

工程规模较大时，应按合同规定建立工地试验室，无条件时，可就近委托有资质的检测机构或试验室进行复核检测；

编制工程建设监理规划及单位工程建设监理细则，并在第一次工地会议上向参建各方进行监理工作交底。

③施工单位质量保证体系：

施工单位应建立健全质量保证体系；

项目经理部的组织机构应符合承建项目的要求；

项目经理应持证上岗，技术负责人应具有相应专业技术资质；

现场应设置专职质检机构，其人员（素质及数量）配置符合承建工程需要，质检员应持证上岗；

现场应设置符合要求的试验室，无条件设立工地试验室的，经项目法人同意后，施工单位应就近委托有资质的检测机构或试验室进行自检项目的试验工作；

建立健全质量管理规章制度，如工程质量岗位责任制度、质量管理制度、原材料及中间产品设备质量检验制度、施工质量自检制度、工序及单元工程验收制度、工程质量等级自评制度、质量缺陷检查及处理制度、质量事故及重大质量问题责任追究制度等。

④设计单位服务质量保证体系：

建立设计单位设计质量及现场服务质量保证体系；

大、中型工程设计单位应按合同规定在施工现场设立设计代表机构或派驻设计代表，现场设计人员的资格和专业配备应满足工程需要；

建立健全相关质量保证制度，如设计机构责任制度、设计文件及图纸签发批准制度、单项设计技术交底制度、现场设计通知和设计变更的审核签发制度等。

⑤质量检测机构：

凡接受委托进行质量检测的机构，需经省级以上质量技术监督部门计量认证合格，且在其业务范围内承担检测任务，检测人员必须持证上岗；

水行政主管部门及其委托的工程质量监督机构对水利水电工程施工质量检验与评定工作进行监督；

水利水电工程施工质量检验与评定，除应符合本规程要求外，尚需符合国家及行业现行有关标准的规定。

2. 项目划分

（1）项目名称

水利水电工程质量检验与评定应进行项目划分。项目按级划分为单位工程、分部工程、单元（工序）工程三级。

工程中永久性房屋（管理设施用房）、专用公路、专用铁路等工程项目，可按相关行业标准划分和确定项目名称。

（2）项目划分原则

水利水电工程项目划分应结合工程结构特点、施工部署及施工合同要求进行，划分结果应有利于保证施工质量以及施工质量管理。

①单位工程项目的划分应按下列原则确定：

A. 枢纽工程，一般以每座独立的建筑物为一个单位工程。当工程规模大时，可将一个建筑物中具有独立施工条件的一部分划分为一个单位工程。

B. 堤防工程，按招标标段或工程结构划分单位工程。规模较大的交叉联结建筑物及管理设施以每座独立的建筑物为一个单位工程。

C. 引水（渠道）工程，按招标标段或工程结构划分单位工程。大、中型引水（渠道）建筑物以每座独立的建筑物为一个单位工程。

D. 除险加固工程，按招标标段或加固内容，并结合工程量划分单位工程。

②分部工程项目的划分应按下列原则确定：

A. 枢纽工程，土建部分按设计的主要组成部分划分。金属结构及启闭机安装工程和机电设备安装工程按组合功能划分。

B. 堤防工程，按长度或功能划分。

C. 引水（渠道）工程中的河（渠）道按施工部署或长度划分。大、中型建筑物按工程结构主要组成部分划分。

D. 除险加固工程，按加固内容或部位划分。

同一单位工程中，各个分部工程的工程量（或投资）不宜相差太大，每个单位工程中的分部工程数目，不宜少于5个。

③单元工程项目的划分应按下列原则确定：

A.按《水利水电工程单元工程施工质量验收评定标准》（SL631~637—2012）的规定对工程进行项目划分。

B.河（渠）道开挖、填筑及衬砌单元工程划分界限宜设在变形缝或结构缝处，长度一般不大于100m。同一分部工程中各单元工程的工程量（或投资）不宜相差太大。

C.《水利水电工程单元工程施工质量验收评定标准》中未涉及的单元工程可依据工程结构、施工部署或质量考核要求，按层、块、段进行划分。

（3）项目划分程序

①由项目法人组织监理、设计及施工等单位进行工程项目划分，并确定主要单位工程、主要分部工程、重要隐蔽单元工程和关键部位单元工程。项目法人在主体工程开工前应将项目划分表及说明书报相应工程质量监督机构确认。

②工程质量监督机构收到项目划分书面报告后，应在14个工作日内对项目划分进行确认，并将确认结果书面通知项目法人。

③工程实施过程中，需对单位工程、主要分部工程、重要隐蔽单元工程和关键部位单元工程的项目划分进行调整时，项目法人应重新报送工程质量监督机构确认。

3.施工质量检验

（1）基本规定

①承担工程检测业务的检测机构应具有水行政主管部门颁发的资质证书。其设备和人员的配备应与所承担的任务相适应，有健全的管理制度。关于检测机构的资质和业务管理参见《水利工程质量检测管理规定》。

②工程施工质量检验中使用的计量器具、试验仪器仪表及设备应定期进行检定，并具备有效的检定证书。国家规定需强制检定的计量器具应经县级以上计量行政部门认定的计量检定机构或其授权设置的计量检定机构进行检定。

计量器具是指能用以直接和间接测出被测对象量值的装置、仪器、仪表、量具和用于统一量值的标准物质，包括计量基准、计量标准和工作计量器具。

《中华人民共和国计量法》第九条规定，县级以上人民政府计量行政部门对社会公用计量标准器具，部门和企业、事业单位使用的最高计量标准器具，以及用于贸易结算、安全防护、医疗卫生、环境监测方面的列入强制检定目录的工作计量器具，实行强制检定，如直尺、钢卷尺、温度计、天平、砝码、台秤、压力表等（详见《中华人民共和国强制检定的工作计量器具明细目录》），未按照规定申请检定或者检定不合格的，不得使用。

对非强制性检定的计量器具，按《中华人民共和国计量法实施细则》的规定，使用单位应当制定具体的检定办法和规章制度，自行定期检定或者送其他计量检定机构检定，县级以上人民政府计量行政部门应当进行监督检查。为了保证试验仪器、仪表及设备的试验数据的准确性，同样应按照有关规定进行定期检定。

③检测人员应熟悉检测业务，了解被检测对象性质和所用仪器设备性能，经考核合格后，持证上岗。参与中间产品及混凝土（砂浆）试件质量资料复核的人员应具有工程师以上工程系列技术职称，并从事过相关试验工作。

检测人员主要指从事水利水电工程施工质量检验的项目法人、监理单位、设计单位、质量检测机构的检测人员及施工单位的专职质检人员。检测人员的素质（职业道德及业务水平）直接影响着检测数据的真实性、可靠性，因此，需对检测人员素质提出要求。鉴于进行中间产品资料复核的人员应具有较高的技术水平和较丰富的实践经验，因此规定应具有工程师及以上工程系列技术职称，并从事过相关试验工作。

④工程质量检验项目和数量应符合《水利水电工程单元工程施工质量验收评定标准》的规定。

⑤工程质量检验方法，应符合《水利水电工程单元工程施工质量验收评定标准》和国家及行业现行技术标准的有关规定。

⑥工程质量检验数据应真实可靠，检验记录及签证应完整齐全。

⑦工程项目中如遇《水利水电工程单元工程施工质量验收评定标准》中尚未涉及的项目质量评定标准时，其质量标准及评定表格，由项目法人组织监理、设计及施工单位按水利部有关规定进行编制和报批。

本条为新增条款。对《水利水电工程单元工程施工质量验收评定标准》中未涉及的单元工程进行项目划分的同时，项目法人应组织监理、设计和施工单位，根据未涉及的单元工程的技术要求（如新技术、新工艺的技术规范、设计要求和设备生产厂商的技术说明书等）制定施工、安装的质量评定标准，并按照水利部颁发的《水利水电工程施工质量评定表》的统一格式（表头、表身、表尾）制定相应的质量评定表格。按水利部办建管〔2002〕182号文规定，上述单元工程的质量评定标准和表格，地方项目需经省级水行政主管部门或其委托的工程质量监督机构批准；流域机构主管的中央项目需经流域机构或其委托的水利部水利工程质量监督总站流域分站批准，并报水利部水利工程质量监督总站备案；部直管工程需经水利部水利工程质量监督总站批准。

⑧工程中永久性房屋、专用公路、专用铁路等项目的施工质量检验与评定可按相应行业标准执行。

本条为新增条款。水利水电工程种类繁多、内容丰富，工程项目所涉及的有房屋建筑、交通、铁路、通信等行业方面的建筑物。其设计、施工标准及质量检验标准也有别于水利工程。为保证工程施工质量，应依据这些行业有关的质量检验评定标准执行。

⑨项目法人、监理、设计、施工和工程质量监督等单位根据工程建设需要，可委托具有相应资质等级的水利工程质量检测单位进行工程质量检测。施工单位自检性质的委托检测项目及数量，应按《水利水电工程单元工程施工质量验收评定标准》及施工合同约定执行。对已建工程质量有重大分歧时，应由项目法人委托第三方具有相应资质等级的质量检测单位进行检测，检测数量视需要确定，检测费用由责任方承担。

本条为新增条款。推行第三方检测是确保质量检测工作的科学性、准确性和公正性，根据《水利工程质量检测管理规定》有关内容，做出本条规定。

⑩堤防工程竣工验收前，项目法人应委托具有相应资质等级的质量检测单位进行抽样检测，工程质量抽检项目和数量由工程质量监督机构确定。

凡抽检不合格的工程，必须按有关规定进行处理，不得进行验收。处理完毕后，由项目法人提交处理报告连同质量检测报告一并提交竣工验收委员会。

⑪对涉及工程结构安全的试块、试件及有关材料，应实行见证取样。见证取样资料由施工单位制备，记录应真实齐全，参与见证取样人员应在相关文件上签字。

本条为新增条款，是按照《建设工程质量管理条例》第三十一条的规定编写，见证取样送检的试样由项目法人确定有相应资质的质量检测单位进行检验。

⑫工程中出现检验不合格的项目时，应按以下规定进行处理：

原材料、中间产品一次抽样检验不合格时，应及时对同一取样批次另取两倍数量进行检验，如仍不合格，则该批次原材料或中间产品应定为不合格，不得使用。

单元（工序）工程质量不合格时，应按合同要求进行处理或返工重做，并经重新检验且合格后方可进行后续工程施工。

混凝土（砂浆）试件抽样检验不合格时，应委托具有相应资质等级的质量检测单位对相应工程部位进行检验。如仍不合格，应由项目法人组织有关单位进行研究，并提出处理意见。

工程完工后的质量抽检不合格，或其他检验不合格的工程，应按有关规定进行处理，合格后才能进行验收或后续工程施工。

（2）质量检验职责范围

①永久性工程（包括主体工程及附属工程）施工质量检验应符合下列规定：

施工单位应依据工程设计要求、施工技术标准和合同约定，结合《单元工程评定标准》的规定确定检验项目及数量并进行自检，自检过程应有书面记录，同时结合自检情况如实填写水利部颁发的《水利水电工程施工质量评定表》（办建管〔2002〕182号）。

监理单位应根据《水利水电工程单元工程施工质量验收评定标准》和抽样检测结果复核工程质量。其平行检测和跟踪检测的数量按《水利工程建设项目施工监理规范》（SL 288—2003）（以下简称《监理规范》）或合同约定执行。

项目法人应对施工单位自检和监理单位抽检过程进行督促检查，对报工程质量监督机构核备、核定的工程质量等级进行认定。

工程质量监督机构应对项目法人、监理、勘测、设计、施工单位以及工程其他参建单位的质量行为和工程实物质量进行监督检查。检查结果应按有关规定及时公布，并书面通知有关单位。

永久性工程施工质量检验是工程质量检验的主体与重点，施工单位必须按照《单元工程评定标准》进行全面检验并将实测结果如实填写在《水利水电工程施工质量评定表》中。

施工单位应坚持三检制。一般情况下，由班组自检、施工队复检、项目经理部专职质检机构终检。

跟踪检测指在承包人进行试样检测前，监理机构对其检测人员、仪器设备以及拟订的检测程序和方法进行审核；在承包人对试样进行检测时，实施全过程的监督，确认其程序、方法的有效性以及检测结果的可信性，并对该结果进行确认。跟踪检测的检测数量，混凝土试样不应少于承包人检测数量的7%，土方试样不应少于承包人检测数量的10%。

平行检测指监理机构在承包人对试样自行检测的同时，独立抽样进行的检测，核验承包人的检测结果。平行检测的检测数量，混凝土试样不应少于承包人检测数量的3%，重要部位每种标号的混凝土最少取样1组；土方试样不应少于承包人检测数量的5%；重要部位至少取样3组。

监理机构对工程质量的抽检属于复核性质，其检验数量以能达到核验工程质量为准，以主要检查、检测项目作为复测重点，一般项目也应复测。据调查，紫坪铺水利枢纽工程、尼尔基水利枢纽工程等建设项目，监理机构抽样检测数量均大于施工单位自检数量的10%。同时，监理机构应有独立的抽检资料，主要指原材料、中间产品和混凝土（砂浆）试件的平行检测资料以及对各工序的现场抽检记录。

施工过程中，监理机构应监督施工单位规范填写施工质量评定表。

项目法人对工程施工质量有相应的检查职责，主要是按照合同对施工单位自检和监理机构抽检的过程进行督促检查。

质量监督机构对参建各方的质量体系的建立及其质量行为的监督检查和对工程实物质量的抽查主要有以下几个方面：

对项目法人质量行为的监督检查，主要是对其开展的施工质量管理工作的抽查，监督检查贯穿整个工程建设期间；

对监理单位质量行为的监督检查，主要是对其开展的施工质量控制工作的抽查，重点是对施工现场监理工作的监督检查；

对施工单位质量行为的监督检查，主要是对其施工过程中质量行为的监督检查，重点是质量保证体系落实情况、主要工序、主要检查检测项目、重要隐蔽工程和工程关键部位等施工质量的抽查；

对设计单位质量行为的监督检查，主要是对其服务保证体系的落实情况及设计的现场服务工作进行监督检查；

对其他参建单位质量行为的监督检查，主要是对其参建资质和质量体系的建立健全情况、关键岗位人员的持证上岗情况和质量检验资料的真实完整性进行抽查；

对工程实物质量的监督检查包括原材料、中间产品及工程实体质量的监督检查，视具体情况，委托有资质的水利行业质量检测单位进行随机抽检和定向质量检查工作。

②临时工程质量检验及评定标准，应由项目法人组织监理、设计及施工等单位根据工程特点，参照《水利水电工程单元工程施工质量验收评定标准》和其他相关标准确定，并

报相应的工程质量监督机构核备。

临时工程（如围堰、导流隧洞、导流明渠等）质量直接影响着主体工程质量、进度与投资，应予以重视，不同工程对临时工程质量要求也不同，故无法做统一规定，因此，条文规定由项目法人、监理、设计及施工单位根据工程特点，参照《水利水电工程单元工程施工质量验收评定标准》的要求研究决定，并报相应的工程质量监督机构核备，同时，也应按照本章有关规定对其进行质量检验和评定。

（3）质量检验内容

①质量检验包括施工准备检查，原材料与中间产品质量检验，水工金属结构、启闭机及机电产品质量检查，单元（工序）工程质量检验，质量事故检查和质量缺陷备案，工程外观质量检验等。

水工金属结构产品指由有生产许可证的工厂（或工地加工厂）制造的压力钢管、拦污栅、闸门等；"机电产品"指由厂家生产的水轮发电机组及其辅助设备、电气设备、变电设备等。

②主体工程开工前，施工单位应组织人员进行施工准备检查，并经项目法人或监理单位确认合格且履行相关手续后，才能进行主体工程施工。

施工准备检查的主要内容有以下几个方面：

A. 质量保证体系落实情况，主要管理和技术人员的数量及资格是否与施工合同文件一致，规章制度的制定及关键岗位施工人员到位情况；

B. 进场施工设备的数量和规格、性能是否符合施工合同要求；

C. 进场原材料、构配件的质量、规格、性能是否符合有关技术标准和合同技术条款的要求，原材料的储存量是否满足工程开工后的需求；

D. 工地试验室的建立情况是否满足工程开工后的需要；

E. 测量基准点的复核和施工测量控制网的布设情况；

F. 砂石料系统、混凝土拌和系统以及场内道路、供水、供电、供风、供油及其他施工辅助设施的准备情况；

G. 附属工程及大型临时设施，防冻、降温措施，养护、保护措施，防自然灾害预案等准备情况；

H. 是否制订了完善的施工安全、环境保护措施计划；

I. 施工组织设计的编制和要求进行的施工工艺参数试验结果是否经过监理单位的确认；

J. 施工图及技术交底工作进行情况；

K. 其他施工准备工作。

与原规程相应条文比较，主要是增加了履行相关手续的要求。实际操作中，一般是施工准备的各项工作应经项目法人和监理机构现场确认，由监理机构根据确认情况签发开工许可证。

③施工单位应按《水利水电工程单元工程施工质量验收评定标准》及有关技术标准对

水泥、钢材等原材料与中间产品质量进行检验，并报监理单位复核。不合格产品，不得使用。

本条是强制性条文。与原规程相比，主要是增加了监理复核的规定，这也是《监理规范》所要求的。

④水工金属结构、启闭机及机电产品进场后，有关单位应按有关合同进行交货检查和验收。安装前，施工单位应检查产品是否有出厂合格证、设备安装说明书及有关技术文件，对在运输和存放过程中发生的变形、受潮、损坏等问题应做好记录，并妥善处理。无出厂合格证或不符合质量标准的产品不得用于工程中。

本条是强制性条文，与原规程相比，主要是增加了进场后交货验收的规定。

水工金属结构、启闭机及机电产品的质量状况直接影响着安装后的工程质量是否合格，因此，上述产品进场后应进行交货验收。条文中列出了交货验收的主要内容及质量要求。交货验收办法应按有关合同条款进行。

⑤施工单位应按《水利水电工程单元工程施工质量验收评定标准》检验工序及单元工程质量，做好书面记录，在自检合格后，填写《水利水电工程施工质量评定表》报监理单位复核。监理单位根据抽检资料核定单元（工序）工程质量等级。发现不合格单元（工序）工程，应要求施工单位及时进行处理，合格后才能进行后续工程施工。

对施工中的质量缺陷应书面记录备案，进行必要的统计分析，并在相应单元（工序）工程质量评定表"评定意见"栏内注明。

本条是强制性条文。原规程中，发现不合格单元（工序）工程，规定按设计要求及时进行处理。本次修订删去"按设计要求"，是由于如果不合格的原因是施工单位未按照施工技术标准或合同要求施工的，应按相应施工技术标准或合同要求进行返工等处理。

⑥施工单位应及时将原材料、中间产品及单元（工序）工程质量检验结果报监理单位复核，并按月将施工质量情况报监理单位，由监理单位汇总分析后报项目法人和工程质量监督机构。

⑦单位工程完工后，项目法人应组织监理、设计、施工及工程运行管理等单位组成工程外观质量评定组，现场进行工程外观质量检验评定，并将评定结论报工程质量监督机构核定。参加工程外观质量评定的人员应具有工程师以上技术职称或相应执业资格。评定组人数应不少于5人，大型工程不宜少于7人。

工程外观质量是水利水电工程质量的重要组成部分，在单位工程完工后，应进行外观质量检验与评定，由项目法人组织外观质量检验所需仪器、工具和测量人员等实施，并主持外观质量检验评定工作。本规定规定了参加外观质量评定组的单位及最少人数，目的是保证外观质量检验评定结论的公正客观。外观质量检验评定的项目、评定标准、评定办法及评定结果由项目法人及时报送工程质量监督机构进行核定。

（4）质量事故检查和质量缺陷备案检查

与原规程条文相比，主要是在《水利工程质量事故处理暂行规定》（水利部令第9号）出台后，明确事故分类及相应的处理原则。另外，增加了质量缺陷备案检查的相关规定。

①根据《水利工程质量事故处理暂行规定》，水利水电工程质量事故分为一般质量事故、较大质量事故、重大质量事故和特大质量事故四类。

②质量事故发生后，有关单位应按"三不放过"原则，调查事故原因、研究处理措施、查明事故责任者，并根据《水利工程质量事故处理暂行规定》做好事故处理工作。

"三不放过"原则是指事故原因不查清不放过，主要事故责任者和职工未受到教育不放过，补救和防范措施不落实不放过。

按照《水利工程质量事故处理暂行规定》的要求，质量事故发生后，事故单位要严格保护现场，采取有效措施抢救人员和财产，防止事故扩大。项目法人应及时按照管理权限向上级主管部门报告。

质量事故的调查应按照管理权限组织调查组进行调查，查明事故原因，提出处理意见，提交事故调查报告。

一般质量事故由项目法人组织设计、施工、监理等单位进行调查，调查结果报项目主管部门核备。

较大质量事故由项目主管部门组织调查组进行调查，调查结果报上级主管部门批准并报省级水行政主管部门核备。

重大质量事故由省级以上水行政主管部门组织调查组进行调查，调查结果报水利部核备。

特大质量事故由水利部组织调查。

质量事故的处理按以下规定执行：

A. 一般质量事故由项目法人负责组织有关单位制订处理方案并实施，报上级主管部门备案。

B. 较大质量事故由项目法人负责组织有关单位制订处理方案，经上级主管部门审定后实施，报省级水行政主管部门或流域机构备案。

C. 重大质量事故由项目法人负责组织有关单位提出处理方案，征得事故调查组意见后，报省级水行政主管部门或流域机构审定后实施。

D. 特大质量事故由项目法人负责组织有关单位提出处理方案，征得事故调查组意见后，报省级水行政主管部门或流域机构审定后实施，并报水利部备案。

事故处理需要进行设计变更的，需原设计单位或有资质的单位提出设计变更方案。需要进行重大设计变更的，必须经原设计审批部门审定后实施。

③在施工过程中，由于特殊原因导致工程个别部位或局部发生达不到技术标准和设计要求（但不影响使用），且未能及时进行处理的工程质量缺陷问题（质量评定仍定为合格），应以工程质量缺陷备案形式进行记录备案。

④质量缺陷备案表由监理单位组织填写，内容应真实、准确、完整。各工程参建单位代表应在质量缺陷备案表上签字，若有不同意见应明确记载。质量缺陷备案表应及时报工程质量监督机构备案。质量缺陷备案资料按竣工验收的标准制备。工程竣工验收时，项目

法人应向竣工验收委员会汇报并提交历次质量缺陷备案资料。

工程质量缺陷的备案是按水利部水建管〔2001〕74号文《印发关于贯彻落实加强公益性水利工程建设管理若干意见的实施意见的通知》中的相关规定编写。

⑤工程质量事故处理后，应由项目法人委托具有相应资质等级的工程质量检测单位检测后，按照处理方案确定的质量标准，重新进行工程质量评定。

质量事故处理完成后的检验、评定和验收，对保证质量事故发生部位在今后能按设计工况正常运行十分重要，按照《水利工程质量事故处理暂行规定》的要求，质量事故处理情况应按照管理权限经过质量评定与验收，方可投入使用或进入下一阶段施工。为保证处理质量，规定由项目法人委托有相应资质的质量检测机构进行检验。

4.施工质量评定

本章修订变动较大，主要是质量等级上的规定，明确优良标准为创优而设置，不做验收标准，并另设一节编写条文。

（1）合格标准

①合格标准是工程验收标准。不合格工程必须进行处理且达到合格标准后，才能进行后续工程的施工或验收。水利水电工程施工质量等级评定的主要依据如下：

国家及相关行业技术标准；

《单元工程评定标准》；

经批准的设计文件、施工图纸、金属结构设计图样与技术条件、设计修改通知书厂家提供的设备安装说明书及有关技术文件；

工程承发包合同中约定的技术标准；

工程施工期及试运行期的试验和观测分析成果；

评定依据增加施工期的试验和观测分析成果；

技术标准、设计文件、图纸、质检资料、合同文件等是工程施工质量评定的依据。试运行期的观测资料可综合反映工程建设质量，是评定工程施工质量的重要依据。

②单元（工序）工程施工质量合格标准应按照《单元工程评定标准》或合同约定的合格标准执行。当达不到合格标准时，应及时处理。处理后的质量等级应按下列规定重新确定：

全部返工重做的，可重新评定质量等级。

经加固补强并经设计和监理单位鉴定能达到设计要求时，其质量评为合格。

处理后的工程部分质量指标仍达不到设计要求时，经设计复核，项目法人及监理单位确认能满足安全和使用功能要求，可不再进行处理；或经加固补强后，改变了外形尺寸或造成工程永久性缺陷的，经项目法人、监理及设计单位确认能基本满足设计要求，其质量可定为合格，但应按规定进行质量缺陷备案。

明确原规程第2款由谁进行鉴定，是由设计和监理单位进行鉴定。另外，与原规程相比，增加了质量缺陷备案的规定。

条文中"处理后部分质量指标达不到设计要求"指单元工程中不影响工程结构安全和

使用功能的一般项目质量未达到设计要求。

③分部工程施工质量同时满足下列标准时，其质量评为合格：

所含单元工程的质量全部合格。质量事故及质量缺陷已按要求处理，并经检验原材料、中间产品及混凝土（砂浆）试件质量全部合格，金属结构及启闭机制造质量合格，机电产品质量合格。

④单位工程施工质量同时满足下列标准时，其质量评为合格：

所含分部工程质量全部合格；

质量事故已按要求进行处理；

工程外观质量得分率达到 70% 以上；

单位工程施工质量检验与评定资料基本齐全；

工程施工期及试运行期，单位工程观测资料分析结果符合国家和行业技术标准以及合同约定的标准要求。

外观质量得分率 = 实际得分 / 应该得分 × 100%（小数点后保留一位）。

条文中"外观质量得分率达到 70% 以上"含外观质量得分率 70%。

施工质量检验与评定资料基本齐全是指单位工程的质量检验与评定资料的类别或数量不够完善，但已有资料仍能反映其结构安全和使用功能符合实际要求者。对达不到"基本齐全"要求的单位工程，尚不具备单位工程质量合格等级的条件。

⑤工程项目施工质量同时满足下列标准时，其质量评为合格：

单位工程质量全部合格；

工程施工期及试运行期，各单位工程观测资料分析结果均符合国家和行业技术标准以及合同约定的标准要求。

（2）优良标准

①优良等级是为工程项目质量创优而设置。

其评定标准为推荐性标准，是为鼓励工程项目质量创优或执行合同约定而设置。

②单元工程施工质量优良标准应按照《单元工程评定标准》以及合同约定的优良标准执行。全部返工重做的单元工程，经检验达到优良标准时，可评为优良等级。

③分部工程施工质量同时满足下列标准时，其质量评为优良：

所含单元工程质量全部合格，其中 70% 以上达到优良等级，重要隐蔽单元工程和关键部位单元工程质量优良率达 90% 以上，且未发生过质量事故。

中间产品质量全部合格，混凝土（砂浆）试件质量达到优良等级（当试件组数小于30时，试件质量合格）。原材料质量、金属结构及启闭机制造质量合格，机电产品质量合格。

在原条文基础上做了如下修改：

A. 明确了主要分部工程的优良标准与一般分部工程优良标准相同；

B. 将单元工程优良率由 50% 以上改为 70% 以上，重要隐蔽单元工程和关键部位单元工程优良率由全部优良改为优良率达 90% 以上；

C.将混凝土拌和质量优良改为混凝土试块质量优良。当n<30时，试块质量合格，同时又满足第1款优良标准时，分部工程施工质量评定为优良。

条文中的"50%以上""70%以上""90%以上"含50%、70%、90%（以下条文相同）。

④单位工程施工质量同时满足下列标准时，其质量评为优良：

所含分部工程质量全部合格，其中70%以上达到优良等级，主要分部工程质量全部优良，且施工中未发生过较大质量事故。

质量事故已按要求进行处理。

外观质量得分率达到85%以上。

单位工程施工质量检验与评定资料齐全。

工程施工期及试运行期，单位工程观测资料分析结果符合国家和行业技术标准以及合同约定的标准要求。

⑤工程项目施工质量同时满足下列标准时，其质量评为优良：

单位工程质量全部合格，其中70%以上单位工程质量达到优良等级，且主要单位工程质量全部优良。

工程施工期及试运行期，各单位工程观测资料分析结果均符合国家和行业技术标准以及合同约定的标准要求。

在原条文基础上将单位工程优良率由50%以上改为70%以上，并增加了工程施工期及试运行期各单位工程观测资料分析结果均符合国家和行业技术标准以及合同约定的标准要求的条款。

（3）质量评定工作的组织与管理。

①单元（工序）工程质量在施工单位自评合格后，由监理单位复核，监理工程师核定质量等级并签证认可。

按照《建设工程质量管理条例》和《水利工程质量管理规定》，施工质量由承建该工程的施工单位负责，因此规定单元工程质量由施工单位质检部门组织评定、监理单位复核，具体做法如下：单元（工序）工程在施工单位自检合格填写《水利水电工程施工质量评定表》终检人员签字后，由监理工程师复核评定。

②重要隐蔽单元工程及关键部位单元工程质量经施工单位自评合格、监理单位抽检后，由项目法人（或委托监理）、监理、设计、施工、工程运行管理（施工阶段已经有时）等单位组成联合小组，共同检查核定其质量等级并填写签证表，报工程质量监督机构核备。

③分部工程质量，在施工单位自评合格后，由监理单位复核、项目法人认定。分部工程验收的质量结论由项目法人报工程质量监督机构核备。大型枢纽工程主要建筑物的分部工程验收的质量结论由项目法人报工程质量监督机构核定。

分部工程施工质量评定增加了项目法人认定的规定。一般分部工程由施工单位质检部门按照分部工程质量评定标准自评，填写分部工程质量评定表，监理单位复核后交项目法人认定。

分部工程验收后,由项目法人将验收质量结论报工程质量监督机构核备。核备的主要内容如下:检查分部工程质量检验资料的真实性及其等级评定是否准确,如发现问题,应及时通知监理单位重新复核。

大型枢纽主要建筑物的分部工程验收的质量结论,需报工程质量监督机构核定。

④单位工程质量,在施工单位自评合格后,由监理单位复核、项目法人认定。单位工程验收的质量结论由项目法人报工程质量监督机构核定。

单位工程施工质量评定增加了项目法人认定的规定。即施工单位质检部门按照单位工程质量评定标准自评,并填写单位工程质量评定表,监理单位复核,项目法人认定。单位工程验收的质量结论由项目法人报工程质量监督机构核定。

⑤工程项目质量,在单位工程质量评定合格后,由监理单位进行统计并评定工程项目质量等级,经项目法人认定后,报工程质量监督机构核定。

工程项目施工质量评定,本条修改较多,增加了工程项目质量评定的条件、监理单位和项目法人的责任。工程项目质量评定表由监理单位填写。

⑥阶段验收前,工程质量监督机构应提交工程质量评价意见。

本条为新增条款。阶段验收时,工程项目一般没有全部完成,验收范围内的工程有时构不成完整的分部工程或单位工程。

⑦工程质量监督机构应按有关规定在工程竣工验收前提交工程质量监督报告,工程质量监督报告应有工程质量是否合格的明确结论。

六、竣工决算

竣工决算是反映建设项目实际工程造价的技术经济文件,应包括建设项目的投资使用情况和投资效果,以及项目从筹建到竣工验收的全部费用,即建筑工程费、安装工程费、设备费、临时工程费、独立费用、预备费、建设期融资利息和水库淹没处理补偿费及水保、环保费用等。

竣工决算是竣工验收报告的重要组成部分。竣工决算的主要作用包括总结竣工项目设计概算和实际造价的情况、考核水利投资效益,经审定的竣工决算是正确核定新增资产价值、资产移交和投资核销的依据。

竣工决算的时间是项目建设的全过程,包括从筹建到竣工验收的全部时间,其范围是整个建设项目,包括主体工程、附属工程以及建设项目前期费用和相关的全部费用。

竣工决算应由项目法人(或建设单位)编制,项目法人应组织财务、计划、统计、工程技术和合同管理等专业人员,组成专门机构共同完成此项工作。设计、监理、施工等单位应积极配合,向项目法人提供有关资料。

项目法人一般应在项目完建后规定的期限内完成竣工决算的编制工作,大中型项目的规定期限为3个月,小型项目的规定期限为1个月。竣工决算是建设项目重要的经济档案,内容和数据必须真实、可靠，项目法人应对竣工决算的真实性、完整性负责。

编制完成的竣工决算必须按国家《会计档案管理办法》要求整理归档，永久保存。

2000年7月15日《国务院批转国家计委、财政部、水利部、住房和城乡建设部关于加强公益性水利工程建设管理若干意见的通知》（国发〔2000〕20号）文件规定"项目法人要按照财政部关于基本建设财务管理的规定提出工程竣工财务决算报告"。

竣工决算报告依据水利部颁发的《水利基本建设项目竣工财务决算编制规程》（SL19—2008）执行，该规程要求所有水利基本建设竣工项目，不论投资来源、投资主体、规模大小，不论工程项目还是非工程项目，或是利用外资的水利项目，只要列入国家基本建设投资计划都应按这一新规程编制竣工决算。

（一）竣工决算编制的依据

1. 国家有关法律、法规等有关规定。

2. 经批准的设计文件。

3. 主管部门下达的年度投资计划，基本建设支出预算。

4. 经批复的年度财务决算。

5. 项目合同（协议）。

6. 会计核算及财务管理资料。

7. 其他有关项目管理文件。

（二）竣工决算的编制要求

1. 建设项目应按《水利基本建设项目竣工财务决算编制规程》（SL19—2001）规定的内容、格式编制竣工财务决算。非工程类项目可根据项目实际情况和有关规定适当简化。

2. 项目法人应从项目筹建起，指定专人负责竣工财务决算的编制工作，并应明确财务、计划、工程技术等部门的相应职责。

竣工财务决算的编制人员应保持相对稳定。

3. 竣工财务决算应区分大中、小型项目，应按项目规模分别编制。建设项目包括两个或两个以上独立概算的单项工程的，单项工程竣工时，可编制单项工程竣工财务决算。建设项目全部竣工后，应编制该项目的竣工财务总决算。

建设项目是大中型项目而单项工程是小型项目的，应按大中型项目的编制要求编制单项工程竣工财务决算。

4. 未完工程投资及预留费用可预计纳入竣工财务决算。大中型项目应控制在总概算的3%以内，小型项目应控制在5%以内。

（三）竣工决算的编制内容

竣工财务决算应包括封面及目录、竣工工程的平面示意图及主体工程照片、竣工决算说明书及竣工财务决算报表四部分。

1. 竣工决算说明书

竣工决算说明书是竣工决算的重要文件，是反映竣工项目建设过程、建设成果的书面文件，其主要内容包括以下几个方面：

（1）项目基本情况：主要包括项目建设历史沿革、原因、依据、项目设计、建设过程以及"三项制度"（项目法人责任制、招标投标制、建设监理制）的实施情况。

（2）基本建设支出预算、投资计划和资金到位情况。

（3）概（预）算执行情况。

（4）招（投）标及政府采购情况。

（5）合同（协议）履行情况。

（6）征地补偿和移民安置情况。

（7）预备费动用情况。

（8）未完工程投资及预留费用情况。

（9）财务管理情况。

（10）其他需说明的事项。

（11）报表说明。

2. 竣工决算报表

竣工决算报表应包括8个报表，具体如下：

（1）水利基本建设竣工项目概况表，反映竣工项目主要特性、建设过程和建设成果等基本情况。

（2）水利基本建设项目竣工财务决算表，反映竣工项目的财务收支状况。

（3）水利基本建设竣工项目投资分析表，反映竣工项目建设概（预）算执行情况。

（4）水利基本建设竣工项目未完工程及投资预留费用表，反映预计纳入竣工财务决算的未完工程投资及预留费用的明细情况。

（5）水利基本建设竣工项目成本表，反映竣工项目建设成本构成情况。

（6）水利基本建设竣工项目交付使用资产表，反映竣工项目向不同资产接收单位交付使用资产情况。

（7）水利基本建设竣工项目待核销基建支出表，反映竣工项目发生的待核销基建支出明细情况。

（8）水利基本建设竣工项目转出投资表，反映竣工项目发生的转出投资明细情况。

（四）竣工决算的编制方法

竣工决算的编制拟分三个阶段进行：

1. 准备阶段

建设项目完成后，项目法人必须着手验收项目竣工决算工作，进入验收项目竣工决算准备阶段。这一阶段的重点是做好各项基础工作，主要内容如下：

（1）资金、计划的核实、核对工作。

（2）财产物资、已完工程的清查工作。

（3）合同清理工作。

（4）价款结算、债权债务、包干节余及竣工结余资金的分配等清理工作。

（5）竣工年财务决算的编制工作。

（6）有关资料的收集、整理工作。

2. 编制阶段

各项基础资料收集整理后，即进入编制阶段。该阶段的重点工作是三个方面：一是工程造价的比较分析；二是正确分摊待摊费用；三是合理分摊建设成本。

（1）工程造价的比较分析。

经批准的概（预）算是考核实际建设工程造价的依据，在分析时，可将决算报表中所提供的实际数据和相关资料与批准的概（预）算指标进行对比，以反映竣工项目总造价和单位工程造价是节约还是超支，并找出节约或超支的具体内容和原因，总结经验，吸取教训，以利改进。

（2）正确分摊待摊费用。

对能够确定由某项资产负担的待摊费用，直接计入该资产成本；不能确定负担对象的待摊费用，应根据项目特点采用合理的方法分摊计入受益的各项资产成本。目前常用的方法有两种：按概算额的比例分摊、按实际数的比例分摊。

（3）合理分摊项目建设成本。

一般水利工程均同时具有防洪、发电、灌溉、供水等多种效益，因此，应根据项目实际，合理分摊建设成本，分摊的方法有三种：

①采用受益项目效益比例进行分摊；

②采用占用水量进行分摊；

③采用剩余效益进行分摊。

3. 总结汇编阶段

在竣工决算说明书撰写及九个报表填写后，即可汇编，加上目录及附图，装订成册，即成为建设项目竣工决算，上报主管部门及验收委员会审批。

（五）竣工决算审计

依据 2002 年 8 月 30 日水利部关于印发的《水利基本建设项目竣工决算审计暂行办法》（水监〔2002〕370 号）通知，建设项目在验收前应进行竣工决算审计工作。

第四节　工程质量事故的处理

一、工程质量事故分类

（一）工程质量事故的概念

1. 质量不合格

我国 GB/T 19000—2000 质量管理体系标准规定，凡工程产品没有满足某个规定的要求，就称之为质量不合格；而没有满足某个预期使用要求或合理的期望（包括安全性方面）要求，称为质量缺陷。

2. 质量问题

凡是工程质量不合格，必须进行返修、加固或报废处理，由此造成直接经济损失低于5000 元的称为质量问题。

3. 质量事故

凡是工程质量不合格，必须进行返修、加固或报废处理，由此造成直接经济损失在5000 元（含 5000 元）以上的称为质量事故。

（二）工程质量事故的分类

由于工程质量事故具有复杂性、严重性、可变性和多发性的特点，所以建设工程质量事故的分类有多种方法，但一般可按以下条件进行分类。

1. 按事故造成损失严重程度划分

（1）一般质量事故指经济损失在 5000 元（含 5000 元）以上，不满 5 万元的；影响使用功能或工程结构安全，造成永久质量缺陷的。

（2）严重质量事故指直接经济损失在 5 万元（含 5 万元）以上，不满 10 万元的；严重影响使用功能或工程结构安全，存在重大质量隐患的；或事故性质恶劣或造成 2 人以下重伤的。

（3）重大质量事故指工程倒塌或报废；由于质量事故，造成人员死亡或重伤 3 人以上；或直接经济损失达 10 万元以上的。

（4）凡具备国务院发布的《特别重大事故调查程序暂行规定》所列发生一次死亡 30 人及其以上，或直接经济损失达 500 万元及其以上，或其他性质特别严重的情况之一均属特别重大事故。

2. 按事故责任分类

（1）指导责任事故指由于工程实施指导或领导失误而造成的质量事故。例如，由于工程负责人片面追求施工进度，放松或不按质量标准进行控制和检验，降低施工质量标准等。

（2）操作责任事故指在施工过程中，由于实施操作者不按规程和标准实施操作，而造成的质量事故。例如，浇筑混凝土时随意加水，或振捣疏漏造成混凝土质量事故等。

3.按质量事故产生的原因分类

（1）技术原因引发的质量事故是指在工程项目实施中由于设计、施工在技术上的失误而造成的质量事故。例如，结构设计计算错误、地质情况估计错误、采用了不适宜的施工方法或施工工艺等。

（2）管理原因引发的质量事故指管理上的不完善或失误引发的质量事故。例如，施工单位或监理单位的质量体系不完善，检验制度不严密，质量控制不严格，质量管理措施落实不力，检测仪器设备管理不善而失准，材料检验不严等原因引起的质量事故。

（3）社会、经济原因引发的质量事故是指由于经济因素及社会上存在的弊端和不正之风引起建设中的错误行为，而导致出现质量事故。例如，某些施工企业盲目追求利润而不顾工程质量；在投标报价中随意压低标价，中标后则依靠违法的手段或修改方案追加工程款或偷工减料等，这些因素往往会导致出现重大工程质量事故，必须予以重视。

二、施工质量事故处理方法

（一）施工质量事故处理的依据

1.质量事故的实况资料

质量事故的实况资料包括质量事故发生的时间、地点，质量事故状况的描述，质量事故发展变化的情况，有关质量事故的观测记录，事故现场状态的照片或录像，事故调查组调查研究所获得的第一手资料。

2.有关合同及合同文件

有关合同及合同文件包括工程承包合同、设计委托合同、设备与器材购销合同、监理合同及分包合同等。

3.有关的技术文件和档案

有关的技术文件和档案主要是有关的设计文件（如施工图纸和技术说明），与施工有关的技术文件、档案和资料（如施工方案、施工计划、施工记录、施工日志、有关建筑材料的质量证明资料、现场制备材料的质量证明资料，以及质量事故发生后对事故状况的观测记录、试验记录或试验报告等）。

（二）施工质量事故的处理程序

1.事故调查

事故发生后，施工项目负责人应按规定的时间和程序，及时向企业报告事故的状况，积极组织事故调查。事故调查应力求及时、客观、全面，以便为事故的分析与处理提供正确的依据。调查结果要整理撰写成事故调查报告，其主要内容如下：工程概况，事故情况，事故发生后所采取的临时防护措施，事故调查中的有关数据、资料，事故原因分析与初步判断，事故处理的建议方案与措施，事故涉及人员与主要责任者的情况等。

2. 事故的原因分析

要建立在事故情况调查的基础上，避免情况不明就主观推断事故的原因。特别是对涉及勘察、设计、施工、材料和管理等方面的质量事故，往往事故的原因错综复杂，因此必须对调查所得到的数据、资料仔细分析，去伪存真，找出造成事故的主要原因。

3. 制订事故处理的方案

事故的处理要建立在原因分析的基础上，并广泛地听取专家及有关方面的意见，经科学论证，决定事故是否进行处理和怎样处理。在制订事故处理方案时，应做到安全可靠、技术可行、不留隐患、经济合理、具有可操作性，满足建筑功能和使用要求。

4. 事故处理

根据制订的质量事故处理的方案，对质量事故进行认真的处理。处理的内容主要包括：事故的技术处理，以解决施工质量不合格和缺陷问题；事故的责任处罚，根据事故的性质、损失大小、情节轻重对事故的责任单位和责任人做出相应的行政处分直至追究刑事责任。

5. 事故处理的鉴定验收

质量事故的处理是否达到预期的目的，是否依然存在隐患，应当通过检查鉴定和验收做出确认。事故处理的质量检查鉴定，应严格按施工验收规范和相关的质量标准的规定进行，必要时还应通过实际量测、试验和仪器检测等方法获取必要的数据，以便准确地对事故处理的结果做出鉴定。事故处理后，必须尽快提交完整的事故处理报告，其内容包括：事故调查的原始资料，测试的数据，事故原因分析、论证，事故处理的依据，事故处理的方案及技术措施，实施质量处理中有关的数据、记录、资料、检查验收记录，事故处理的结论等。

（三）施工质量事故处理的基本要求

1. 质量事故的处理应达到安全可靠、不留隐患、满足生产和使用要求、施工方便、经济合理的目的。

2. 重视消除造成事故的原因，注意综合治理。

3. 正确确定处理的范围和正确选择处理的时间和方法。

4. 加强事故处理的检查验收工作，认真复查事故处理的实际情况。

5. 确保事故处理期间的安全。

（四）施工质量事故处理的基本方法

1. 修补处理

当工程的某些部分的质量虽未达到规定的规范、标准或设计的要求，存在一定的缺陷，但经过修补后可以达到要求的质量标准，又不影响使用功能或外观的要求，可采取修补处理的方法。例如，该部位经修补处理后，某些混凝土结构表面出现蜂窝、麻面，经调查分析，不会影响其使用及外观；对混凝土结构局部出现的损伤，如结构受撞击、局部未振实、冻害、火灾、酸类腐蚀、碱骨料反应等，如果这些损伤仅仅在结构的表面或局部，不影响其使用和外观，也可采取修补处理。再比如对混凝土结构出现的裂缝，经分析研究后如果不影响结构的安全和使用，可进行修补处理。例如，当裂缝宽度不大于 0.2 mm 时，可采用表面密封法；当裂缝宽度大于 0.3 mm 时，采用嵌缝密闭法；当裂缝较深时，则应采用灌浆修补的方法。

2. 加固处理

加固处理主要是针对危及承载力的质量缺陷的处理。通过对缺陷的加固处理，使建筑结构恢复或提高承载力，重新满足结构安全性、可靠性的要求，使结构能继续使用或改作其他用途。例如，对混凝土结构常用加固的方法主要有增大截面加固法、外包角钢加固法、粘钢加固法、增设支点加固法、增设剪力墙加固法、预应力加固法等。

3. 返工处理

当工程质量缺陷经过修补处理后仍不能满足规定的质量标准要求，或不具备补救可能性则必须采取返工处理。例如，某防洪堤坝填筑压实后，其压实土的干密度未达到规定值，经核算将影响土体的稳定且不满足抗渗能力的要求，需挖除不合格土，重新填筑，进行返工处理；某公路桥梁工程预应力按规定张拉系数为 1.3，而实际仅为 0.8，属严重的质量缺陷，也无法修补，只能返工处理。再比如某工厂设备基础的混凝土浇筑时掺入木质素磺酸钙减水剂，因施工管理不善，掺量多于规定 7 倍，导致混凝土坍落度大于 180 mm，石子下沉，混凝土结构不均匀，浇筑后 5d 仍然不凝固硬化，28 d 的混凝土实际强度不到规定强度的32%，不得不返工重浇。

4. 限制使用

当工程质量缺陷按修补方法处理后无法保证达到规定的使用要求和安全要求，而又无法返工处理的情况下，不得已时可做出诸如结构卸荷或减荷以及限制使用的决定。

第五节　工程质量统计分析方法

现代质量管理通常利用质量分析法控制工程质量，即利用数理统计的方法，通过收集、整理、分析、利用质量数据，并以这些数据作为判断、决策和解决质量问题的依据，从而预测和控制产品质量。工程质量分析常用的数理统计方法有分层法、因果分析图法、排列图法、直方图法等。

一、分层法

分层法又叫分类法或分组法，是将调查收集的原始数据按照统计分析的目的和要求进行分类，通过对数据的整理将质量问题系统化、条理化，以便从中找出规律、发现影响质量因素的一种方法。

由于产品质量是多方面因素共同作用的结果，因而对同一批数据，可以按不同性质分层，使我们能从不同角度来考虑、分析产品存在的质量问题和影响因素。常用的分层标志如下：

1. 按不同施工工艺和操作方法分层。

2. 按操作班组或操作者分层。

3. 按分部分项工程分层。

4. 按施工时间分层。

5. 按使用机械设备型号分层。

6. 按原材料供应单位、供应时间或等级分层。

7. 按合同结构分层。

8. 按工程类型分层。

9. 按检测方法、工作环境等分层。

二、因果分析图法

因果分析图法，也称质量特性要因分析法、鱼刺图法或树枝图法，是一种逐步深入研究和讨论质量问题原因的图示方法。由于工程中的质量问题是多种因素造成的，这些因素有大有小、有主有次，通过因果分析图，层层分解，可以逐层寻找关键问题或问题产生的根源，有的放矢地处理和管理。

（一）因果分析图的作图步骤

1. 明确要分析的质量问题，置于主干箭头的前面。

2. 对原因进行分类，确定影响质量特性的大原因。影响工程质量的因素主要有人员材料、机械、施工方法和施工环境五个方面。

3. 以大原因作为问题，层层分析大原因背后的中原因，中原因背后的小原因，直到可以落实措施为止，在图中用不同的小枝表示。

（二）因果分析图的注意事项

1. 一个质量特性或一个质量问题使用一张图分析。

2. 通常采用QC小组活动的方式进行讨论分析。讨论时，应该充分发扬民主、集思广益、共同分析，必要时可以邀请小组以外的有关人员参与，广泛听取意见。

3. 层层深入的分析模式。在分析原因的时候，要求根据问题和大原因以及大原因、中原因、小原因之间的因果关系层层分析，直到能采取改进措施的最终原因。不能半途而废，一定要弄清问题的症结所在。

4. 在充分分析的基础上，由各参与人员采取投票或其他方式，从中选择 1~5 项多数人达成共识的最主要原因。

5. 针对主要原因，有的放矢地制订改进方案，并落实到人。

第八章 水利工程项目环境管理

第一节 环境管理的目的、任务和特点

一、安全与环境管理的目的

随着经济的高速增长和科学技术的飞速发展，生产力迅速提高，新技术、新材料、新能源不断涌现，新的产业和生产工艺不断诞生。但在生产力高速发展的同时，尤其是在市场竞争日益加剧的情况下，人们往往专注于追求低成本、高利润，而忽视了劳动者的劳动条件和环境的改善，甚至以牺牲劳动者的职业健康安全和破坏人类赖以生存的自然环境为代价。

据国际劳工组织（ILO）统计，全球每年发生各类生产事故和劳动疾病约为 2.5 亿起，平均每天 68.5 万起，每分钟就发生 475 起，其中每年死于职业事故和劳动疾病的人数多达 110 万人，远远多于交通事故、暴力死亡、局部战争以及艾滋病死亡的人数。特别是发展中国家的劳动事故死亡率比发达国家要高出一倍以上，有少数不发达的国家和地区要高出四倍以上，生产事故和劳动疾病有增无减。到 2050 年，地球上的人口将由现在的 60 亿增加到 100 亿，由于世界人口剧增，生活质量不断提高的要求，造成资源的过度开发，资源消耗产生的废物污染严重威胁着人们的健康，使 21 世纪人类的生存环境将面临严峻的挑战。

在整个世界范围内，建筑业是最危险的行业之一，也是对资源消耗和环境污染的主要行业之一。因此，建设工程职业健康安全与环境管理的目的在于：

1. 建设工程项目的职业健康安全管理的目的是保护产品生产者和使用者的健康与安全。控制影响工作场所内员工、临时工作人员、合同方人员、访问者和其他有关部门人员健康和安全的条件和因素。考虑和避免因使用不当对使用者造成的健康和安全的危害。

2. 建设工程项目环境管理的目的是保护生态环境，使社会的经济发展与人类的生存环境相协调。控制作业现场的各种粉尘、废水、废气、固体废弃物以及噪声、振动对环境的污染和危害，考虑能源节约和避免资源的浪费。

二、安全与环境管理的任务

职业健康安全与环境管理的任务是建筑生产组织（企业）为达到建筑工程的职业健康安全与环境管理的目的指挥和控制组织的协调活动，包括制定、实施、实现、评审和保持职业健康安全与环境方针所需的组织机构、计划活动、职责、惯例、程序、过程和资源。

三、职业健康安全与环境管理的特点

（一）职业健康安全与环境管理的复杂性

水利工程项目的特点决定了职业健康安全与环境管理的复杂性：

1. 建筑产品生产过程中生产人员、工具与设备的流动性，主要表现如下：

（1）同一工地不同建筑之间流动；

（2）同一建筑不同建筑部位之间流动；

（3）一个建筑工程项目完成后，又要向另一新项目动迁的流动。

2. 建筑产品受不同外部环境影响的因素多，主要表现如下：

（1）露天作业多；

（2）气候条件变化的影响；

（3）工程地质和水文条件的变化；

（4）地理条件和地域资源的影响。

由于生产人员、工具和设备的交叉和流动作业，同时受不同外部环境的影响因素多，使健康安全与环境管理很复杂，考虑稍有不周就会出现问题。

（二）职业健康安全与环境管理的多样性

1. 不能按同一图纸、同一施工工艺、同一生产设备进行批量重复生产。

2. 施工生产组织及机构变动频繁，生产经营的"一次性"特征特别突出。

3. 生产过程中试验性研究课题多，所碰到的新技术、新工艺、新设备、新材料给职业健康安全与环境管理带来不少难题。

因此，对于每个建设工程项目都要根据其实际情况，制订健康安全与环境管理计划，决不可相互套用。

（三）职业健康安全与环境管理的协调性

水利工程项目不能像其他许多工业产品一样可以分解为若干部分同时生产，而必须在同一固定场地按严格程序连续生产，上一道程序不完成，下一道程序不能进行（如基础—主体—屋顶），上一道工序生产的结果往往会被下一道工序所掩盖，而且每一道程序由不同的人员和单位来完成。因此，在职业健康安全与环境管理中要求各单位和各专业人员横向配合和协调，共同注意产品生产过程接口部分的健康安全和环境管理的协调性。

（四）产品生产的阶段性决定职业健康安全与环境管理的持续性

一个建设工程项目从立项到投产使用要经历五个阶段，即设计前的准备阶段（包括项目的可行性研究和立项）、设计阶段、施工阶段、使用前的准备阶段（包括竣工验收和试运行）保修阶段。这五个阶段都要十分重视项目的安全和环境问题，持续不断地对项目各个阶段可能出现的安全和环境问题实施管理。否则，一旦在某个阶段出现安全问题和环境问题就会造成投资的巨大浪费，甚至造成工程项目建设的夭折。

（五）产品的时代性和社会性决定环境管理的多样性和经济性

1. 时代性。建设工程产品是时代政治、经济、文化、风俗的历史记录，表现了不同时代的艺术风格和科学文化水平，反映一定社会的、道德的、文化的、美学的艺术效果，成为可供人们观赏和旅游的景观。

2. 社会性。建设工程产品是否适应可持续发展的要求，工程的规划，设计、施工质量的好坏，受益和受害不仅仅是使用者，而是整个社会，影响社会持续发展的环境。

3. 多样性。除考虑各类建设工程使用功能与环境相协调外，还应考虑各类工程产品的时代性和社会性要求，其涉及的环境因素多种多样，应逐一加以评价和分析。

4. 经济性。建设工程不仅应考虑建造成本的消耗，还应考虑其寿命期内的使用成本消耗。环境管理注重包括工程使用期内的成本，如能耗、水耗、维护、保养，改建更新的费用，并通过比较分析，判定工程是否符合经济要求，一般采用生命周期法对其进行管理的参考。另外，环境管理要求节约资源，以减少资源消耗来减少环境污染，两者是完全一致的。

第二节 安全生产管理

一、安全管理制度

（一）安全管理的概念

安全管理是企业全体职工参加的，以人的因素为主，为达到安全生产目的而采取各种措施的管理。它是根据系统的观点提出来的一种组织管理方法，是施工企业全体职工及各部门同心协力，把专业技术、生产管理、数理统计和安全教育结合起来，建立起从签订施工合同，进行施工组织设计，现场平面设置等施工准备工作开始，到施工的各个阶段，直至工程竣工验收活动全过程的安全保证体系，采用行政的、经济的、法律的、技术的和教育的等手段，有效地控制设备事故、人身伤亡事故和职业危害的发生，实现安全生产、文明施工。安全管理的基本特点是从过去的事故发生后吸取教训为主转变为预防为主；从管理事故变为管理酿成事故的不安全因素，把酿成事故的诸因素查出来，抓主要矛盾，发动全员、全部门参加，依靠科学的安全管理理论，程序和方法，将施工生产全过程中潜伏的危险处于受控状态，消除事故隐患，确保施工生产安全。

根据施工企业的实践，推行安全管理就是要通过三个方面，达到一个目的，即：

1. 认真贯彻"安全第一，预防为主"的方针。

2. 充分调动企业各部门和全体职工搞好安全管理的积极性。

3. 切实有效地运用现代科学技术和安全管理技术，做好设计、施工生产、竣工验收等方面的工作，以预防为主，消除各种危险因素。

目的是通过安全管理，创造良好的施工环境和作业条件，使生产活动安全化、最优化，减少或避免事故发生，保证职工的健康和安全。因此，推行安全管理时，应该注意做到"三全、一多样"，即全员、全过程、全企业的安全管理，所运用的方法必须是多种多样的。

（二）安全管理的内容

1. 建立安全生产制度。安全生产制度必须符合国家和地区的有关政策、法规、条例和规程，并结合本施工项目的特点，明确各级各类人员安全生产责任制，要求全体人员必须认真贯彻执行。

2. 贯彻安全技术管理。编制施工组织设计时，必须结合工程实际，编制切实可行的安全技术措施。要求全体人员认真贯彻执行。执行过程中发现问题时，应及时采取妥善的安全防护措施。要不断积累安全技术措施在执行过程中的技术资料，进行研究分析，总结提高，以利于以后工程的借鉴。

3. 坚持安全教育和安全技术培训。组织全体人员认真学习国家、地方和本企业的安全生产责任制、安全技术规程、安全操作规程和劳动保护条例等。新工人进入岗位之前要进行安全纪律教育，特种专业作业人员要进行专业安全技术培训，考核合格后方能上岗。要使全体职工经常保持强烈的安全生产意识，牢固树立"安全第一"的思想。

4. 组织安全检查。为了确保安全生产，必须有监督监察。安全检查员要经常查看现场，及时排除施工中的不安全因素，纠正违章作业，监督安全技术措施的执行，不断改善劳动条件，防止工伤事故的发生。

5. 进行事故处理。人身伤亡和各种安全事故发生后，应立即进行调查，了解事故产生的原因，过程和后果，提出鉴定意见。在总结经验教训的基础上，有针对性地制订防止事故再次发生的可靠措施。

6. 将安全生产指标作为签订承包合同时一项重要考核指标。

（三）安全管理的基本原则

安全管理是企业生产管理的重要组成部分，是一门综合性的系统科学。安全管理的对象是生产中一切人、物、环境的状态管理与控制，安全管理是一种动态管理。

施工现场的安全管理，主要是组织实施企业安全管理规划，指导，检查和决策，同时是保证生产处于最佳安全状态的根本环节。施工现场安全管理的内容，大体可归纳为安全组织管理、场地与设施管理、行为控制和安全技术管理四个方面，分别对生产中的人、物、环境的行为与状态，进行具体的管理与控制。为有效地将生产因素的状态控制好，在实施安全管理过程中，必须正确处理五种原则。

1. 安全与危险并存原则。安全与危险在同一事物的运动中是相互对立的，相互依赖而存在的。因为有危险，才要进行安全管理，以防止危险。安全与危险并非等量并存、平静相处的。随着事物的运动变化，安全与危险每时每刻都在变化着，进行着此消彼长的斗争。事物的状态将向斗争的胜方倾斜。可见，在事物的运动中，都不会存在绝对的安全或危险。

保持生产的安全状态，必须采取多种措施，以预防为主，危险因素是完全可以控制的。危险因素是客观地存在于事物运动之中的，自然是可知的，也是可控的。

2. 安全与生产的统一原则。生产是人类社会存在和发展的基础。如果生产中人、物、环境都处于危险状态，那么生产则无法顺利进行。因此，安全是生产的客观要求，自然，当生产完全停止，安全也就失去意义。就生产的目的性来说，组织好安全生产就是对国家、人民和社会最大的负责。

生产有了安全保障，才能持续、稳定发展。生产活动中事故层出不穷，生产势必陷于混乱，甚至瘫痪状态。当生产与安全发生矛盾，危及职工生命或国家财产时，生产活动需停下来整治，消除危险因素以后，生产形势会变得更好。"安全第一"的提法，绝非把安全摆到生产之上。忽视安全自然是一种错误。

3. 安全与质量的包含原则。从广义上看，质量包含安全工作质量，安全概念也内含着质量，交互作用，互为因果。安全第一，质量第一，两个第一并不矛盾。安全第一是从保护生产因素的角度提出的，而质量第一则是从关心产品成果的角度而强调的。安全为质量服务，质量需要安全保证。生产过程丢掉哪一头，都要陷于失控状态。

4. 安全与速度互保原则。生产的蛮干、乱干，在侥幸中求得快，缺乏真实与可靠，一旦酿成不幸，非但无速度可言，还会延误时间。

速度应以安全做保障，安全就是速度。我们应追求安全加速度，竭力避免安全减速度。安全与速度成正比。一味强调速度，置安全于不顾的做法是极其有害的。当速度与安全发生矛盾时，暂时减缓速度，保证安全才是正确的做法。

5. 安全与效益的兼顾原则。安全技术措施的实施，定会改善劳动条件，调动职工的积极性，焕发劳动热情，带来经济效益，足以使原来的投入得到补偿。从这个意义上说，安全与效益完全是一致的，安全促进了效益的增长。

在安全管理中，投入要适度，适当，精打细算，统筹安排。既要保证安全生产，又要经济合理，还要考虑力所能及。单纯为了省钱而忽视安全生产，或单纯追求不惜资金的盲目高标准，都不可取。

（四）安全管理制度

安全生产责任制是企业经济责任制的重要组成部分，是安全管理制度的核心。建立和落实安全生产责任制，就要求明确规定企业各级领导管理干部、工程技术人员和工人在安全工作上的具体任务、责任和权力，以便把安全与生产在组织上统一起来，把"管生产必须管安全"的原则在制度上固定下来，做到安全工作层层有分工，事事有人管，人人有专责，办事有标准，工作有检查、考核。以此把同安全直接有关的领导、技术干部、工人、职能部门联系起来，形成一个严密的安全管理工作系统。一旦出现事故，可以查清责任，总结正反两方面的经验，保证安全管理工作顺利进行。

实践证明，只有实行严格的安全生产责任制，才能真正实现企业的全员、全方位、全过程的安全管理，把施工过程中各方面的事故隐患消灭在萌芽状态，减少或避免事故的发生。同时，还使上至领导干部，下到班组职工都明白该做什么，怎样做，负什么责，做好工作的标准是什么，为搞好安全施工提供基本保证。

1. 各级领导人员安全生产方面的主要职责

项目经理。项目经理是施工项目管理的核心人物，也是安全生产的首要责任者，要对全体职工的安全与健康负责。所以，项目经理必须具有"安全第一，预防为主"的指导思想，并掌握安全技术知识，熟知国家的各项有关安全生产的规定、标准，以及当地和上级的安全生产制度，要树立法制观念，自觉地贯彻执行安全生产的方针、政策、规章制度和各项劳动保护条例，确保施工的安全。其主要安全生产职责是：

（1）在组织与指挥生产过程中，认真执行劳动保护和安全生产的政策、法令和规章制度。

（2）建立安全管理机构，主持制订安全生产条例；审查安全技术措施，定期研究解决安全生产中的问题。

（3）组织安全生产检查和安全教育，建立安全生产奖惩制度。

（4）主持总结安全生产经验和重大事故教训。

2. 技术负责人。其主要安全生产职责是：

（1）对安全生产和劳保方面的技术工作负全面领导责任。

（2）在组织编制施工组织设计或施工方案时，应同时编制相应的安全技术措施。

（3）当采用新工艺、新材料、新技术、新设备时，应制订相应的安全技术操作规程。

（4）解决施工生产中安全技术问题。

（5）制订改善工人劳动条件的有关技术措施。

（6）对职工进行安全技术教育，参与重大伤亡事故的调查分析，提出技术鉴定意见和改进措施。

二、危险源的辨识与风险评价

（一）危险源的定义

危险源是可能导致人身伤害或疾病、财产损失、工作环境破坏或这些情况组合的危险因素和有害因素。危险因素是强调突发性和瞬间作用的因素，有害因素则强调在一定时期内的慢性损害和累积作用。

危险源是安全控制的主要对象，所以有人把安全控制也称为危险控制或安全风险控制。

（二）危险源的分类

在实际生活和生产过程中的危险源是以多种多样的形式存在的，危险源导致事故可归结为能量的意外释放或有害物质的泄漏。根据危险源在事故发生发展中的作用把危险源分为两大类，即第一类危险源和第二类危险源。

1.第一类危险源。可能发生意外释放的能量载体或危险物质称作第一类危险源。能量或危险物质的意外释放是事故发生的物理本质。通常把产生能量的能量源或拥有能量的能量载体作为第一类危险源来处理。

2.第二类危险源。造成约束，限制能量措施失效或破坏的各种不安全因素称作第二类危险源。在生产、生活中，为了利用能量，人们制造了各种机器设备，让能量按照人们的意图在系统中流动、转换和做功为人类服务，而这些设备设施又可以看成是限制约束能量的工具。正常情况下，生产过程中的能量或危险物质受到约束或限制时，不会发生意外释放，即不会发生事故。但是，一旦这些约束或限制能量或危险物质的措施受到破坏或失效（故障），则将发生事故。第二类危险源包括人的不安全行为、物的不安全状态和不良环境条件三个方面。

（三）危险源与事故

事故的发生是两类危险源共同作用的结果，第一类危险源是事故发生的前提，第二类危险源的出现是第一类危险源导致事故的必要条件。在事故的发生和发展过程中，两类危险源相互依存，相辅相成。第一类危险源是事故的主体，决定事故的严重程度；第二类危险源出现的难易，决定事故发生的可能性大小。

（四）危险源辨识的方法

1.专家调查法。这是通过向有经验的专家咨询，调查，辨识、分析和评价危险源的方法，其优点是简便、易行，其缺点是受专家的知识、经验和占有资料的限制，可能出现遗漏。常用的方法有头脑风暴法（Brainstorming）和德尔菲法（Delphi）。

头脑风暴法是通过专家创造性的思考，从而产生大量的观点、问题和议题的方法。其特点是多人讨论，集思广益，可以弥补个人判断的不足，常采用专家会议的方式来相互启发、交换意见，使危险、危害因素的辨识更加细致、具体，常用于目标比较单纯的议题。如果涉及面较广，包含因素多，可以分解目标，再对单一目标或简单目标使用本方法。

德尔菲法是采用背对背的方式对专家进行调查，其特点是避免了集体讨论中的从众性倾向，更代表专家的真实意见。要求对调查的各种意见进行汇总统计处理，再反馈给专家反复征求意见。

2. 安全检查表（SCL）法。安全检查表（Safety Cheak List）实际上就是实施安全检查和诊断项目的明细表，运用已编制好的安全检查表，进行系统的安全检查，辨识工程项目存在的危险源。检查表的内容一般包括分类项目，检查内容及要求，检查以后处理意见等。可以用"是""否"作回答或"√""×"符号做标记，同时注明检查日期，并由检查人员和被检单位同时签字。

安全检查表法的优点是简单易懂、容易掌握，可以事先组织专家编制检查项目，使安全检查做到系统化、完整化；缺点是一般只能作出定性评价。

三、施工安全因素

事故潜在的不安全因素是造成人的伤害、物的损失的先决条件，各种人身伤害事故均离不开物与人这两个因素。人的不安全行为和物的不安全状态，是造成绝大部分事故的两个方面潜在的不安全因素，通常也可称作事故隐患。

（一）安全因素特点

安全是在人类生产过程中，将系统的运行状态对人类的生命、财产、环境可能产生的损害控制在人类能接受水平以下的状态。安全因素的定义就是在某一指定范围内与安全有关的因素。水利水电工程施工安全因素有以下特点：

1. 安全因素的确定取决于所选的分析范围，此处分析范围可以指整个工程，也可以针对具体工程的某一施工过程或者某一部分的施工。

2. 安全因素的辨识依赖于对施工内容的了解，对工程危险源的分析以及运作安全风险评价人员的安全工作经验。

3. 安全因素具有针对性，并不是对整个系统事无巨细的考虑，安全因素的选取具有一定的代表性和概括性。

4. 安全因素具有灵活性，只要能对所分析的内容具有一定的概括性，能达到系统分析的效果的都可成为安全因素。

5. 安全因素是进行安全风险评价的关键点，是构成评价系统框架的节点。

（二）施工过程行为因素

采用 HFACS 框架对导致工程施工事故发生的行为因素进行分析。对标准的 HFACS 框架进行修订，以适应水电工程施工实际的安全管理、施工作业技术措施、人员素质等。框架的修改遵循 4 个原则：

1.删除在事故案例分析中出现频率极少的因素，包括对工程施工影响较小和难以在事故案例中找到的潜在因素。

2.对相似的因素进行合并，避免重复统计，从而无形之中提高类似因素在整个工程施工当中的重要性。

3.针对水电工程施工的特点，对因素的定义、解释和其涵盖的具体内容进行适当的调整。

4.HFACS 框架是从国外引进的，将部分因素的名称加以修改，以更贴切中国工程施工安全管理业务的习惯用语。

对标准 HFACS 框架修改如下。

1.企业组织影响（L4）

企业（包括水电开发企业、施工承包单位、监理单位）组织层的差错属于最高级别的差错，它的影响通常是间接的、隐性的，因而常会为安全管理人员所忽视。在进行事故分析时，很难挖掘出企业组织层的缺陷；而一经发现，其改正的代价也很高，但是更能加强系统的安全性。一般而言，组织影响包括三个方面：

（1）资源管理：主要指组织资源分配及维护决策存在的问题，如安全组织体系不完善、安全管理人员配备不足、资金设施等管理不当、过度削减与安全相关的经费（安全投入不足）等。

（2）安全文化与氛围：可以定义为影响管理人员与作业人员绩效的多种变量，包括组织文化和政策，比如信息流通传递不畅、企业政策不公平、只奖不罚或滥奖、过于强调惩罚等都属于不良的文化与氛围。

（3）组织流程：主要涉及组织经营过程中的行政决定和流程安排，如施工组织设计不完善、企业安全管理程序存在缺陷、制定的某些规章制度及标准不完善等。

其中，"安全文化与氛围"这一因素，虽然在提高安全绩效方面具有积极作用，但不好定性衡量，在事故案例报告中也未明确指明，而且在工程施工各类人员成分复杂的结构当中，其传播较难有一个清晰的脉络。为了简化分析过程，将该因素去除。

2.安全监管（L3）

（1）监督（培训）不充分：指监督者或组织者没有提供专业的指导、培训、监督等。若组织者没有提供充足的 CRM 培训，或某个管理人员、作业人员没有这样的培训机会，则班组协同合作能力将会大受影响，出现差错的概率必然增加。

（2）作业计划不适当：包括这样几种情况，班组人员配备不当，如没有职工带班，没有提供足够的休息时间，任务或工作负荷过量。整个班组的施工节奏以及作业安排由于赶工期等安排不当，会使得作业风险加大。

（3）隐患未整改：指的是管理者知道人员、培训、施工设施、环境等相关安全领域的不足或隐患之后，仍然允许其继续下去的情况。

（4）管理违规：指的是管理者或监督者有意违反现有的规章程序或安全操作规程，如允许没有资格、未取得相关特种作业证的人员作业等。以上四项因素在事故案例报告中均有体现，虽然相互之间有关联，但各有差异，彼此独立，因此，均加以保留。

3. 不安全行为的前提条件（L2）

这一层级指出了直接导致不安全行为发生的主客观条件，包括作业人员状态、环境因素和人员因素。将"物理环境"改为"作业环境"，将"施工人员资源管理"改为"班组管理"，将"人员准备情况"改为"人员素质"。定义如下：

（1）作业环境：既指操作环境（如气象、高度、地形等），也指施工人员周围的环境，如作业部位的高温、振动、照明、有害气体等。

（2）技术措施：包括安全防护措施、安全设备和设施设计、安全技术交底的情况，以及作业程序指导书与施工安全技术方案等一系列情况。

（3）班组管理：属于人员因素，常为许多不安全行为的产生创造前提条件。未认真开展"班前会"及搞好"预知危险活动"；在施工作业过程中，安全管理人员、技术人员、施工人员等相互间信息沟通不畅、缺乏团队合作等问题属于班组管理不良。

（4）人员素质：包括体力（精力）差，不良心理状态与不良生理状态等生理心理素质，如精神疲劳，失去情境意识，工作中自满、安全警惕性差等；生病、身体疲劳或服用药物等引起生理状态差，当操作要求超出个人能力范围时会出现身体、智力局限，同时为安全埋下隐患，如视觉局限、休息时间不足、体能不适应等；以及没有遵守施工人员的休息要求、培训不足、滥用药物等属于个人准备情况的不足。

将标准 HFACS 的"体力（精力）限制"、"不良心理状态"与"不良生理状态"合并，是因为这三者可能互相影响和转换。"体力（精力）限制"可能会导致"不良心理状态"与"不良生理状态"，此处便产生了重复，增加了心理和生理状态在所有因素当中的比重。同时，"不良心理状态"与"不良生理状态"之间也可能相互转化，由于心理状态的失调往往会带来生理上的伤害，而生理上的疲劳等因素又会引起心理状态的变化，两者相辅相成，常常是共同存在的。此外，没有充分的休息、滥用药物、生病、心理障碍也可以归结为人员准备不足，因此，将"体力（精力）限制""不良心理状态"与"不良生理状态"合并至"人员素质"。

4. 施工人员的不安全行为（L1）

人的不安全行为是系统存在问题的直接表现。将这种不安全行为分成 3 类：知觉与决策差错、技能差错以及操作违规。

（1）知觉与决策差错："知觉差错"和"决策差错"通常是并发的，由于对外界条件、环境因素以及施工器械状况等现场因素感知上产生的失误，进而导致做出错误的决定。决策差错由于经验不足，缺乏训练或外界压力等造成，也可能是理解问题不彻底，如紧急情况判断错误，决策失败等。知觉差错指一个人的知觉和实际情况不一致，就像出现视觉和空间定向障碍一样，可能是由于工作场所光线不足，或在不利地质、气象条件下作业等。

（2）技能差错：包括漏掉程序步骤、作业技术差、作业时注意力分配不当等。不依赖于所处的环境，而是由施工人员的培训水平决定，而在操作当中不可避免地发生，因此应该作为独立的因素保留。

（3）操作违规：故意或者主观不遵守确保安全作业的规章制度，分为习惯性的违章和偶然性的违规。前者是组织或管理人员常常能容忍和默许的，常造成施工人员习惯成自然。而后者偏离规章或施工人员通常的行为模式，一般会被立即禁止。

确定适用于水电工程施工修订的 HFACS 框架。

经过修订的新框架，根据工程施工的特点重新选择了因素。在实际的工程施工事故分析以及制订事故防范与整改措施的过程中，通常会成立事故调查组对某一类原因，比如施工人员的不安全行为进行调查，给出处理意见及建议。应用 HFACS 框架的目一之一是尽快找到并确定在工程施工中，所有已经发生的事故当中，哪一类因素占相对重要的部分，可以集中人力和物力资源对该因素所反映的问题进行整改。对于类似的或者可以归为一类的因素整体考虑，科学决策，将结果反馈给整改单位，由他们完成一系列相关后续工作。因此，修订后的 HFACS 框架通过对标准框架因素的调整，加强了独立性和概括性，使其能更合理地反映水电工程施工的实际状况。

应用 HFACS 框架对行为因素导致事故的情况初步分类，在求证判别一致性的基础上，分析了导致事故发生的主要因素。但这种分析只是静态的，Dekker 指出 HFACS 框架仅仅简单地将发生事故中的行为因素进行分类，没有指出上层因素是如何影响下层因素的，以及采取什么样的措施才能在将来尽量地避免事故发生。基于 HFACS 框架的静态分析只是将行为因素按照不同的层次重新配置，没有寻求因素的发生过程和事故的解决之道。因此，有必要在此基础上，对 HFACS 框架当中相邻层次之间因素的联系进行分析，指出每个层次的因素如何被上一层次的因素影响，以及作用于下一次层次的因素，从而有利于在针对某因素制定安全防范措施的时候，能够承上启下，进行综合考虑，使得从源头上避免该类因素的产生，并且能够有效抑制由于该因素发生而产生的连锁反应。

采用统计性描述，揭示不良的企业组织影响如何通过组织流程等因素向下传递造成安全监管的失误，安全监管的错误决定了安全检查与培训等力度，决定了是否严格执行安全管理规章制度等，决定了对隐患是否漠视等，这些错误成为不安全行为的前提条件，进一步影响了施工人员的工作状态，最终导致事故的发生。进行统计学分析的目的是提供邻近层次的不同种类之间因素的概率数据，以用来确定框架当中高层次对底层次因素的影响程度。一旦确定了自上而下的主要途径，就可以量化因素之间的相互作用，也有利于制订针对性的安全防范措施与整改措施。

四、安全管理体系

（一）安全管理体系内容

1.建立健全安全生产责任制

安全生产责任制是安全管理的核心，是保障安全生产的重要手段，能有效地预防事故的发生。

安全生产责任制是根据"管生产必须管安全""安全生产人人有责"的原则。明确各级领导和各职能部门及各类人员在生产活动中应负的安全职责的制度。有些安全生产责任制，就能把安全与生产从组织形式上统一起来，把"管生产必须管安全"的原则从制度上固定下来，从而增强各级管理人员的安全责任心，使安全管理纵向到底、横向到边、专管成线、群管成网、责任明确、协调配合、共同努力，真正把安全生产工作落到实处。

安全生产责任制的内容要分级制订和细化，如企业、项目、班组都应建立各级安全生产责任制，按其职责分工，确定各自的安全责任，并组织实施和考评，保证安全生产责任制的落实。

2.制定安全教育制度

安全教育制度是企业对职工进行安全法律、法规、规范标准、安全知识和操作规程培训教育的制度，是增强职工安全意识的重要手段，是企业安全管理的一项重要内容。

安全教育制度内容应规定：定期和不定期安全教育的时间、应受教育的人员、教育的内容和形式，如新工人、外施队人员等进场前必须接受三级（公司、项目、班组）安全教育。从事危险性较大的特殊工种人员必须经过专门的培训机构培训合格后持证上岗，每年还必须进行一次安全操作规程的训练和再教育。对采用新工艺、新设备、新技术和变换工种的人员应进行安全操作规程和安全知识的培训和教育。

3.制定安全检查制度

安全检查是发现隐患、消除隐患、防止事故、改善劳动条件和环境的重要措施，是企业预防安全生产事故的一项重要手段。

安全检查制度内容应规定：安全检查负责人、检查时间、检查内容和检查方式。它包括经常性的检查、专业化的检查、季节性的检查和专项性的检查，以及群众性的检查等。对于检查出的隐患应进行登记，并采取定人、定时间、定措施的"三定"办法给予解决，同时对整改情况进行复查验收，彻底消除隐患。

4.制定各工种安全操作规程

工种安全操作规程是消除和控制劳动过程中的不安全行为，预防伤亡事故，确保作业人员的安全和健康需要的措施，也是企业安全管理的重要制度之一。安全操作规程的内容应根据国家和行业安全生产法律、法规、标准、规范，结合施工现场的实际情况制定出各种安全操作规程。同时根据现场使用的新工艺、新设备、新技术，制定出相应的安全操作规程，并监督其实施。

5. 制定安全生产奖罚办法

企业制定安全生产奖罚办法的目的是不断提高劳动者进行安全生产的自觉性，调动劳动者的积极性和创造性，防止和纠正违反法律、法规和劳动纪律的行为，其也是企业安全管理重要制度之一。

安全生产奖罚办法规定奖罚的目的、条件、种类、数额，实施程序等。企业只有确立安全生产奖罚办法，做到奖罚分明，才能鼓励先进、督促落后。

6. 制定施工现场安全管理规定

施工现场安全管理规定是施工现场安全管理制度的基础，目的是规范施工现场安全防护设施的标准化、定型化。

施工现场安全管理规定的内容包括：施工现场一般安全规定、安全技术管理、脚手架工程安全管理（包括特殊脚手架、工具式脚手架等）、电梯井操作平台安全管理、马路搭设安全管理、大模板拆装存放安全管理、水平安全网、井字架龙门架安全管理、孔洞临边防护安全管理、拆除工程安全管理等。

7. 制定机械设备安全管理制度

机械设备是指目前建筑施工普遍使用的垂直运输和加工机具，由于机械设备本身存在一定的危险。管理不当就可能造成机毁人亡。所以它是目前施工安全重点的管理对象。

机械设备安全管理制度应规定，大型设备应到上级有关部门备案，符合国家和行业有关规定，还应设专人负责定期进行安全检查、保养，保证机械设备处于良好的状态，以及各种机械设备的安全管理制度。

8. 制定施工现场临时用电安全管理制度

施工现场临时用电是目前建筑施工现场离不开的一项操作，由于其使用广泛、危险性比较大，因此它牵涉到每个劳动者的安全，也是施工现场一项重要的安全管理制度。

施工现场临时用电管理制度的内容应包括：外电的防护、地下电缆的保护、设备的接地与接零保护、配电箱的设置及安全管理规定（总箱、分箱、开关箱）、现场照明、配电线路电器装置变配电装置、用电档案的管理等。

9. 制定劳动防护用品管理制度

使用劳动防护用品是为了减轻或避免劳动过程中劳动者受到的伤害和职业危害，保护劳动者安全健康的一项预防性辅助措施，是安全生产防止职业性伤害的需要，对于减少职业危害起着相当重要的作用。

劳动防护用品制度的内容应包括安全网安全帽、安全带绝缘用品、防职业病用品等。

（二）建立健全安全组织机构

施工企业一般都有安全组织机构，但必须建立健全项目安全组织机构，确定安全生产目标，明确参与各方对安全管理的具体分工，由于安全岗位责任与经济利益挂钩，根据项目的性质规模不同，采用不同的安全管理模式。对于大型项目，必须安排专门的安全总负责人，并配以合理的班子，共同进行安全管理，建立安全生产管理的资料档案。实行单位领导对整个施工现场负责，专职安全员对部位负责，班内组长和施工技术员对各自的施工区域负责，操作者对自己的工作范围负责的"四负责"制度。

（三）安全管理体系建立步骤

1. 领导决策

最高管理者亲自决策，以便获得各方面的支持和在体系建立过程中所需的资源。

2. 成立工作组

最高管理者或授权管理者代表成立的工作小组负责建立安全管理体系。工作小组的成员要覆盖组织的主要职能部门，组长最好由管理者代表担任，以保证小组对人力、资金、信息的获取。

3. 人员培训

培训的目的是使有关人员了解建立安全管理体系的重要性，了解标准的主要思想和内容。

4. 初始状态评审

初始状态评审要对组织过去和现在的安全信息、状态进行收集、调查分析、识别和获取现有的、适用的法律、法规和其他要求，进行危险源辨识和风险评价，评审的结果将作为制订安全方针、管理方案、编制体系文件的基础。

5. 制订方针、目标、指标的管理方案

方针是组织对其安全行为的原则和意图的声明，也是组织自觉承担其责任和义务的承诺。方针不仅为组织确定了总的指导方向和行动准则，而且是评价一切后续活动的依据，并为更加具体的目标和指标提供一个框架。安全目标、指标的制定是组织为了实现其在安全方针中所体现出的管理理念及其对整体绩效的期许与原则，与企业的总目标相一致。管理方案是实现目标、指标的行动方案。为保证安全管理体系的实现，需结合年度管理目标和企业客观实际情况，策划制订安全管理方案。该方案应明确旨在实现目标、指标的相关部门的职责、方法、时间表以及资源的要求。

五、施工安全控制

（一）安全操作要求

1. 爆破作业

（1）爆破器材的运输

气温低于10℃运输易冻的硝化甘油炸药时，应采取防冻措施；气温低于-15℃运输

硝化甘油炸药时，也应采取防冻措施；禁止用翻斗车、自卸汽车、拖车、机动三轮车、人力三轮车、摩托车和自行车等运输爆破器材；运输炸药雷管时，装车高度要低于车厢10cm。车厢、船底应加软垫。雷管箱不许倒放或立放，层间也应垫软垫；水路运输爆破器材时，停泊地点距岸上建筑物不得小于250m；汽车运输爆破器材时，汽车的排气管宜设在车前下侧，并应设置防火罩装置；汽车在视线良好的情况下行驶时，时速不得超过20km（工区内不得超过15km）；在弯多坡陡、路面狭窄的山区行驶时，时速应保持在5km以内。平坦道路行车间距应大于50m，上下坡应大于300m。

（2）爆破

明挖爆破音响依次发出预告信号（现场停止作业、人员迅速撤离）、准备信号起爆信号、解除信号。检查人员确认安全后，由爆破作业负责人通知警报室发出解除信号。在特殊情况下，如准备工作尚未结束，应由爆破负责人通知警报室延后发布起爆信号，并用广播器通知现场全体人员。装药和堵塞应使用木、竹制作炮棍。严禁使用金属棍棒装填。

深孔竖井、倾角大于30°的斜井、有瓦斯和粉尘爆炸危险等工作面的爆破，禁止采用火花起爆；炮孔的排距较密时，导火索的外露部分不得超过1.0m，以防止导火索互相交错而起火；一人连续单个点火的火炮，暗挖不得超过5个，明挖不得超过10个；并应在爆破负责人指挥下，做好分工及撤离工作；当信号炮响后，全部人员应立即撤出炮区，迅速到安全地点掩蔽；点燃导火索应使用专用点火工具，禁止使用火柴和打火机等。

用于同一爆破网路内的电雷管，电阻值应相同。网路中的支线、区域线和母线彼此连接之前，各自的两端应绝缘；装炮前工作面一切电源应切除，照明至少设于距工作面30m，只有确认炮区无漏电、感应电后，才可装炮；雷雨天严禁采用电爆网路；供给每个电雷管的实际电流应大于准爆电流，网路中全部导线应绝缘；有水时导线应架空；各接头应用绝缘胶布包好，两条线的搭接口禁止重叠，至少应错开0.1m；测量电阻时只许使用经过检查的专用爆破测试仪表或线路电桥，严禁使用其他电气仪表进行量测；通电后若发生拒爆，应立即切断母线电源，将母线两端拧在一起，锁上电源开关箱进行检查；进行检查的时间：对于即发电雷管，至少在10min以后；对于延发电雷管，至少在15min以后。

导爆索只准用快刀切割，不得用剪刀剪断；支线要顺主线传爆方向连接，搭接长度不应少于15cm，支线与主线传爆方向的夹角应不大于90°；起爆导爆索的雷管，其聚能穴应朝向导爆索的传爆方向；导爆索交叉敷设时，应在两根交叉爆索之间设置厚度不小于10cm的木质垫板；连接导爆索中间不应出现断裂破皮、打结或打圈现象。

用导爆管起爆时，应有设计起爆网路，并进行传爆试验；网路中所使用的连接元件应经过检验合格；禁止导爆管打结，禁止在药包上缠绕；网路的连接处应牢固，两元件应相距2m；敷设后应严加保护，防止冲击或损坏；一个8号雷管起爆导爆管的数量不宜超过40根，层数不宜超过3层，只有确认网路连接正确，与爆破无关人员已经撤离后，才准许接入引爆装置。

2. 起重作业

钢丝绳的安全系数应符合有关规定。根据起重机的额定负荷，计算好每台起重机的吊点位置，最好采用平衡梁抬吊。每台起重机所分配的荷重不得超过其额定负荷的75%~80%。起重机作业时应有专人统一指挥，指挥者应站在两台起重机司机都能看到的位置。重物应保持水平，钢丝绳应保持铅直受力均衡。具备经有关部门批准的安全技术措施。起吊重物离地面10cm时，应停机检查绳扣、吊具和吊车的刹车可靠性，仔细观察周围有无障碍物。确认无问题后，方可继续起吊。

3. 脚手架拆除作业

拆脚手架前，必须将电气设备和其他管、线、机械设备等拆除或加以保护。拆脚手架时，应统一指挥，按自上而下的顺序进行；严禁上下层同时拆除或自下而上进行。拆下的材料，禁止往下抛掷，应用绳索捆牢，用滑车、卷扬机等慢慢放下来，集中堆放在指定地点。拆脚手架时，严禁采用将整个脚手架推倒的方法进行拆除。三级、特级及悬空高处作业使用的脚手架拆除时，必须事先制订安全可靠的措施才能进行拆除。在拆除脚手架的区域内，无关人员禁止逗留和通过，在交通要道应设专人警戒。架子搭成后，未经有关人员同意，不得任意改变脚手架的结构和拆除部分杆子。

4. 常用安全工具

安全帽、安全带、安全网等施工生产使用的安全防护用具，应符合国家规定的质量标准，有厂家安全生产许可证、产品合格证和安全鉴定合格证书，否则不得采购、发放和使用。高处临空作业应按规定架设安全网，作业人员使用的安全带，应挂在牢固的物体上或可靠的安全绳上，安全带严禁低挂高用。挂安全带用的安全绳，不宜超过3m。在有毒有害气体可能泄漏的作业场所，应配置必要的防毒护具，以备急用，并及时检查维修更换，保证其处在良好待用状态。电气操作人员应根据工作条件选用适当的安全电工用具和防护用品，电工用具应符合安全技术标准并定期检查，凡不符合技术标准要求的绝缘安全用具、登高作业安全工具、携带式电压和电流指示器以及检修中的临时接地线等，均不得使用。

（二）安全控制要点

1. 一般脚手架安全控制要点

（1）脚手架搭设前应根据工程的特点和施工工艺要求确定搭设（包括拆除）施工方案。

（2）脚手架必须设置纵、横向扫地杆。

（3）高度在24m以下的单、双排脚手架均必须在外侧立面的两端各设置一道剪刀撑并应由底至顶连续设置中间各道剪刀撑。剪刀撑及横向斜撑搭设应随立杆、纵向和横向水平杆等同步搭设，各底层斜杆下端必须支撑在垫块或垫板上。

（4）高度在24m以下的单、双排脚手架宜采用刚性连墙件与建筑物可靠连接，亦可采用拉筋和顶撑配合使用的附墙连接方式，严禁使用仅有拉筋的柔性连墙件。24m以上的双排脚手架必须采用刚性连墙件与建筑物可靠连接，连墙件必须采用可承受拉力和压力的构造。50m以下（含50m）的脚手架连墙件，应按3步3跨进行布置，50m以上的脚手架连墙件应按2步3跨进行布置。

2. 一般脚手架检查与验收程序

脚手架的检查与验收应由项目经理组织项目施工，技术、安全作业班组负责人等有关人员参加，按照技术规范、施工方案、技术交底等有关技术文件对脚手架进行分段验收，在确认符合要求后方可投入使用。脚手架及其地基基础应在下列阶段进行检查和验收：

（1）基础完工后及脚手架搭设前。

（2）作业层上施加荷载前。

（3）每搭设完10~13m高度后。

（4）达到设计高度后。

（5）遇有六级及以上大风与大雨后。

（6）寒冷地区土层开冻后。

（7）停用超过一个月的，在重新投入使用之前。

3. 附着式升降脚手架、整体提升脚手架或爬架作业安全控制要点

附着式升降脚手架（整体提升脚手架或爬架）作业要针对提升工艺和施工现场作业条件编制专项施工方案，专项施工方案包括设计、施工、检查、维护和管理等全部内容。

安装搭设必须严格按照设计要求和规定程序进行，安装后经验收并进行荷载试验，确认其符合设计要求后，方可正式使用。

进行提升和下降作业时，架上人员和材料的数量不得超过设计规定并尽可能减少。

升降前必须仔细检查附着连接和提升设备的状态是否良好，一旦发现异常应及时查找原因并采取措施解决。

升降作业应统一指挥、协调动作。在安装、升降、拆除作业时，应划定安全警戒范围并安排专人进行监护。

4. 洞口、临边防护控制

（1）洞口作业安全防护基本规定

①各种楼板与墙的洞口按其大小和性质应分别设置牢固的盖板、防护栏杆、安全网或其他防坠落的防护设施。

②坑槽、桩孔的上口柱形、条形等基础的上口以及天窗等都要作为洞口采取符合规范的防护措施。

③楼梯口、楼梯口边应设置防护栏杆或者用正式工程的楼梯扶手代替临时防护栏杆。

④井口除设置固定的栅门外还应在电梯井内每隔两层不大于10m处设一道安全平网进行防护。

⑤在建工程的地面入口处和施工现场人员流动密集的通道上方应设置防护棚，防止因落物产生物体打击事故。

⑥施工现场大的坑槽、陡坡等处除需设置防护设施与安全警示标牌外，夜间还应设红

灯示警。

（2）洞口的防护设施要求

①楼板、屋面和平台等面上短边尺寸小于 25cm 但大于 2.5cm 的孔口必须用坚实的盖板盖严，盖板要有防止挪动移位的固定措施。

②楼板面等处边长为 25~50cm 的洞口、安装预制构件时的洞口以及因缺件临时形成的洞口可用竹、木等做盖板盖住洞口，盖板要保持四周搁置均衡并有固定其位置不发生挪动移位的物体。

③边长为 50~150cm 的洞口必须设置一层以扣件连接钢管而成的网格栅，并在其上面铺竹篱笆或脚手板，也可采用贯穿于混凝土板内的钢筋构成防护网栅、钢盘网格，间距不得大于 20cm。

④边长在 150cm 以上的洞口四周必须设防护栏杆，洞口下方设安全平网防护。

（3）施工用电安全控制

①施工现场临时用电设备在 5 台及以上或设备总容量在 50kW 及以上者应编制用电组织设计。临时用电设备在 5 台以下或设备总容量在 50kW 以下者应制订安全用电和电气防火措施。

②变压器中性点直接接地的低压电网临时用电工程必须采用 TN-S 接零保护系统。

③当施工现场与外线路共用同一供电系统时，电气设备的接地、接零保护应与原系统保持一致，不得一部分设备做保护接零，另一部分设备做保护接地。

④配电箱的设置。

A. 施工用电配电系统应设置总配电箱配电柜分配电箱、开关箱，并按照"总—分—开"顺序作分级设置形成"三级配电"模式。

B. 施工用电配电系统各配电箱、开关箱的安装位置要合理。总配电箱配电柜要尽量靠近变压器或外电源以便于电源的引入。分配电箱应尽量安装在用电设备或负荷相对集中的中心地带，确保三相负荷保持平衡。开关箱安装的位置应视现场情况和工况尽量靠近其控制的用电设备。

C. 为保证临时用电配电系统三相负荷平衡施工现场的动力用电和照明用电应形成两个用电回路，动力配电箱与照明配电箱应该分别设置。

D. 施工现场所有用电设备必须有各自专用的开关箱。

E. 各级配电箱的箱体和内部设置必须符合安全规定，开关电器应标明用途，箱体应统一编号。停止使用的配电箱应切断电源，箱门上锁。固定式配电箱应设围栏并有防雨防砸措施。

⑤电器装置的选择与装配。

在开关箱中作为末级保护的漏电保护器，其额定漏电动作电流不应大于 30mA，额定漏电动作时间不应大于 0.1s。在潮湿、有腐蚀性介质的场所中，漏电保护器要选用防溅型的产品，其额定漏电动作电流不应大于 15mA，额定漏电动作时间不应大于 0.1s。

⑥施工现场照明用电。

A. 在坑、洞井内作业，夜间施工或厂房、道路、仓库、办公室、食堂、宿舍、料具堆放场所及自然采光差的场所应设一般照明、局部照明或混合照明。一般场所宜选用额定电压为 220V 的照明器。

B. 隧道、人防工程、高温、有导电灰尘、比较潮湿或灯具离地面高度低于 2.5m 等场所的照明电源电压不得大于 36V。

C. 潮湿和易触及带电体场所的照明电源电压不得大于 24V。

D. 特别潮湿的场所，导电良好的地面锅炉或金属容器内的照明电源电压不得大于 12V。

E. 照明变压器必须使用双绕组型安全隔离变压器，严禁使用自耦变压器。

F. 室外 220V 灯具距地面不得低于 3m，室内 220V 灯具距地面不得低于 2.5m。

（4）垂直运输机械安全控制

①外用电梯安全控制要点

外用电梯在安装和拆卸之前必须针对其类型特点说明书的技术要求，结合施工现场的实际情况制订详细的施工方案。外用电梯的安装和拆卸作业必须由取得相应资质的专业队伍进行安装，经验收合格取得政府相关主管部门核发的《准用证》后方可投入使用。外用电梯在大雨、大雾和六级及六级以上大风天气时应停止使用。暴风雨过后应对电梯各有关安全装置进行一次全面检查。

②塔式起重机安全控制要点

塔吊在安装和拆卸之前必须针对类型特点说明书的技术要求结合作业条件制订详细的施工方案。塔吊的安装和拆卸作业必须由取得相应资质的专业队伍进行安装完毕，经验收合格取得政府相关主管部门核发的《准用证》后方可投入使用。遇六级及六级以上大风等恶劣天气时应停止作业将吊钩升起。行走式塔吊要夹好轨钳。当风力达十级以上时应在塔身结构上设置缆风绳或采取其他措施加以固定。

六、安全应急预案

应急预案，又称"应急计划"或"应急救援预案"，是针对可能发生的事故，为迅速、有序地开展应急行动，降低人员伤亡和经济损失而预先制订的有关计划或方案。它是在辨识和评估潜在重大危险、事故类型、发生的可能性、发生的过程、事故后果及影响严重程度的基础上，对应急机构职责、人员、技术、装备、设施、物资、救援行动及其指挥与协调方面预先做出的具体安排。应急预案明确了在事故发生前、事故过程中以及事故发生后，谁负责做什么，何时做，怎么做以及相应的策略和资源准备等。

（一）事故应急预案

为控制重大事故的发生，防止事故蔓延，有效地组织抢险和救援，政府和生产经营单位应对已初步认定的危险场所和部位进行风险分析。对于认定的危险有害因素和重大危险源，应事先对事故后果进行模拟分析，预测重大事故发生后的状态、人员伤亡情况及设备破坏和损失程度，以及由于物料的泄漏可能引起的火灾、爆炸，有毒有害物质扩散对单位可能造成的影响。

依据预测，提前制订重大事故应急预案，组织、培训事故应急救援队伍，配备事故应急救援器材，以便在重大事故发生后，能及时按照预定方案进行救援，在最短时间内使事故得到有效控制。编制事故应急预案的主要目的有以下两个方面：

1.采取预防措施使事故控制在局部，消除蔓延条件，防止突发性重大或连锁事故发生。

2.能在事故发生后迅速控制和处理事故，尽可能减轻事故对人员及财产的影响，保障人员生命和财产安全。

事故应急预案是事故应急救援体系的主要组成部分，是事故应急救援工作的核心内容之一，是及时、有序、有效地开展事故应急救援工作的重要保障。事故应急预案的作用体现在以下几个方面：

（1）事故应急预案确定了事故应急救援的范围和体系，使事故应急救援不再无据可依、无章可循，尤其是通过培训和演练，可以使应急人员熟悉自己的任务，具备完成指定任务所需的相应能力，并检验预案和行动程序，评估应急人员的整体协调性。

（2）事故应急预案有利于做出及时的应急响应，降低事故后果。应急行动对时间要求十分敏感，不允许有任何拖延。事故应急预案预先明确了应急各方的职责和响应程序，在应急救援等方面进行了先期准备，可以指导事故应急救援迅速、高效、有序地开展，将事故造成的人员伤亡、财产损失和环境破坏降到最低。

（3）事故应急预案是各类突发事故的应急基础。通过编制事故应急预案，可以对那些事先无法预料到的突发事故起到基本的应急指导作用，成为开展事故应急救援的"底线"。在此基础上，可以针对特定事故类别编制专项事故应急预案，并有针对性地制定应急措施、进行专项应对准备和演习。

（4）事故应急预案建立了与上级单位和部门事故应急救援体系的衔接。通过编制事故应急预案可以确保当发生超过本级应急能力的重大事故时与有关应急机构的联系和协调。

（5）事故应急预案有利于增强风险防范意识。事故应急预案的编制、评审、发布、宣传、推演、教育和培训，有利于各方了解可能面临的重大事故及其相应的应急措施，有利于促进各方增强风险防范意识和能力。

（二）应急预案的编制

事故应急预案的编制过程可分为 4 个步骤。

1. 成立事故预案编制小组

应急预案的成功编制需要有关职能部门和团体的积极参与，并达成一致意见，尤其是应寻求与危险直接相关的各方进行合作。成立事故应急预案编制小组是将各有关职能部门各类专业技术有效结合起来的最佳方式，可有效地保证应急预案的准确性、完整性和实用性，而且为应急各方提供了一个非常重要的协作与交流机会，有利于统一应急各方的不同观点和意见。

2. 危险分析和应急能力评估

为了准确策划事故应急预案的编制目标和内容，应开展危险分析和应急能力评估工作。为有效开展此项工作，预案编制小组首先应进行初步的资料收集，包括相关法律法规、应急预案、技术标准、国内外同行业事故案例分析、本单位技术资料、重大危险源等。

（1）危险分析。危险分析是应急预案编制的基础和关键过程。在危险因素辨识、分析、评价及事故隐患排查、治理的基础上，确定本区域或本单位可能发生事故的危险源、事故的类型，影响范围和后果等，并指出事故可能产生的次生、衍生事故，形成分析报告，分析结果作为应急预案的编制依据。危险分析主要内容为危险源的分析和危险度评估。危险源的分析主要包括有毒、有害、易燃，易爆物质企事业单位的名称、地点、种类数量、分布、产量、储存、危险度、以往事故发生情况和发生事故的诱发因素等。对事故源潜在危险度的评估就是在对危险源进行全面调查的基础上，对企业单位的事故潜在危险度进行全面的科学评估，为确定目标单位危险度的等级找出科学的数据依据。

（2）应急能力评估。应急能力评估就是依据危险分析的结果，对应急资源的准备状况充分性和从事应急救援活动所具备的能力评估，以明确应急救援的需求和不足，为事故应急预案的编制奠定基础。应急能力包括应急资源（应急人员、应急设施、装备和物资）、应急人员的技术、经验和接受的培训等，它将直接影响应急行动的快速、有效性。制订应急预案时应当在评估与潜在危险相适应的应急能力的基础上，选择最现实最有效的应急策略。

3. 应急预案编制

针对可能发生的事故，结合危险分析和应急能力评估结果等信息，按照应急预案的相关法律法规的要求编制应急救援预案。在应急预案编制过程中，应注意编制人员的参与和培训，充分发挥他们各自的专业优势，使他们掌握危险分析和应急能力评估结果，明确应急预案的框架、应急过程行动重点以及应急衔接、联系要点等。同时编制的应急预案应充分利用社会应急资源，考虑与政府应急预案、上级主管单位以及相关部门的应急预案相衔接。

4. 应急预案的评审和发布

（1）应急预案的评审。为使预案切实可行、科学合理以及与实际情况相符，尤其是重点目标下的具体行动预案，编制前后需要组织有关部门、单位的专家、领导到现场进行实地勘察，如重点目标周围地形、环境指挥所位置、分队行动路线、展开位置人口疏散道路及流散地域等实地勘察、实地确定。经过实地勘察修改预案后，应急预案编制单位或管理部门还要依据中国有关应急的方针、政策、法律、法规、规章、标准和其他有关应急预案编制的指南性文件与评审检查表，组织有关部门、单位的领导和专家进行评议，取得政府有关部门和应急机构的认可。

（2）应急预案的发布。事故应急救援预案经评审通过后，应由最高行政负责人签署发布，并报送有关部门和应急机构备案。预案经批准发布后，应组织落实预案中的各项工作，如开展应急预案宣传、教育和培训，落实应急资源并定期检查，组织开展应急演习和训练，建立电子化的应急预案，对应急预案实施动态管理与更新，并不断完善。

（三）事故应急预案主要内容

一个完整的事故应急预案主要包括以下六个方面的内容。

1. 事故应急预案概况

事故应急预案概况主要描述生产经营单位总工以及危险特性状况等，同时对紧急情况下事故应急救援紧急事件、适用范围提供简述并作必要说明，如明确应急方针与原则，作为开展应急的纲领。

2. 预防程序

预防程序是对潜在事故、可能的次生与衍生事故进行分析，并说明所采取的预防和控制事故的措施。

3. 准备程序

准备程序应说明应急行动前所需采取的准备工作，包括应急组织及其职责权限、应急队伍建设和人员培训、应急物资的准备预案的演练、公众的应急知识培训、签订互助协议等。

4. 应急程序

在事故应急救援过程中，存在一些必需的核心功能和任务，如接警与通知、指挥与控制警报和紧急公告、通信、事态监测与评估警戒与治安、人群疏散与安置、医疗与卫生、公共关系、应急人员安全、消防和抢险、泄漏物控制等，无论处于何种应急过程都必须围绕上述功能和任务开展。应急程序主要指实施上述核心功能和任务的步骤。

（1）接警与通知。准确了解事故的性质和规模等初始信息是决定启动事故应急救援的关键。接警作为应急响应的第一步，必须对接警要求作出明确规定，保证接警人员迅速、准确地向报警人员询问事故现场的重要信息。接警人员接受报警后，应按预先确定的通报程序，迅速向有关应急机构、政府及上级部门发出事故通知，以采取相应的行动。

（2）指挥与控制。建立统一的应急指挥、协调和决策程序，便于对事故进行初始评估，确认紧急状态，从而迅速有效地进行应急响应决策，建立现场工作区域，确定重点保护区域和应急行动的优先原则，指挥和协调现场各救援队伍开展救援行动，合理高效地调配和使用应急资源等。

（3）警报和紧急公告。当事故可能影响到周边地区，对周边地区的公众可能造成威胁时，应及时启动警报系统，向公众发出警报，同时通过各种途径向公众发出紧急公告，告知其事故性质，对健康的影响、自我保护措施、注意事项等，以保证公众能够及时做出自我保护响应。决定实施疏散时，应通过紧急公告确保公众了解疏散的有关信息，如疏散时间、路线、随身携带物、交通工具及目的地等。

（4）通信。通信是应急指挥、协调和与外界联系的重要保障，在现场指挥部、应急中心、各事故应急救援组织、新闻媒体、医院、上级政府和外部救援机构之间，必须建立完善的应急通信网络，在事故应急救援过程中应始终保持通信网络畅通，并设立备用通信系统。

（5）事态监测与评估。在事故应急救援过程中必须对事故的发展势态及影响及时进行动态的监测，建立对事故现场及场外的监测和评估程序。事态监测在事故应急救援中起着非常重要的决策支持作用，其结果不仅是为了控制事故现场，制定消防、抢险措施的重要决策依据，也是划分现场工作区域、保障现场应急人员安全、实施公众保护措施的重要依据。即使在现场恢复阶段，也应当对现场和环境进行监测。

（6）警戒与治安。为保障现场事故应急救援工作的顺利开展，在事故现场周围建立警戒区域，实施交通管制，维护现场治安秩序是十分必要的，其目的是防止与救援无关人员进入事故现场，保障救援队伍、物资运输和人群疏散等的交通畅通，并避免发生伤亡。

（7）人群疏散与安置。人群疏散是防止人员伤亡扩大的关键，也是最彻底的应急响应。应当对疏散的紧急情况和决策、预防性疏散准备、疏散区域、疏散距离、疏散路线、疏散运输工具、避难场所以及回迁等做出细致的规定和准备；应考虑疏散人群的数量、所需要的时间、风向等环境变化以及老弱病残等特殊人群的疏散等问题。对已实施临时疏散的人群，要做好临时生活安置，保障必要的水、电、卫生等基本条件。

（8）医疗与卫生。对受伤人员采取及时、有效的现场急救，合理转送医院进行治疗，是减少事故现场人员伤亡的关键。医疗人员必须了解城市的主要危险并经过培训，掌握对受伤人员进行正确消毒和治疗方法。

（9）公共关系。事故发生后，会不可避免地引起新闻媒体和公众的关注。应将有关事故的信息、影响、救援工作的进展等情况及时向媒体和公众公布，以消除公众的恐慌心理，避免公众的猜疑和不满。应保证事故和救援信息的统一发布，明确事故应急救援过程中对媒体和公众的发言人和信息批准、发布的程序，避免信息的不一致。同时，还应处理好公众的有关咨询，接待和安抚受害者家属。

（10）应急人员安全。水利水电工程施工安全事故的应急救援工作危险性极大，必须认真考虑应急人员自身的安全问题，包括安全预防措施、个体防护设备、现场安全监测等，明确满足紧急撤离应急人员的条件和程序，保证应急人员免受事故的伤害。

（11）抢险与救援。抢险与救援是事故应急救援工作的核心内容之一，其目的是尽快地控制事故的发展，防止事故的蔓延和进一步扩大，从而控制住事故，并积极营救事故现场的受害人员。尤其是涉及危险物质的泄漏、火灾事故，其消防和抢险工作的难度和危险性十分巨大，应对消防和抢险的器材和物资、人员的培训、方法和策略以及现场指挥等做好周密的安排和准备。

（12）危险物质控制。危险物质的泄漏或失控，将可能引发火灾、爆炸或中毒事故，对工人和设备安全等造成严重危险。而且，泄漏的危险物质以及夹带了有毒物质的灭火用水，都可能对环境造成重大影响，同时也会给现场救援工作带来更大的危险。因此，必须对危险物质进行及时有效的控制，如对泄漏物的围堵、收容和洗消，并进行妥善处置。

5. 恢复程序

恢复程序是说明事故现场应急行动结束后所需采取的清除和恢复行动。现场恢复是在事故被控制后进行的短期恢复，从应急过程来说意味着事故应急救援工作的结束，并进入另一个工作阶段，即将现场恢复到一个基本稳定的状态。经验教训表明，在现场恢复的过程中往往存在潜在的危险，如余烬复燃受损建筑物倒塌等，所以，应充分考虑现场恢复过程中的危险，制定恢复程序，防止事故再次发生。

6. 预案管理与评审改进

事故应急预案是事故应急救援工作的指导文件。应当对预案的制定、修改更新、批准和发布作出明确的管理规定，保证定期或在应急演习、事故应急救援后对事故应急预案进行评审。针对各种变化的情况以及预案中所暴露出的缺陷，不断地完善事故应急预案体系。

（四）应急预案的内容

根据《生产经营单位生产安全事故应急预案编制导则》（GB/T29639—2013），应急预案可分为综合应急预案、专项应急预案和现场处置方案三个层次。综合应急预案是应急预案体系的总纲，主要从总体上阐述事故的应急工作原则，包括应急组织机构及职责、应急预案体系、事故风险描述、预警及信息报告、应急响应、保障措施、应急预案管理等内容。

专项应急预案是为应对某一类型或某几种类型事故，或者针对重要生产设施、重大危险源、重大活动等内容而制定的应急预案。专项应急预案主要包括事故风险分析、应急指挥机构及职责、处置程序和措施等内容。现场处置方案是根据不同事故类别，针对具体的场所、装置或设施所制定的应急处置措施，主要包括事故风险分析、应急工作职责、应急处置和注意事项等内容。水利水电工程建设参建各方应根据风险评估、岗位操作规程以及危险性控制措施，组织本单位现场作业人员及相关专业人员共同编制现场处置方案。

应急预案应形成体系，针对各级各类可能发生的事故和所有危险源制订专项应急预案和现场处置方案，并明确事前、事发、事中、事后各个过程中相关单位、部门和有关人员的职责。水利水电工程建设项目应根据现场情况，详细分析现场具体风险（如某处易发生滑坡事故），编制现场处置方案，主要由施工企业编制，监理单位审核，项目法人备案；分析工程现场的风险类型（如人身伤亡），编写专项应急预案，由监理单位与项目法人起草，相关领导审核，向各施工企业发布；综合分析现场风险，应急行动、措施和保障等基本要求和程序，编写综合应急预案，由项目法人编写，项目法人领导审批，向监理单位、施工企业发布。

由于综合应急预案是综述性文件，因此需要要素全面，而专项应急预案和现场处置方案要素重点在于制定具体救援措施，因此对于单位概况等基本要素不做内容要求。

（五）应急预案的编制步骤

应急预案的编制应参照《生产经营单位生产安全事故应急预案编制导则》（GB/T 29639—2013），预案的编制过程大致可分为下列六个步骤。

1. 成立预案编制工作组

水利水电工程建设参建各方应结合本单位实际情况，成立以主要负责人为组长的应急预案编制工作组，明确编制任务、职责分工，制订工作计划，组织开展应急预案编制工作。应急预案编制人员需要安全、工程技术、组织管理、医疗急救等各方面的知识，因此应急预案编制工作组是由各方面的专业人员或专家、预案制订和实施过程中所涉及或受影响的部门负责人及具体执行人员组成。必要时，编制工作组也可以邀请地方政府相关部门、水行政主管部门或流域管理机构代表作为成员。

2. 收集相关资料

收集应急预案编制所需的各种资料是一项非常重要的基础工作。掌握相关资料的多少、资料内容的详细程度的深浅和资料的可靠性大小将直接关系到应急预案编制工作是否能够顺利进行，以及能否编制出质量较高的事故应急预案。需要收集的资料一般包括：

（1）适用的法律、法规和标准。

（2）该水利水电工程建设项目与国内外同类工程建设项目的事故资料及事故案例分析。

（3）施工区域布局，工艺流程布置，主要装置、设备、设施布置，施工区域主要建（构）筑物布置等。

（4）原材料、中间体、中间和最终产品的理化性质及危险特性。

（5）施工区域周边情况及地理、地质、水文、环境、自然灾害、气象资料。

（6）事故应急所需的各种资源情况。

（7）同类工程建设项目的应急预案。

（8）政府的相关应急预案。

（9）其他相关资料。

3. 风险评估

风险评估是编制应急预案的关键，所有应急预案都建立在风险分析基础之上。在危险因素分析，危险源辨识及事故隐患排查、治理的基础上，确定本水利水电工程建设项目的危险源、可能发生的事故类型和后果，进行事故风险分析，并指出事故可能产生的次生、衍生事故及后果，形成分析报告，分析结果将作为事故应急预案的编制依据。

4. 应急能力评估

应急能力评估就是依据危险分析的结果，对应急资源准备状况的充分性和从事应急救援活动所具备的能力评估，以明确应急救援的需求和不足，为应急预案的编制奠定基础。水利水电工程建设项目应针对可能发生的事故及事故抢险的需要，实事求是地评估本工程的应急装备、应急队伍等应急能力。对于事故应急所需但本工程尚不具备的应急能力，应采取切实有效的措施予以弥补。事故应急能力一般包括：

（1）应急人力资源（各级指挥员、应急队伍、应急专家等）。

（2）应急通信与信息能力。

（3）人员防护设备（呼吸器、防毒面具、防酸服、便携式一氧化碳报警器等）。

（4）防止或控制事故发展的设备（消防器材等）。

（5）防止污染的设备、材料（中和剂等）。

（6）检测、监测设备。

（7）医疗救护机构与救护设备。

（8）应急运输与治安能力。

（9）其他应急能力。

5. 应急预案编制

在以上工作的基础上，针对本水利水电工程建设项目可能发生的事故，按照有关规定和要求，充分借鉴国内外同行业事故应急工作经验，编制应急预案。在应急预案编制过程中，应注重编制人员的参与和培训，充分发挥他们各自的专业优势，告知其风险评估和应急能力评估结果，明确应急预案的框架、应急过程行动重点以及应急衔接、联系要点等。同时，应急预案应充分考虑和利用社会应急资源，并与地方政府、流域管理机构、水行政主管部门以及相关部门的应急预案相衔接。

6. 应急预案评审

《生产经营单位生产安全事故应急预案编制导则》（GB/T 29639—2013）、《生产安全事故应急预案管理办法》（应急管理部令第 17 号）等提出了对应急预案评审的要求，即应急预案编制完成后，应进行评审或者论证。内部评审由本单位主要负责人组织有关部门和人员进行；外部评审由本单位组织外部有关专家进行；并可邀请地方政府有关部门、水行政主管部门或流域管理机构有关人员参加。应急评审合格后，由本单位主要负责人签署发布，并按规定报有关部门备案。

水利水电工程建设项目应参照《生产经营单位生产安全事故应急预案评审指南（试行）》（安监总厅应急〔2009〕73 号）对应急预案进行评审。该指南给出了评审方法、评审程序和评审要点，附有应急预案形式评审表、综合应急预案要素评审表、专项应急预案要素评审表、现场处置方案要素评审表和应急预案附件要素评审表五个附件。

（1）评审方法

应急预案评审分为形式评审和要素评审，评审可采取符合、基本符合、不符合三种方式简单判定。对于基本符合和不符合的项目，应指出指导性意见。

①形式评审。依据有关规定和要求，对应急预案的层次结构、内容格式、语言文字和制订过程等内容进行审查。形式评审的重点是应急预案的规范性和可读性。

②要素评审。依据有关规定和标准，从符合性、适用性、针对性、完整性、科学性、规范性和衔接性等方面对应急预案进行评审。要素评审包括关键要素和一般要素。为细化评审，可采用列表方式分别对应急预案的要素进行评审。评审应急预案时，将应急预案的要素内容与表中的评审内容及要求进行对应分析，判断是否符合表中要求，发现存在问题及不足。

关键要素指应急预案构成要素中必须规范的内容。这些内容涉及水利水电工程建设项目参建各方日常应急管理及应急救援时的关键环节，如应急预案中的危险源与风险分析、组织机构及职责、信息报告与处置、应急响应程序与处置技术等要素。

一般要素指应急预案构成要素中简写或可省略的内容。这些内容不涉及参建各方日常应急管理及应急救援时的关键环节，而是构成预案的基本要素，如应急预案中的编制目的、编制依据适用范围、工作原则、单位概况等。

（2）评审程序

应急预案编制完成后，应在广泛征求意见的基础上，采取会议评审的方式进行审查，会议审查规模和参加人员根据应急预案涉及范围和重要程度确定。

①评审准备。应急预案评审应做好下列准备工作：

成立应急预案评审组，明确参加评审的单位或人员；通知参加评审的单位或人员具体评审时间；将被评审的应急预案在评审前送达参加评审的单位或人员。

②会议评审。会议评审可按照下列程序进行：

介绍应急预案评审人员构成，推选会议评审组组长；应急预案编制单位或部门向评审人员介绍应急预案编制或修订情况；评审人员对应急预案进行讨论，提出修改和建设性意见；应急预案评审组根据会议讨论情况，提出会议评审意见；讨论通过会议评审意见，参加会议评审人员签字。

③意见处理。评审组组长负责对各位评审人员的意见进行协调和归纳，综合提出预案评审的结论性意见。按照评审意见，对应急预案存在的问题以及不合格项进行分析研究，并对应急预案进行修订或完善。反馈意见被要求重新审查的，应按照要求重新组织审查。

（3）评审要点

应急预案评审应包括下列内容：

①符合性：应急预案的内容是否符合有关法规、标准和规范的要求。

②适用性：应急预案的内容及要求是否符合单位实际情况。

③完整性：应急预案的要素是否符合评审表规定的要素。

④针对性：应急预案是否针对可能发生的事故类别、重大危险源、重点岗位部位制订。

⑤科学性：应急预案的组织体系、预防预警、信息报送、响应程序和处置方案是否合理。

⑥规范性：应急预案的层次结构、内容格式、语言文字等是否简洁明了，便于阅读和理解。

⑦衔接性：综合应急预案、专项应急预案、现场处置方案以及其他部门或单位预案是否相衔接。

（六）应急预案管理

1.应急预案备案

依照《生产安全事故应急预案管理办法》（应急管理部（应急部）令第17号），对已报批准的应急预案备案。

中央管理的企业综合应急预案和专项应急预案，报国务院国有资产监督管理部门、国务院安全生产监督管理部门和国务院有关主管部门备案；其所属单位的应急预案分别抄送所在地的省、自治区、直辖市或者设区的市人民政府安全生产监督管理部门和有关主管部门备案。

水利水电工程建设项目参建各方申请应急预案备案，应当提交下列材料：

（1）应急预案备案申请表。

（2）应急预案评审或者论证意见。

（3）应急预案文本及电子文档。

受理备案登记的安全生产监督管理部门及有关主管部门应当对应急预案进行形式审查，经审查符合要求的，予以备案并出具应急预案备案登记表；不符合要求的，不予备案并说明理由。

2.应急预案宣传与培训

应急预案宣传和培训工作是保证预案贯彻实施的重要手段，是增强参建人员应急意识，提升事故防范能力的重要途径。

水利水电工程建设参建各方应采取不同方式开展安全生产应急管理知识和应急预案的宣传和培训工作。对本单位负责应急管理工作的人员以及专职或兼职应急救援人员进行相应知识和专业技能培训，同时，加强对安全生产关键责任岗位员工的应急培训，使其掌握生产安全事故的紧急处置方法，增强自救互救和第一时间处理事故的能力。在此基础上，确保所有从业人员具备基本的应急技能，熟悉本单位应急预案，掌握本岗位事故防范与处置措施和应急处置程序，提高应急水平。

3.应急预案演练

应急预案演练是应急准备的一个重要环节。通过演练，可以检验应急预案的可行性和应急反应的准备情况；通过演练，可以发现应急预案存在的问题，完善应急工作机制，提升应急反应能力；通过演练，可以锻炼队伍，提升应急队伍的作战能力，熟悉操作技能；通过演练，可以教育参建人员，增强其危机意识，提高安全生产工作的自觉性。为此，预案管理和相关规章中都应有对应急预案演练的要求。

4.应急预案修订与更新

应急预案必须与工程规模、机构设置、人员安排、危险等级、管理效率及应急资源等状况相一致。随着时间推移，应急预案中包含的信息可能会发生变化。因此，为了不断完善和改进应急预案并保持预案的时效性，水利水电工程建设参建各方应根据本单位实际情况，及时更新和修订应急预案。应就下列情况对应急预案进行定期和不定期的修订：

（1）日常应急管理中发现预案的缺陷。

（2）训练或演练过程中发现预案的缺陷。

（3）实际应急过程中发现预案的缺陷。

（4）组织机构发生变化。

（5）原材料、生产工艺的危险性发生变化。

（6）施工区域范围的变化。

（7）布局、消防设施等发生变化。

（8）人员及通信方式发生变化。

（9）有关法律法规标准发生变化。

（10）其他情况。

应急预案修订前，应组织对应急预案进行评估，以确定是否需要进行修订以及哪些内容需要修订。通过对应急预案更新与修订，可以保证应急预案的持续适应性。同时，更新的应急预案内容应通过有关负责人认可，并及时通告相关单位、部门和人员；修订的预案版本应经过相应的审批程序，并及时发布和备案。

七、安全健康管理体系认证

职业健康安全管理的目标是使企业的职业伤害事故、职业病持续减少。实现这一目标的重要组织保证体系，是企业建立持续有效并不断改进的职业健康安全管理体系（Occupational safety and health management systems，简称OSHMS）。其核心是要求企业采用现代化的管理模式，使包括安全生产管理在内的所有生产经营活动科学、规范并有效，通过建立安全健康风险的预测、评价、定期审核和持续改进完善机制，从而预防事故发生和控制职业危害。国标《职业健康安全管理体系要求》已于2011年12月30日更新至GB/T28001—2011版本，等同于采用OSHMS18001：2007新版标准（英文版），并于2012年2月1日实施。GB/T 28001—2011标准与OHSAS18001：2007年在体系的宗旨、结构和内容上相同或相近。

（一）OSHMS简介

OSHMS具有系统性、动态性、预防性、全员性和全过程控制的特征。OSHMS以"系统安全"思想为核心，将企业的各个生产要素组合起来作为一个系统，通过危险辨识、风险评价和控制等手段来达到控制事故发生的目的；OSHMS将管理重点放在对事故的预防上，在管理过程中持续不断地根据预先确定的程序和目标，定期审核和完善系统的不安全因素，使系统达到最佳的安全状态。

1.标准的主要内涵

职业健康安全管理体系结构包括五个一级要素，即：职业健康安全方针；策划；实施和运行；检查；管理评审。显然，这五个一级要素中的策划实施和运行、检查和纠正措施三个要素来自PDCA循环，其余两个要素即职业健康安全方针和管理评审，一个是总方针和总目标的明确，一个是为了实现持续改进的管理措施。因此，其中心仍是PDCA循环的基本要素。

这五个一级要素，包括17个二级要素，即：职业健康安全方针；对危险源辨识、风险评价和风险控制的策划；法规和其他要求；目标；职业健康安全管理方案；结构和职责；培训、意识和能力；协商和沟通；文件；文件和资料控制；运行控制；应急准备和响应；绩效测量和监视；事故、事件、不符合、纠正和预防措施；记录和记录管理；审核；管理评审。这17个二级要素中一部分是体现体系主体框架和基本功能的核心要素，包括：职业健康安全方针，对危险源辨识、风险评价和风险控制的策划，法规和其他要求，目标，职业健康安全管理方案，结构和职责，运行控制，绩效测量和监视，审核和管理评审。另一部分是支持体系主体框架和保证实现基本功能的辅助要素，包括：培训、意识和能力，协商和沟通，文件，文件和资料控制，应急准备和响应，事故，事件、不符合、纠正和预防措施，记录和记录管理。

职业健康安全管理体系的17个要素的目标和意图如下：

（1）职业健康安全方针

①确定职业健康安全管理的总方向和总原则及职责和绩效目标。

②表明组织对职业健康安全管理的承诺，特别是最高管理者的承诺。

（2）危险源辨识、风险评价和控制措施的确定

①对危险源辨识和风险评价，组织对其管理范围内的重大职业健康安全危险源有一个清晰的认识和总的评价，并使组织明确应控制的职业健康安全风险；

②建立危险源辨识、风险评价和风险控制与其他要素之间的联系，为组织的整体职业健康安全体系奠定基础。

（3）法律法规和其他要求

①促进组织认识和了解其所应履行的法律义务，并对其影响有一个清醒的认识，并就此信息与员工进行沟通；

②识别对职业健康安全法规和其他要求的需求和获取途径。

（4）目标和方案

①使组织的职业健康安全方针能够得到真正落实；

②保证组织内部对职业健康安全方针的各方面设立可测量的目标；

③寻求实现职业健康安全方针和目标的途径和方法；

④制订适宜的战略和行动计划，并实现组织所确定的各项目标。

（5）资源、作用、职责和权限

建立适宜职业健康安全管理体系的组织结构；确定管理体系实施和运行过程中有关人员的作用、职责和权限；确定实施、控制和改进管理体系的各种资源。

①建立、实施、控制和改进职业健康安全管理体系所需要的资源；

②对作用、职责和权限作出明确规定，形成文件并沟通。

③按照 OSHMS 标准建立、实施和保持职业健康安全管理体系。

④向最高管理者报告职业健康安全管理体系运行的绩效，以供评审，并将其作为改进职业健康安全管理体系的依据。

（6）培训意识和能力

①增强员工的职业健康安全意识；

②确保员工有能力履行相应的职责，完成影响工作场所内职业健康安全的任务。

（7）沟通、参与和协商

①确保与员工和其他相关方就有关职业健康安全的信息进行相互沟通；

②鼓励所有受组织运行影响的人员参与职业健康安全事务，对组织的职业健康安全方针和目标予以支持。

（8）文件

①确保组织的职业健康安全管理体系得到充分理解并有效运行；

②按有效性和效率要求，设计并尽量减少文件的数量。

（9）文件控制

①建立并保持文件和资料的控制程序；

②识别和控制体系运行和职业健康安全的关键文件和资料。

（10）运行控制

①制订计划和安排，确定控制和预防措施的有效实施；

②根据实现职业健康安全的方针、目标，遵守法规和其他要求的需要，使与危险有关的运行和活动均处于受控状态。

（11）应急准备和响应

①主动评价潜在的事故和紧急情况，识别应急响应要求；

②制订应急准备和响应计划，以减少或预防可能引发的病症和突发事件造成的伤害。

（12）绩效测量和监视

持续不断地对组织的职业健康安全绩效进行监测和测量，以识别体系的运行状态，保证体系的有效运行。

（13）合规性评价

①组织建立、实施并保持一个或多个程序，以定期评价对适用法律法规的遵守情况；

②评价对组织同意遵守的其他要求的情况。

（14）事件调查，不符合、纠正措施和预防措施

①组织应建立、实施并保持一个或多个程序，用于记录、调查及分析事件，以便确定可能造成或引发事件的潜在的职业健康安全管理的缺陷或其他原因；识别采取纠正措施的需求；识别采取预防措施的机会；识别持续改进的机会；沟通事件的调查结果。

事件调查应及时进行。任何识别的纠正措施需求或预防措施的机会应该按照相关规定处理。

②不符合、纠正措施和预防措施。组织应建立实施并保持一个或多个程序，用来处理实际或潜在的不符合，并采取纠正措施或预防措施。程序中应规定下列要求：

识别并纠正不符合，并采取措施以减少对职业健康安全的影响；调查不符合情况，确定其原因，并采取措施以防止再度发生；评价采取预防措施的需求，实施所制订的适当预防措施，以预防不符合的发生；记录并沟通所采取纠正措施和预防措施的结果；评价所采取纠正措施和预防措施的有效性。

（15）记录控制

①组织应根据需要，建立并保持必需的记录，用以证实其职业健康安全管理体系达到OSHMS标准各项要求结果的符合性。

②组织应建立、实施并保持一个或多个程序，用于对记录的标识、存放、保护、检索、留存和处置。记录应保持字迹清楚、标识明确、易读，并具有可追溯性。

（16）内部审核

①持续评估组织的职业健康安全管理体系的有效性；

②组织通过内部审核，自我评审本组织建立的职业健康安全体系与标准要求的符合性；

③确定对形成文件的程序的符合程度；

④评价管理体系是否满足组织的职业健康安全目标。

（17）管理评审

①评价管理体系是否完全实施和是否持续保持；

②评价组织的职业健康安全方针是否合适；

③为了组织的未来发展要求，重新制定组织的职业健康安全目标或修改现有的职业健康安全目标，并考虑为此是否需要修改有关的职业健康安全管理体系的要素。

2. 安全体系基本特点

建筑企业在建立与实施自身职业健康安全管理体系时，应注意充分体现建筑业的基本特点。

（1）危害辨识、风险评价和风险控制策划的动态管理。建筑企业在实施职业健康安全管理体系时，应根据客观状况的变化，及时对危害辨识、风险评价和风险控制过程进行评审，并注意在发生变化前即采取适当的预防性措施。

（2）强化承包方的教育与管理。建筑企业在实施职业健康安全管理体系时，应特别

注意通过适当的培训与教育形式来提高承包方的职业安全健康意识与知识，并建立相应的程序与规定，确保他们遵守企业的各项安全健康规定与要求，并促进他们积极地参与体系实施和以高度责任感完成其相应的职责。

（3）加强与各相关方的信息交流。建筑企业在施工过程中往往涉及多个相关方，如承包方、业主、监理方和供货方等。为了确保职业健康安全管理体系的有效实施与不断改进，必须依据相应的程序与规定，通过各种形式加强与各相关方的信息交流。

（4）强化施工组织设计等活动的管理。必须通过体系的实施，建立和完善对施工组织设计或施工方案以及单项安全技术措施方案的管理，确保每一设计中的安全技术措施都根据工程的特点、施工方法、劳动组织和作业环境等提出有针对性的具体要求，从而促进建筑施工的本质安全。

（5）强化生活区安全健康管理制度。每一承包项目的施工活动中都要涉及现场临建设施及施工人员住宿与餐饮等管理问题，这也是建筑施工队伍容易出现安全与中毒事故的关键环节。实施职业安全健康管理体系时，必须控制现场临建设施及施工人员住宿与餐饮管理中的风险，建立与保持相应的程序和规定。

（6）融合。建筑企业应将职业安全健康管理体系作为其全面管理的一个组成部分，它的建立与运行应融合于整个企业的价值取向，包括体系内各要素、程序和功能与其他管理体系的融合。

3. 建筑业建立 OSHMS 的作用和意义

（1）有助于提高企业的职业安全健康管理水平。OSHMS 概括了发达国家多年的管理经验。同时，体系本身具有相当大的弹性，容许企业根据自身特点加以发挥和运用，结合企业自身的管理实践进行管理创新。OSHMS 通过开展周而复始的策划、实施、检查和评审改进等活动，保持体系的持续改进与不断完善，这种持续改进、螺旋上升的运行模式，将不断地提高企业的职业安全健康管理水平。

（2）有助于推动职业安全健康法规的贯彻落实。OSHMS 将政府的宏观管理和企业自身的微观管理结合起来，使职业安全健康管理成为组织全面管理的一个重要组成部分，突破了以强制性执行政府指令为主要手段的单一管理模式，使企业由消极被动地接受监督转变为主动地参与市场行为，有助于国家有关法律法规的贯彻落实。

（3）有助于降低经营成本，提高企业经济效益。OSHMS 要求企业对各个部门的员工进行相应的培训，使他们了解职业安全健康方针及各自岗位的操作规程，提高全体职工的安全意识，预防及减少安全事故，降低安全事故的经济损失和经营成本。同时，OSHMS 还要求企业不断改善劳动者的作业条件，保障劳动者的身心健康，这有助于提高企业职工的劳动效率，进而提高企业的经济效益。

（4）有助于提高企业的形象和社会效益。为建立 OSHMS，企业必须对员工和相关方的安全健康提供有力的保证。这个过程体现了企业对员工生命和劳动的尊重，有利于改善企业的公共关系，提升社会形象，增强凝聚力，提高企业在金融、保险业中的信誉度和美誉度，从而增加获得贷款、降低保险成本的机会，增强其市场竞争力。

（5）有助于促进中国建筑企业进入国际市场。建筑业属于劳动密集型产业，中国建筑业由于具有低劳动力成本的特点，在国际市场中比较有优势。但当前不少发达国家为保护其传统产业采用了一些非关税壁垒（如安全健康环保等准入标准）来阻止发展中国家的产品与劳务进入本国市场。因此，中国企业要进入国际市场，就必须按照国际惯例规范自身的管理，打破发达国家设置的种种准入限制。OSHMS作为第三张标准化管理的国际通行证，它的实施将有助于中国建筑企业进入国际市场，并提高其在国际市场上的竞争力。

（二）管理体系认证程序

建立OSHMS的步骤如下：领导决策→成立工作组→人员培训→危害辨识及风险评估→初始状态评审→职业安全健康管理体系策划与设计→体系文件编制→体系试运行→内部审核→管理评审→第三方审核及认证注册等。

建筑企业可参考如下步骤来制订建立与实施职业安全健康管理体系的推进计划。

1.学习与培训。职业安全健康管理体系建立和完善的过程，是始于教育、终于教育的过程，也是提高认识和统一认识的过程。教育培训要分层次、循序渐进地进行，需要企业所有人员的参与和支持。在全员培训的基础上，要有针对性地抓好管理层和内审员的培训。

2.初始评审。初始评审的目的是为职业安全健康管理体系建立和实施提供基础，为职业安全健康管理体系的持续改进建立绩效基准。初始评审主要包括以下内容：

（1）收集相关的职业安全健康法律、法规和其他要求，对其适用性及需遵守的内容进行确认，并对遵守情况进行调查和评价；

（2）对现有的或计划的相关建筑施工活动进行危害辨识和风险评价；

（3）确定现有措施或计划采取的措施是否能够消除危害或控制风险；

（4）对所有现行职业安全健康管理的规定、过程和程序等进行检查，并评价其对管理体系要求的有效性和适用性；

（5）分析以往建筑安全事故情况以及员工健康监护数据等相关资料，包括人员伤亡、职业病、财产损失的统计、防护记录和趋势分析；

（6）对现行组织机构、资源配备和职责分工等进行评价，初始评审的结果应形成文件，并作为建立职业安全健康管理体系的基础。

3.体系策划。根据初始评审的结果和本企业的资源，进行职业安全健康管理体系的策划。策划工作主要包括：

（1）确立职业安全健康方针；

（2）制订职业安全健康体系目标及其管理方案；

（3）结合职业安全健康管理体系要求进行职能分配和机构职责分工；

（4）确定职业安全健康管理体系文件结构和各层次文件清单；

（5）为建立和实施职业安全健康管理体系准备必要的资源；

（6）文件编写。

4. 体系试运行。各个部门和所有人员都按照职业安全健康管理体系的要求开展相应的安全健康管理和建筑施工活动，对职业安全健康管理体系进行试运行，以检验体系策划与文件化规定的充分性、有效性和适宜性。

5. 评审完善。通过职业安全健康管理体系的试运行，特别是依据绩效监测和测量、审核以及管理评审的结果，检查与确认职业安全健康管理体系各要素是否按照计划有效运行，是否达到了预期的目标，并采取相应的改进措施，使所建立的职业安全健康管理体系得到进一步的完善。

八、安全事故处理

水利工程施工安全是指在施工过程中，工程组织方应该采取必要的安全措施和手段来保证施工人员的生命和健康安全，降低安全事故的发生概率。

（一）概述

1. 概念

工伤事故就是企业员工在为公司或工厂进行施工建设中因为某种原因造成的工伤亡事故。对于工伤事故，《工人职员伤亡事故报告规程》指出"企业对于工人职员在生产区域中所发生的和生产有关的伤亡事故（包括急性中毒）必须按规定进行调查、登记统计和报告"。从目前的情况来看，除了施工单位的员工以外，工伤事故的发生群体还包括民工、临时工和参加生产劳动的学生、教师、干部等。

2. 伤亡事故的分类

一般来说，伤亡事故的分类都是根据受伤害者受到的伤害程度进行划分的。

（1）轻伤

轻伤是职工受到伤害程度最低的一种工伤事故，按照相关法律的规定，员工如果受到轻伤而造成歇工一天或一天以上就应做轻伤事故处理。

（2）重伤事故

重伤的情况分为很多种，一般来说凡是有下列情况之一者，都属于重伤，作重伤事故处理。

①经医生诊断成为残废或可能成为残废的。

②伤势严重，需要进行较大手术才能挽救。

③人体要害部位严重灼伤、烫伤或非要害部位灼伤烫伤占全身面积 1/3 以上的；严重骨折，严重脑震荡等。

④眼部受伤较重，对视力产生影响，甚至有失明可能的。

⑤手部伤害：大拇指轧断一节的，食指、中指、无名指任何一只轧断两节或任何两只轧断一节的局部肌肉受伤严重，引起肌能障碍，有不能自由伸屈的残废可能的。

⑥脚部伤害：一脚脚趾轧断三只以上的，局部肌肉受伤甚剧，有不能行走自如的残废的可能的；内部伤害：内脏损伤、内出血或伤及腹膜等。

⑦其他部位伤害严重的：不在上述各点内，经医师诊断后，认为受伤较重，根据实际情况由当地劳动部门审查认定。

（3）多人事故

在施工过程中如果出现多人（3人或3人以上）受伤的情况，那么应被认定为多人工伤事故处理。

（4）急性中毒

急性中毒是指由于食物、饮水、接触物等原因造成的员工中毒。急性中毒会对受害者的机体造成严重的伤害，一般作为工伤事故处理。

（5）重大伤亡事故

重大伤亡事故是指在施工过程中，由于事故造成一次死亡1~2人的事故，应做重大伤亡处理。

（6）多人重大伤亡事故

多人重大伤亡事故是指在施工过程中，由于事故造成一次死亡3人或3人以上10人以下的重大工伤事故。

（7）特大伤亡事故

特大伤亡事故是指在施工过程中，由于事故造成一次死亡10人或10人以上的伤亡事故。

（二）事故处理程序

一般来说如果在施工过程中发生重大伤亡事故，企业负责人员应在第一时间组织伤员的抢救，并及时将事故情况报告给各有关部门，具体来说主要分为以下三个主要步骤。

1.迅速抢救伤员、保护好事故现场

在工伤事故发生之后，施工单位的负责人应迅速组织人员对伤员展开抢救，并拨打120急救热线，另外，还要保护好事故现场，帮助劳动责任认定部门进行劳动责任认定。

2.组织调查组

轻伤、重伤事故，由企业负责人或指定人员组织生产、技术、安全等部门及工会组成事故调查组，进行调查；伤亡事故，由企业主管部门会同同级行政安全管理部门、公安部门、监察部门、工会组成事故调查组，进行调查。死亡和重大死亡事故调查组应邀请人民检察院参加，还可邀请有关专业技术人员参加，与发生事故有直接利害关系的人员不得参加调查组。

3.现场勘查

（1）作出笔录

通常情况下，笔录的内容包括事发时间、地点以及气象条件等；现场勘查人员的姓名、单位、职务；现场勘查起止时间、勘察过程；能量逸散所造成的破坏情况、状态、程度；设施设备损坏情况及事故发生前后的位置；事故发生前的劳动组合，现场人员的具体位置和行动；重要物证的特征、位置及检验情况等。

（2）实物拍照

包括方位拍照，反映事故现场周围环境中的位置；全面拍照，反映事故现场各部位之间的联系；中心拍照，反映事故现场中心情况；细目拍照，提示事故直接原因的痕迹物、致害物；人体拍照，反映伤亡者主要受伤和造成伤害的部位。

（3）现场绘图

根据事故的类别和规模以及调查工作的需要应绘制：建筑物平面图、剖面图；事故发生时人员位置及疏散图；破坏物立体图或展开图；涉及范围图；设备或工具、器具构造图等。

（4）分析事故原因、确定事故性质

分析的步骤和要求是：

①通过详细的调查，查明事故发生的经过。

②整理和仔细阅读调查资料，对受伤部位、受伤性质、起因物、致害物、伤害方法、不安全行为和不安全状态等七项内容进行分析。

③根据调查所确认的事实，从直接原因入手，逐渐深入到间接原因。通过对原因的分析，确定出事故的直接责任者和领导责任者，根据在事故发生中的作用，找出主要责任者。

④确定事故的性质。如责任事故、非责任事故或破坏性事故。

（5）写出事故调查报告

事故调查组应着重把事故发生的经过、原因、责任分析和处理意见以及本次事故的教训和改进工作的建议等写成报告，以调查组全体人员签字后报批。如内部意见不统一，应进一步弄清事实，对照政策法规反复研究，统一认识。对于仍持有不同意见的个别同志，可在签字时写明自己的意见。

（6）事故的审理和结案

住房和城乡建设部对事故的审批和结案有以下几点要求：

①事故调查处理结论，应经有关机关审批后，方可结案。伤亡事故处理工作应当在90日内结案，特殊情况不得超过180日。

②事故案件的审批权限，同企业的隶属关系及人事管理权限一致。

③对事故责任人的处理，应根据其情节轻重和损失大小，谁有责任，谁负主要责任、其次责任、重要责任、一般责任，还是领导责任等，按规定予以处分。

④要把事故调查处理的文件、图纸、照片、资料等记录长期完整地保存起来。

第三节 环境保护的要求和措施

一、环境保护的要求

（一）环境保护的概念和意义

按照法律法规、各级主管部门和企业的要求，保护和改善作业现场的环境，控制现场的各种粉尘、废水、废气、固体废弃物、噪声、振动等对环境的污染和危害。

环境保护的意义有以下几个方面：

1. 是保证人们身体健康和社会文明的需要。采取专项措施防止粉尘、噪声和水源污染，保护好作业现场及其周围的环境。

2. 是保证职工和相关人员身体健康、体现社会总体文明的一项利国利民的重要工作；是消除对外干扰从而保证施工顺利进行的需要。随着人们的法制观念和自我保护意识的增强，尤其在城市中，施工扰民问题反映突出，应及时采取防治措施，减少对环境的污染和对市民的干扰，这也是施工生产顺利进行的基本条件。

3. 保护和改善施工环境是现代化大生产的客观要求。现代化施工广泛应用新设备，新技术、新的生产工艺，对环境质量要求很高，如果粉尘、振动超标就可能损坏设备，影响功能发挥，使设备难以发挥作用。

4. 节约能源、保护人类生存环境、保证社会和企业可持续发展的需要。人类社会即将面临环境污染和能源危机的挑战。为了保护子孙后代赖以生存的环境条件，每个公民和企业都有责任和义务来保护环境。良好的环境和生存条件，也是企业发展的基础和动力。

（二）环境保护的要求

环境保护应该按照国家有关法律和地方政府及有关部门的要求，认真抓好落实，主要包括以下几个方面：

1. 工程施工必须保护环境和自然资源，防止污染和存在其他公害。

2. 要积极采用无污染或少污染环境的新工艺、新技术、新产品。

3. 加强企业管理，"三废"的治理和排放严格按照国家标准执行。

4. 工程施工的烟尘和有害气体排放要达到国家标准。

5. 降低噪声和振动的影响，做好有害气体和粉尘的净化回收。

6. 按照建设部第15号令《建筑工程施工现场管理规定》第四章对环境保护的具体要求，抓好建筑工程的环境保护工作。

二、建设工程环境保护的措施

（一）大气污染的防治

1.大气污染物的分类

大气污染物的种类有数千种，已发现有危害作用的有 100 多种，其中大部分是有机物。大气污染物通常以气体状态和粒子状态存在于空气中。

（1）气体状态污染物。气体状态污染物具有运动速度较大，扩散较快，在周围大气中分布比较均匀的特点。气体状态污染物包括分子状态污染物和蒸汽状态污染物。

分子状态污染物：指在常温常压下以气体分子形式分散于大气中的物质，如燃料燃烧过程中产生的二氧化硫（SO_2）、氮氧化物（NOx）、一氧化碳（CO）等。

蒸汽状态污染物：指在常温常压下易挥发的物质，以蒸汽状态进入大气，如机动车尾气，沥青烟中含有的碳氢化合物、苯并 [a] 芘等。

（2）粒子状态污染物。粒子状态污染物又称固体颗粒污染物，是分散在大气中的微小液滴和固体颗粒，粒径为 $0.01{\sim}100\mu m$，是一个复杂的非均匀体。通常根据粒子状态污染物在重力作用下的沉降特性又可分为降尘和飘尘。

降尘：指在重力作用下能很快下降的固体颗粒，其粒径大于 $10\mu m$。

飘尘：指可长期飘浮于大气中的固体颗粒，其粒径小于 $10\mu m$。飘尘具有胶体的性质，故又称为气溶胶，它易随呼吸进入人体肺脏，危害人体健康，故称为可吸入颗粒。

施工工地的粒子状态污染物主要有锅炉、熔化炉、厨房烧煤产生的烟尘。还有建材破碎、筛分、碾磨、加料过程，装卸运输过程产生的粉尘等。

2.大气污染的防治措施

大气污染的防治措施主要针对上述粒子状态污染物和气体状态污染物进行治理。主要方法如下：

（1）除尘技术。在气体中除去或收集固态或液态粒子的设备称为除尘装置。主要种类有机械除尘装置、洗涤式除尘装置、过滤除尘装置和电除尘装置等。工地的烧煤茶炉、锅炉、炉灶等应选用装有上述除尘装置的设备。工地其他粉尘可用遮盖、淋水等措施防治。

（2）气态污染物治理技术。大气中气态污染物的治理技术主要有以下几种方法。

①吸收法：选用合适的吸收剂，可吸收空气中的 SO_2、H_2S、HF、NOx 等。

②吸附法：让气体混合物与多孔性固体接触，把混合物中的某个组分吸留在固体表面。

③催化法：利用催化剂把气体中的有害物质转化为无害物质。

④燃烧法：是通过热氧化作用，将废气中可燃的有害部分，化为无害物质的方法。

⑤冷凝法：是使处于气态的污染物冷凝，从气体分离出来的方法。该法特别适合处理有较高浓度的有机废气，如对沥青气体的冷凝，回收油品。

⑥生物法：利用微生物的代谢活动把废气中的气态污染物转化为少害甚至无害的物质。该法应用广泛，成本低廉，但只适用于低浓度污染物。

3. 施工现场空气污染的防治措施

（1）施工现场垃圾渣土要及时清理出现场。

（2）高大建筑物清理施工垃圾时，要使用封闭式的容器或者采取其他措施处理高空废弃物，严禁凌空随意抛撒。

（3）施工现场道路应指定专人定期洒水清扫，形成制度，防止道路扬尘。

（4）对于细颗粒散体材料（如水泥、粉煤灰、白灰等）的运输、储存，要注意遮盖、密封，防止和减少颗粒飞扬。

（5）车辆开出工地要做到不带泥沙，基本做到不洒土，不扬尘，减少对周围环境的污染。

（6）除设有符合规定的装置外，禁止在施工现场焚烧油毡，橡胶、塑料、皮革、树叶、枯草、各种包装物等废弃物品以及其他会产生有毒、有害烟尘和恶臭气体的物质。

（7）机动车都要安装减少尾气排放的装置，确保符合国家标准。

（8）工地茶炉应尽量使用电热水器。若只能使用烧煤茶炉和锅炉，应选用消烟除尘型茶炉和锅炉，大灶应选用消烟节能回风炉灶，使烟尘降至允许排放范围为止。

（9）大城市市区的建设工程已不容许搅拌混凝土。在容许设置搅拌站的工地，应将搅拌站封闭严密，并在进料仓上方安装除尘装置，采取可靠措施控制工地粉尘污染。

（10）拆除旧建筑物时，应适当洒水，防止扬尘。

（二）水污染的防治

1. 水污染物主要来源

（1）工业污染源。指各种工业废水向自然水体的排放。

（2）生活污染源。主要有食物废渣、食油、粪便、合成洗涤剂、杀虫剂，病原微生物等。

（3）农业污染源。主要有化肥、农药等。

（4）施工现场废水和固体废物随水流流入水体部分，包括泥浆、水泥、油漆、各种油类，混凝土外加剂、重金属、酸碱盐、非金属无机毒物等。

2. 废水处理技术

废水处理的目的是把废水中所含的有害物质清理分离出来。废水处理可分为化学法、物理法、物理化学法和生物法。

（1）物理法。可利用筛滤、沉淀、气浮的方法。

（2）化学法。利用化学反应来分离、分解污染物，或使其转化为无害物质的处理方法。

（3）物理化学法。主要有吸附法、反渗透法、电渗析法。

（4）生物法。是利用微生物新陈代谢功能，将废水中成溶解和胶体状态的有机污染物降解，并转化为无害物质，使水得到净化的方法。

3. 施工过程水污染的防治措施

（1）禁止将有毒有害废弃物作土方回填。

（2）施工现场搅拌站废水，现制水磨石的污水，电石（碳化钙）的污水必须经沉淀池沉淀合格后再排放，最好将沉淀水用于工地洒水降尘或采取措施回收利用。

（3）现场存放油料，必须对库房地面进行防渗处理。如采取防渗混凝土地面、铺油毡等措施。使用时，要采取防止油料跑、冒、滴、漏的措施，以免污染水体。

（4）施工现场100人以上的临时食堂，在污水排放时可设置简易有效的隔油池，定期清理，防止污染。

（5）工地临时厕所，化粪池应采取防渗漏措施。中心城市施工现场的临时厕所可采用水冲式厕所，并有防蝇、灭蛆措施，防止污染水体和环境。

（6）化学用品、外加剂等要妥善保管，库内存放，防止污染环境。

第九章 水利工程项目合同管理

第一节 水利工程施工招标投标

一、概念

（一）招标

招标是指招标人对货物、工程和服务，事先公布采购的条件和要求，邀请投标人参加投标，招标人按照规定的程序确定中标人的行为。

招标方式分为公开招标和邀请招标两种。

（1）公开招标。指招标人以招标公告的方式，邀请不特定的法人或其他组织投标。其特点是能保证竞争的充分性。

（2）邀请招标。指招标人以投标邀请书的方式，邀请三个以上特定的法人或其他组织投标，对其使用法律作出了限制性规定。

1. 招标人

招标人是指依照招标投标法的规定提出招标项目，进行招标的法人或其他组织。招标人不得为自然人。

招标人应当具备以下必要条件：第一，应有进行招标项目的相应资金或资金来源已落实，并应当在招标文件中如实载明；第二，招标项目按规定履行审批手续的，应先履行审批手续并获得批准。

2. 招标程序

（1）招标公告与投标邀请书

公开招标时，应在国家指定的报刊、网络或其他媒介发布招标公告。招标公告应载明：招标人的名称和地址，招标项目的性质数量、实施地点和时间以及获得招标文件的办法等事项。

邀请招标时，应向三个以上具备承担招标项目能力、资信良好的特定法人或组织发出投标邀请书。投标邀请书应载明的事项与招标公告应载明的事项相同。

（2）对投标人的资格审查

由于招标项目一般都是大中型建设项目或技术复杂项目，为了确保工程质量以及避免招标工作上的财力和时间的浪费，招标人可以要求潜在投标人提供有关资质证明文件和业绩情况，并对其进行资格审查。

（3）编制招标文件

招标文件是要约邀请内容的具体化。招标文件要根据招标项目的特点编制，还要涵盖法律规定的共性内容：招标项目的技术要求、投标人资格审查标准、投标报价要求、评标标准等所有实质性要求和条件以及拟签订合同的主要条款。

招标文件不得要求或标明特定的生产供应商，不得含有排斥潜在投标人的内容及含有排斥潜在投标人倾向的内容。不得透露已获得的潜在投标人的有可能影响公平竞争的情况，设有标底的标底必须保密。

（二）投标

投标是指投标人按照招标人提出的要求和条件回应合同的主要条款，参加投标竞争的行为。

1. 投标人

投标人是指响应招标、参加投标竞争的法人或其他组织，依法招标的科研项目允许个人参加投标。投标人应当具备承担招标项目的能力，有特殊规定的，投标人应当具备规定的资格。

2. 投标文件的编制

投标人应当按照招标文件的要求编制投标文件，且投标文件应当对招标文件提出的实质性要求和条件做出响应。涉及中标项目分包的，投标人应当在投标文件中载明，以便在评审时了解分包情况，决定是否选中该投标人。

3. 联合体投标

联合体投标是指两个以上的法人或其他组织共同组成一个非法人的联合体，以该联合体名义作为一个投标人，参加投标竞争。联合体各方均应当具备承担招标项目的相应能力，由同一专业的单位组成的联合体，按照资质等级较低的单位确定资质等级。

在联合体内部，各方应当签订共同投标协议，并将共同投标协议连同投标文件一并提交招标人。联合体中标后，应当由各方共同与招标人签订合同，就中标项目向招标人承担连带责任。招标人不得强制投标人联合共同投标，投标人之间的联合投标应出于自愿。

4. 禁止行为

投标人不得相互串通投标或与招标人串通投标；不得以行贿的手段谋取中标；不得以低于成本的报价竞标；不得以他人名义投标或其他方式弄虚作假，骗取中标。

二、招标过程

（一）施工招标应具备的条件

根据《中华人民共和国招标投标法》和《水利工程建设项目施工招标投标管理规定》的规定，结合水利水电工程建设的特点和招标承包实践的要求，水利水电工程项目招标前应当具备以下条件：

（1）具有项目法人资格（或法人资格）；

（2）初步设计和概算文件已经审批；

（3）工程已正式列入国家或地方水利工程建设计划，业主已按规定办理报价手续；

（4）建设资金已经落实；

（5）有关建设项目永久性征地、临时征地和移民搬迁的实施安置工作已经落实或有明确的安排；

（6）施工图设计已完成或能够满足招标（编制招标文件）的需要，并能够满足工程开工后连续施工的要求；

（7）招标文件已经编制并通过了审查，监理单位已经选定。

重视和充分注意施工招标的基本条件，对于搞好招标工作，特别是保障合同的正常履行是很重要的。忽视或没有认真做好这一点，将会严重影响施工的连续性和合同的严肃性，并且会给建设方造成施工索赔，严重者还会给国家和社会造成重大损失。

（二）施工招标的基本程序

招标程序主要包括招标准备、组织投标、评标定标等三个阶段。在准备阶段应附带编制标底，在组织投标阶段需要审定标底，在开标会上还要公布标底。

（三）招标的组织机构及职能

成立办事得力、工作效率高的招标组织机构是有效地开展招标工作的先决条件，一个完整的招标组织机构应当包括决策机构与日常机构两个部分。

1. 决策机构及工作职能

招标的决策机构一般由政府设立，通常称为招标办公室。决策机构应严格以《中华人民共和国招标投标法》《水利工程建设项目施工招标投标管理规定》以及项目法人制的要求为依据，充分发挥业主的自主决策作用，转变政府职能，认真落实业主招标的自主决策权，由业主自己根据项目的特点、规模和需要来选择招标的日常机构人选。通常决策机构的工作职能如下：

（1）确定招标方案，包括制订招标计划、合理划分标段等工作。

（2）确定招标方式，即根据法律法规和项目的特点，确定拟招标的项目是采用公开招标方式还是邀请招标方式。

（3）选定承包方式（承包合同形式），根据工程的结构特点和管理需要确定招标项目的计价方式，是采用总价合同、单价合同，还是采用成本加酬金的合同形式。

（4）划分标段，根据工程规模、结构特点、要求工期以及建筑市场竞争程度确定各个标段的承包范围。

（5）确定招标文件的合同参数，根据工程技术难易程度、工程发挥效益的规划时间的要求，确定各个合同段工程的施工工期、预付款比例、质量缺陷责任期保留金比例、延迟付款利息的利率、拖期损失赔偿金或按时竣工奖金的额度、开工时间等。

（6）根据招标项目的需要选择招标代理单位，当业主自己没有能力或人员不足时可以选择具有资质的中介机构代为行使招标工作，对有意向的投标人进行资格预审，通过资格预审确定符合要求的投标单位，评标定标时依法组建评标委员会，依法确定中标单位。

2. 日常机构及工作职能

招标的日常机构又称招标单位，其工作职能主要包括准备招标文件和资格预审文件、组织对投标单位进行资格预审、发布招标广告和投标邀请书、发售招标文件、组织现场考察、组织标前会议、组织开标评标等事宜。日常工作可由业主自己来组织，也可委托专业监理单位或招标代理单位来承担。

根据《中华人民共和国招标投标法》的规定，当业主具备编制招标文件和组织评标的能力时，可以自行办理招标事宜，但得向有关行政监督主管部门备案。

当业主不具备上述能力时，有权自行选择招标代理机构，委托其办理招标事宜。这种代理机构就是依法成立的、专门从事技术咨询服务工作的社会中介组织，通常称为招标代理公司，成立的门槛比较低，对注册资金要求不高，但是对技术能力要求较高。能否具有从事建设项目招标代理的中介服务机构的资格，是需要通过国务院或省级人民政府建设行政主管部门认定的，具备了以下条件就可以申请成立中介服务机构：

（1）有从事招标代理业务的场所和相应资金；

（2）有能够编制招标文件和组织评标的相应专业力量；

（3）有符合法定条件、可以作为评标委员会人选的技术、经济等方面的专家库。

由于施工招标是合同的前期管理（合同订立）工作，而施工监理是合同履行中的管理工作，监理工程师参加招标工作或者将整个招标工作都委托给监理单位承担，对搞好工程施工监理工作是很有好处的，国际上通常也是这样操作的。因此，选择监理单位的招标工作或选聘工作应当在施工招标前完成。为了更好地实现业主利益最大化和顺利完成日后的工程施工活动的管理工作，采用招标的方式确定监理单位对于业主单位更有利。

（四）承包合同类型

对于施工承包合同，根据其计价的不同，可以划分为总价合同、单价合同、成本加酬金合同三种主要形式。

1. 总价合同

总价合同是按施工招标时确定的总报价一笔包死的承包合同。招标前由招标单位编制了详细的、施工图纸完备的招标文件，承包商据此中标的投标总报价来签订的施工合同。合同执行过程中不对工程造价进行变更，除非合同范围发生了变化，比如施工图出现变更或工程难度加深等，否则合同总价保持不变。

总价合同的特点是业主的管理工作量较少，施工任务完成后的竣工结算比较简单，投资标的明确。施工开始前，建设方能够比较清楚地知道自己需要承担的资金义务，以便提早做好资金准备工作。但总价合同的可操作性较差，一旦出现工程变更，就会出现结算工作复杂化甚至没有计价依据的现象，其结果是合同价格需要另行协商，招标成果不能有效地发挥作用。此外，这种合同对于承包商而言其风险责任较大，承包商为承担物价上涨、恶劣气候等不可预见因素的应变风险，会在报价中加大不可预见费用，不利于降低总报价。

因此，总价合同对施工图纸的质量要求很高，只适用于施工图纸明确、工程规模较小且技术不太复杂的中小型工程。

2. 单价合同

常见的单价合同是总价招标、单价结算的计量型合同。招标前由招标单位编制包含工程量清单的招标文件，承包商据此提出各工程细目的单价和根据投标工程量（不等于项目总工程量）计算出来的总报价，业主根据总报价的高低确定中标单位，进而同该中标单位签订工程施工承包合同。在合同执行过程中，单价原则上不变，完成的工程量根据计量结果来确定。单价合同的特点是合同的可操作性强，对图纸质量和设计深度的适应范围广，特别是在合同执行过程中，便于处理工程变更和施工索赔（即使出现工程变更，依然有计价依据），合同的公平性更好，承包商的风险责任小，有利于降低投标报价。但这种合同对业主的管理工作量较大，且对监理工程师的素质有很高的要求（否则，合同的公平性难以得到保证）。此外，业主在采用这种合同时，易遭受承包商不平衡报价带来的造价增加风险。值得注意的是，单价合同中所说的总价是指业主为了招标需要，对项目工程所指定部分工程量的总价，而并非项目工程的全部工程造价。

3. 成本加酬金合同

成本加酬金合同的基本特点是按工程实际发生的成本（包括人工费、施工机械使用费、其他直接费和施工管理费以及各项独立费，但不包括承包企业的总管理费和应缴所得税），加上商定的总管理费和利润，来确定工程总造价。这种承包方式主要适用于开工前对工程内容尚不十分清楚的项目，如边设计边施工的紧急工程，或遭受地震、战火等灾害破坏后需修复的工程。在实践中可有以下四种不同的具体做法。

（1）成本加固定百分比酬金

计算方法可用下式说明

$$C = C_d(1+P)$$

式中：C——总造价；

C_d——实际发生的工程成本；

P——固定的百分数。

从公式中可以看出，总造价 C 将随工程成本 C_d 的增加而增加，显然不能鼓励承包商关心缩短工期和降低成本，因而对建设单位的投资控制是不利的。现在这种承包方式已很少被采用。

（2）成本加固定酬金

工程成本实报实销，但酬金是事先商定的一个固定数目。计算式为

$$C = C_d + F$$

式中：F——酬金，通常按估算的工程成本的一定百分比确定，数额是固定不变的；

其他符号意义同前。

这种承包方式虽然不能鼓励承包商关心降低成本；但从尽快取得酬金出发，承包商将会关心缩短工期，这是其可取之处。

（3）成本加浮动酬金

这种承包方式要事先商定工程成本和酬金的预期水平。如果实际成本恰好等于预期水平，工程造价就是成本加固定酬金；如果实际成本低于预期水平，则增加酬金；如果实际成本高于预期水平，则减少酬金。这三种情况可用算式表示如下

$$C = C_d + F + \Delta F$$

式中：ΔF——酬金增减部分，可以是一个百分数，也可以是一个固定的绝对数；

其他符号意义同前。

采用这种承包方式时，通常规定，当实际成本超支而减少酬金时，以原定的固定酬金数额为减少的最高限度。也就是在最坏的情况下，承包人将得不到任何酬金，但不必承担赔偿超支的责任。这种承包方式既对承发包双方都没有太多风险，又能促使承包商关心降低成本和缩短工期；但在实践中估算预期成本比较困难，所以要求当事双方具有丰富的经验。

（4）目标成本加奖罚

在仅有初步设计和工程说明书即迫切要求开工的情况下，可根据粗略估算的工程量和适当的单价表编制概算，作为目标成本；随着详细设计逐步具体化，工程量和目标成本可加以调整，另外规定一个百分数作为酬金；最后结算时，如果实际成本高于目标成本并超过事先商定的界限（例如 5%），则减少酬金，如果实际成本低于目标成本（也有一个幅度界限），则增加酬金。用算式表示如下

$$C = C_d + P_1 C_0 + P_2 (C_0 - C_d)$$

式中：C_0——目标成本；

P_1——基本酬金百分数；

P_2——奖罚百分数；

其他符号意义同前。

此外，还可另加工期奖罚。

这种承包方式可以促使承包商关心降低成本和缩短工期，而且目标成本是随设计的进展加以调整才确定下来的，故建设单位和承包商双方都不会承担多大风险，这是其可取之处。当然，这也要求承包商和建设单位的代表都具有比较丰富的经验。

4. 承包合同类型的选择

以上是根据计价方式不同常见的三种施工承包类型。科学地选择承包方式对保证合同的正常履行，搞好合同管理工作是十分重要的。施工招标中到底采用哪种承包方式，应根据项目的具体情况选定。

（1）总价合同宜采用的情况

①业主的管理人员较少或缺乏项目管理的经验。

②监理制度不太完善或缺少高水平的监理队伍。

③施工图纸明确技术不太复杂、规模较小的工程。

④工期较紧急的工程。

（2）单价合同宜采用的情况

①业主的管理人员多，且有较丰富的项目管理经验。

②施工图设计尚未完成，要边组织招标，边组织施工图设计。

③工程变更较多的工程。

④监理队伍的素质较高，监理人员行为公正，监理制度完善。

（五）施工招标文件

1. 编制要求

招标文件的编制是招标准备工作的一个重要环节，规范化的招标文件对于搞好招标投标工作至关重要。为满足规范化的要求，在编写招标文件时，应遵循合法性、公平性和可操作性的编写原则。在此基础上，根据建设部《建设工程施工招标文件范本》以及水利部、国家电力公司、国家工商行政管理局《水利水电土建工程施工合同条件》（GF-2000-0208），结合各个项目的具体情况和相应的法律法规的要求予以补充。根据范本的格式和当前招标工作的实践，施工招标文件应包括以下内容：投标邀请书、投标人须知、合同条件、技术规范、工程量清单、图纸、勘察资料、投标书（及附件）、投标担保书（及格式）等。

因合同类型的不同，招标文件的组成有所差别。例如，对于总价合同而言，招标文件中须包括施工图纸但无需工程量清单；而单价合同可以没有完整的施工图纸，但工程量清单必不可少。

2. 投标邀请书

投标邀请书是招标人向经过资格预审合格的投标人正式发出参加本项目投标的邀请，因此投标邀请书也是投标人具有参加投标资格的证明，而没有得到投标邀请书的投标人，无权参加本项目的投标。投标邀请书很简单，一般只要说明招标人的名称、招标工程项目的名称和地点、招标文件发售的时间和费用、投标保证金金额和投标截止时间、开标时间等。

3. 投标须知

投标须知是一份为让投标人了解招标项目及招标的基本情况和要求而准备的一份文件。其应包括本项目工程量的情况及技术特点，资金来源及筹措情况，投标的资格要求（如果在招标之前已对投标人进行了资格预审，这部分内容可以省略），投标中的时间安排及相应的规定（如发售招标文件现场考察、投标答疑、投标截止日期、开标等的时间安排），投标中须遵守和注意的事项（如投标书的组成、编制要求及密封、递送要求等），开标程序，投标文件的澄清，招标文件的响应性评定，算术数性错误的改正，评标与定标的基本原则、程序、标准和方法。同时，在投标须知中还应当注明签订合同、重新招标、中标中止、履约担保等事项。

4. 合同条件

合同条件又被称为合同条款，其主要规定了在合同履行过程中，当事人基本的权利和义务以及合同履行中的工作程序、监理工程师的职责与权力，目的是让承包商充分了解施工过程中将面临的监理环境。合同条款包括通用条款和专用条款，通用条款在整个项目中是相同的，甚至可以直接采用范本中的合同条款，这样既可节省编制招标文件的时间，又能较好地保证合同的公平性和严密性（也便于投标单位节省阅读招标文件的时间）。专用条款是对通用条款的补充和具体化，应根据各标段的情况来组织编写。但是在编写专用条款时，一定要满足合同的公平性及合法性要求，以及合同条款具体明确和满足可操作性的要求。

5. 技术规范

技术规范是十分重要的文件，应详细具体地说明对承包商履行合同时的质量要求、验收标准、材料的品级和规格。为满足质量要求应遵守的施工技术规范，以及计量与支付的规定等。由于不同性质的工程，其技术特点和质量要求及标准等均不相同，所以技术规范应根据不同的工程性质及特点，分章、分节、分部、分项来编写。例如，水利工程的技术规范中，通常被分成了一般规定、施工导截流、土石方开挖、引水工程、钻孔与灌浆大坝、厂房、变电站等章节，并针对每一章节工程的特点，按质量要求、验收标准、材料规格、施工技术规范及计量支付等，分别进行规定和说明。

技术规范中施工技术的内容应简化，因为施工技术是多种多样的，招标中不应排斥承包商通过先进的施工技术降低投标报价的机会。承包商完全可以在施工中"八仙过海，各显神通"，采用自己所掌握的先进施工技术。

技术规范中的计量与支付规定也是非常重要的。可以说，没有计量与支付的规定，承包商就无法进行投标报价（编制单价），施工中也无法进行计量与支付工作。计量与支付的规定不同，承包商的报价也会不同。计量与支付的规定中包括计量项目、计量单位、计量项目中的工作内容、计量方法以及支付规定。

6. 工程量清单

工程量清单是招标文件的组成部分，是一份以计量单位说明工程实物数量，并与技术规范相对应的文件。它是伴随着招标投标竞争活动产生的，是单价合同的产物。其作用有两点：一是向投标人提供统一工程信息和用于编制投标报价的部分工程量，以便投标人编制有效、准确的标价；二是对于中标签订合同的承包商而言，标有单价的工程量清单是办理中期支付和结算以及处理工程变更计价的依据。

根据工程量清单的作用和性质，它具有两种显著的特点：首先是清单的内容与合同文件中的技术规范、设计图纸一一对应，章节一致；其次是工程量清单与概预算定额有同有异，清单所列数量与实际完成数量（结算数量）有着本质的差别，且工程量清单所列单价或总额反映的是市场综合单价或总额。

工程量清单主要由工程量清单说明、工程细目、计日工明细表和汇总表四部分组成。其中，工程量清单说明规定了工程量清单的性质、特点以及单价的构成和填写要求等。工程细目反映了施工项目中各工程细目的数量，它是工程量清单的主体部分。

工程量清单的工程量是反映承包商的义务量大小及影响造价管理的重要数据。在整理工程量时，应根据设计图纸及调查所得的数据，在技术规范的计量与支付方法的基础上进行综合计算。同一工程细目，其计量方法不同，所整理出来的工程量也会不一样。在工程量的整理计算中，应保证其准确性。否则，承包商在投标报价时会利用工程量的错误，实施不平衡报价、施工索赔等策略，给业主带来不可挽回的损失、增加工程变更的处理难度和投资失控等危害。

计日工是表示工程细目里没有，工程施工中需要发生，且得到工程师同意的工料机费用。根据工种、材料种类以及机械类别等技术参数分门别类编制的表格，称为计日工明细表。

而工程量清单汇总表是根据上述费用加上暂定金额编制的表格。

（1）投标书

投标书是由招标人为投标人填写投标总报价而准备的一份空白文件。投标书中主要应反映下列内容：投标人、投标项目（名称）、投标总报价（签字盖章）、投标有效期。投标人在详细研究了招标文件并经现场考察工地后，即可以依据所掌握的信息，确定投标报价策略，然后通过施工预算和单价分析，填写工程量清单，并确定该项工程的投标总报价，最后将投标总报价填写在投标书上。招标文件中提供投标书格式的目的：一是为了保持各投标人递送的投标书具有统一的格式；二是提醒各投标人投标以后需要注意和遵守有关规定。

（2）投标书附录

投标书附录是用于说明合同条款中的重要参数（如工期预付款等内容）及具体标准的招标文件。该文件在投标单位投标时签字确认后，即成为投标文件及合同的重要组成部分。在编制招标文件时，投标书附录的编制是一项重要的工作内容，其参数的具体标准对造价及质量等方面有重要影响。

（3）预付款的确定

支付预付款的目的是使承包商在施工中，有能满足施工要求的流动资金。在制定招标文件时，不提供预付款，甚至要求承包商垫资施工的做法是错误的，既违反了工程项目招标投标的有关法律、法规的规定，也加大了承包商的负担，影响了合同的公平性。预付款有动员预付款和材料预付款两种，动员预付款于开工前（一般中标通知书签发后28天内），在承包商提交预付款担保书后支付，一般为10%左右；材料预付款是根据承包商材料到工地的数量，按某一百分数支付的。

8. 投标担保书

投标担保的目的是约束投标人承担施工投标行为的法律后果。其作用是约束投标人在投标有效期内遵守投标文件中的相关规定，在接到中标通知书后按时提交履约担保书，认真履行签订工程施工承包合同的义务。

投标担保书通常采用银行保函的形式，投标保证金额一般不低于投标报价的2%。投标保证书的格式如下（为保证投标书的一致性，业主或招标人应在准备招标文件时，编写统一的投标担保书格式）。

（六）资格预审

投标人资格审查分为资格预审和资格后审两种形式。资格预审有时也称为预投标，即投标人首先对自己的资格进行一次投标。资格预审在发售招标文件之前进行，投标人只有在资格预审通过后才能取得投标资格，参加施工投标。而资格后审则是在评标过程中进行的。为减小评标难度，简化评标手续，避免一些不合格的投标人，在投标上的人力、物力和财力上的浪费，投标人资格审查以资格预审形式为好。

资格预审具有如下积极作用：

1. 保证施工单位主体的合法性；

2. 保证施工单位具有相应的履约能力；

3. 减小评标难度；

4. 抑制低价抢标现象。

无论是资格预审还是资格后审，其审查的内容是基本相同的。主要是根据投标须知的要求，对投标人的营业执照、企业资质等级证书、市场准入资格、主要施工经历、技术力量简况、资金或财务状况以及在建项目情况（可通过现场调查予以核实）等方面的情况进行符合性审查。

（七）投标组织阶段的组织工作

投标组织阶段的工作内容包括发售招标文件、组织现场考察、组织标前会议（标前答疑）、接受投标人的标书等事项。

发售招标文件前，招标人通常召开一个发标会，向全体投标人再次强调投标中应注意和遵守的主要事项。在发售招标文件过程中，招标人要查验投标人代表的法人代表委托书（防止冒领文件），收取招标文件工本费，在投标人代表签字后，方可将招标文件交投标人清点。

在投标人领取招标文件并进行了初步研究后，招标人应组织投标人进行现场考察，以便投标人充分了解与投标报价有关的施工现场的地形、地质、水文、气象、交通运输，临时进出场道路及临时设施、施工干扰等方面的情况和风险，并在报价中对这些风险费用做出准确的估计和考虑。为了保证现场考察的效果，现场考察的时间安排通常应考虑投标人研究招标文件所需要的合理时间。在现场考察过程中，招标人应派比较熟悉现场情况的设计代表详细地介绍各标段的现场情况，现场考察的费用由投标人自己承担。

组织标前会议的目的是解答投标人提出的问题。投标人在研究招标文件、进行现场考察后，会对招标文件中的某些地方提出疑问。这些疑问，有些是投标人不理解招标文件产生的，有些是招标文件的遗漏和错误产生的。根据投标人须知中的规定，投标人的疑问应在标前会议7天前提出。招标人应将各投标人的疑问收集汇总，并逐项研究处理。如属于投标人未理解招标文件而产生的疑问，可将这些问题放在"澄清书"中予以澄清或解释；如属于招标文件的错误或遗漏，则应编制"招标补遗"对招标文件进行补充和修正。

总之，投标人的疑问应统一书面解答，并在标前会议中将"澄清书""补遗书"发给各家投标人。

根据《中华人民共和国招标投标法》的规定，"招标补遗""澄清书"应当在投标截止日期至少28天前，书面通知投标人。因此，一方面，应注意标前会议的组织时间符合法律法规的规定；另一方面，当"招标补遗"很多且对招标文件的改动较大时，为使投标人有合理的时间将"补遗书"的内容在编标时予以考虑，招标人（或业主）可视情况，宣布延长投标截止日期。

为了投标的保密，招标人一般使用投标箱（也有不设投标箱的做法），投标箱的钥匙由专人保管（可设双锁，分人保管钥匙），箱上加贴启封条。投标人投标时，将标书装入投标箱，招标人随即将盖有日期的收据交给投标人，以证明是在规定的投标截止日期前投标的。投标截止期限一到，立即封闭投标箱，在此以后的投标概不受理（为无效标书）。投标截止日期在招标文件或投标邀请书中已列明，投标期〔从发售招标文件到投标截止日期〕的长短视标段大小、工程规模技术复杂程度及进度要求而定，一般为45~90天。

（八）标底

标底是建筑产品在市场交易中的预期市场价格。在招标投标过程中，标底是衡量投标报价是否合理，是否具有竞争力的重要工具。此外，实践中标底还具有制止盲目报价、抑制低价抢标、工程造价、核实投资规模的作用，同时具有（评标中）判断投标单位是否有串通哄抬标价的作用。

设立标底的做法是针对我国目前建筑市场的发育状况和国情而采取的措施，是具有中国特色的招标投标制度的一个具体体现。

但是，标底并不是决定投标能否中标的标准价，而只是对投标进行评审和比较时的一个参考价。如果被评为最低评标价的投标超过标底规定的幅度，招标人应调查超出标底的原因，如果是合理的话，该投标应有效；如果被评为最低评标价的投标大大低于标底的话，招标人也应调查；如果是属于合理成本价，该投标也应有效。

因此，科学合理地制定标底是搞好评标工作的前提和基础。科学合理的标底应具备以下经济特征：

1. 标底的编制应遵循价值规律，即标底作为一种价格应反映建设项目的价值。价格与价值相适应是价值规律的要求，是标底科学性的基础。因此，在标底编制过程中，应充分考虑建设项目在施工过程中的社会必要劳动消耗量、机械设备使用量以及材料和其他资源的消耗量。

2. 标底的编制应服从供求规律，即在编制标底时，应考虑建设市场的供求状况对产品价格的影响，力求使标底和产品的市场价格相适应。当建设市场的需求增大或缩小时，相应的市场价格将上升或下降。所以，在编制标底时，应考虑到建筑市场供求关系的变化所引起的市场价格的变化，并在底价上做出相应的调整。

3. 标底在编制过程中，应反映建筑市场当前平均先进的劳动生产力水平，即标底应反映竞争规律对建设产品价格的影响，以图通过标底促进投标竞争和社会生产力水平的提高。

以上三点既是标底的经济特征，也是编制标底时应满足的原则和要求。因此，标底的编制一般应注意以下几点：

（1）根据设计图纸及有关资料招标文件，参照国家规定的技术、经济标准定额及规范，确定工程量和设定标底。

（2）标底价格应由成本、利润和税金组成，一般应控制在批准的建设项目总概算及投资包干的限额内。

（3）标底价格作为招标人的期望价，应力求与市场的实际变化相吻合，要有利于竞争和保证工程质量。

（4）标底价格要考虑人工材料、机械台班等价格变动因素，还应包括施工不可预见费包干费和措施费等。要求工程质量达到优良的，还应增加相应费用。

（5）一个标段只能编制一个标底。

标底不同于概算预算，概算、预算反映的是建筑产品的政府指导价格，主要受价值规律的作用和影响，着重体现的是施工企业过去平均先进的劳动生产力水平；而标底则反映的是建设产品的市场价格，它不仅受价值规律的作用，同时还受市场供求关系的影响，主要体现的是施工企业当前平均先进的劳动生产力水平。

在不同的市场环境下，标底编制方法亦随之变化。通常，在完全竞争市场环境下，由于市场价格是一种反映了资源使用效率的价格，标底可直接根据建设产品的市场交易价格来确定。在这样的环境条件中，议标是最理想的招标方式，其交易成本可忽略不计。然而，在不完全竞争市场环境下，标底编制要复杂得多，不能再根据市场交易价格予以确定，更不宜采用议标形式进行招标。此时，则应当根据工料单价法和统计平均法来进行标底编制。关于不完全竞争市场条件下的标底编制程序及具体方法可参阅相关书籍。

（九）开标、评标与定标

1. 开标的工作内容及方法

开标的过程是启封标书、宣读标价并对投标书的有效性进行确认的过程。参加开标的单位有招标人、监理单位、投标人、公证机构、政府有关部门等。开标的工作人员有唱标人、记录人、监督人、公证人及后勤人员。开标日期一到，即在规定的时间、地点组织开标工作。开标的工作内容有：

（1）宣布（重申）投标人须知的评标定标原则、标准与方法。

（2）公布标底。

（3）检查标书的密封情况。按照规定，标书未密封，封口上未签字盖章的标书为无效标书；国际招标中要求标书有双层封套，且外层封套上不能有识别标志。

（4）检查标书的完备性。标书（包括投标书、法人代表授权书、工程量清单、辅助资料表施工进度计划等内容）、投标保证书（前列文件都要密封）以及其他要交回的招标文件。标书不完备，特别是无投标保证书的标书是无效标书。

（5）检查标书的符合性。即标书是否与招标文件的规定有重大出入或保留，是否会造成评标困难或给其他投标人的竞争地位造成不公正的影响；标书中的有关文件是否有投标人代表的签字盖章。标书中是否有涂改（一般规定标书中不能有涂改痕迹，特殊情况需要涂改时，应在涂改处签字盖章）等。

（6）宣读和确定标价，填写开标记录（有特殊降价申明或其他重要事项的，也应一起在开标中宣读确认或记录）。

除上述内容外，公证单位还应确认招标的有效性。在国际工程招标中，如遇下列情况，在经公证单位公证后，招标人会视情况决定全部投标作废：

（1）投标人串通哄抬标价，致使所有投标人的报价远远高出标底价；

（2）所有投标人递交的标书严重违反投标人须知的规定，致使全部标书都是无效标书；

（3）投标人太少（如不到三家），没有竞争性。

一旦发现上述情况之一，正式宣布了投标作废，招标人应当依照招标投标法的规定，重新组织招标。

2. 评标与定标

评标定标是招投标过程中比较敏感的一个环节，也是对投标人的竞争力进行综合评定并确定中标人的过程。因此在评标与定标工作中，必须坚持公平竞争原则、投标人的施工方案在技术上可靠原则和投标报价应当经济合理原则。只有认真坚持上述原则，才能够通过评标与定标环节，体现招标工作的公开、公平与公正的竞争原则。综合市场竞争程度、社会环境条件（法律法规和相关政策）以及施工企业平均社会施工能力等因素，可以根据实际情况选用最低评标价法、合理评标价法或在合理评标价基础上的综合评分法，确定中标人。在我国市场经济体制尚未完善的条件下，上述三种方法各有优缺点，实践中应当扬长避短。我国土建工程招标投标的实践经验证明，技术含量高施工环节比较复杂的工程，宜采用综合评分法评标；而技术简单施工环节少的一般工程，可以采用最低标价的方法评标。

招标人或其授权评标委员会在评标报告的基础之上，从推荐的合格中标候选人中，确定出中标人的过程称为定标。定标不能违背评标原则、标准、方法以及评标委员会的评标结果。

当采用最低评标价评标时，中标人应是评标价最低，而且有充分理由说明这种低标是合理的，且能满足招标文件的实质性要求，为技术可靠、工期合理财务状况理想的投标人。当采用综合评分法评标时，中标人应是能够最大限度地满足招标文件中规定的各项综合评价标准且综合评分最高的单位。

在确定中标人之后，招标人即可向中标人颁发"中标通知书"，明确其中标项目（标段）和中标价格（如无算术错误，该价格即为投标总价）等内容。

三、投标过程

招标与投标构成以围绕标的物的买方与卖方经济活动，是相互依存、不可分割的两个方面。施工项目投标是施工单位对招标的响应和企业之间工程造价的竞争，也是比管理能力、生产能力、技术措施、施工方案、融资能力、社会信誉、应变能力与掌握信息本领的竞争，是企业通过竞争获得工程施工权利的过程。

施工项目投标与招标一样，有其自身的运行规律与工作程序。参加投标的施工企业，在认真掌握招标信息、研究招标文件的基础上，根据招标文件的要求，在规定的期限内向招标单位递交投标文件，提出合理报价，以争取获胜中标，最终实现获取工程施工任务的目的。

1. 投标报价程序

投标工作与招标工作一样也要遵循自身的规律和工作程序，工程项目投标工作程序可用图 9-1 所示的流程图予以表示，参照本流程，施工投标工作程序主要有以下步骤：

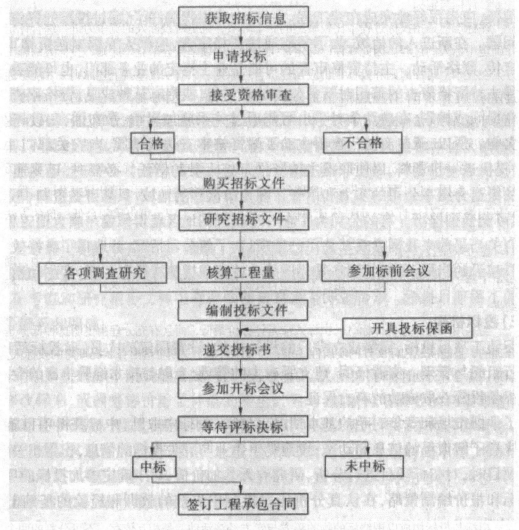

图 9-1　工程施工项目投标工作流程图

（1）根据招标公告或招标人的邀请，筛选投标的有关项目，选择适合本企业承包的工程参加投标。

（2）向招标人提交资格预审申请书，并附上本企业营业执照及承包工程资格证明文件企业简介、技术人员状况历年施工业绩、施工机械装备等情况。

（3）经招标人投标资格审查合格后，向招标人购买招标文件及资料，并交付一定的投标保证金。

（4）研究招标文件合同要求技术规范和图纸，了解合同特点和设计要点，制订初步施工方案，提出考察现场提纲和准备向招标人提出的疑问。

（5）参加招标人召开的标前会议，认真考察现场、提出问题、倾听招标人解答各单位的疑问。

（6）在认真考察现场及调查研究的基础上，修改原有施工方案，落实和制定出切实可行的施工组织设计。在工程所在地材料单价、运输条件、运距长短的基础上编制出确切的材料单价，然后计算和确定标价，填好合同文件所规定的各种表函，盖好印鉴密封，在规定的时间内送达招标人。

（7）参加招标人召开的开标会议，提供招标人要求补充的资料或回答须进一步澄清的问题。

（8）如果中标，与招标人一起依据招标文件规定的时间签订承包合同，并送上银行履约保函；如果不中标，及时总结经验和教训，按时撤回投标保证金。

2. 投标资格

根据《中华人民共和国招标投标法》第26条的规定，投标人应当具备承担招标项目的能力，企业资质必须符合国家或招标文件对投标人资格方面的要求。当企业资格不符合要求时，不得允许参加施工项目投标活动。如果采用联合体的投标人，其资质按联合体中资质最低的一个企业的资质，作为联合体的资质进行审核。

根据建筑市场准入制度的有关规定，在异地参加投标活动的施工企业，除了需要满足上述条件外，投标前还需要到工程所在地政府建设行政主管部门，进行市场准入注册，获得行政许可，未能获准建设行政主管部门注册的施工企业，仍然不能够参加工程施工投标活动，特别是国际工程，注册是投标必不可缺的手续。

资格预审是承包商投标活动的前奏，与投标一样存在着竞争。除认真按照业主要求，编送有关文件外，还要开展必要的宣传活动，争取资格审查获得通过。

在已有获得项目的地域，业主更多地注重承包商在建工程的进展和质量。为此，要获得业主信任，应当很好地完成在建工程。一旦在建工程搞好了，通过投标的资格审查就没有多大问题。在新进入的地域，为了争取通过资格审查，应派人专程报送资格审查文件，并开展宣传、联络活动。主持资格审查的可能是业主指定的业务部门，也可能委托咨询公司。如果主持资格审查的部门对新承包商缺乏了解，或抱有某种成见，资格审查人员可能对承包商提问或挑剔，有些竞争对手也可能通过关系施加影响，散布谣言，破坏新来的承包商的名誉。所以，承包商的代表要主动了解资格审查进展情况，向有关部门、人员说明情况，并提供进一步的资料，以便取得主持资格审查人员的信任。必要时，还要通过驻外人员或别的渠道介绍本公司的实力和信誉。在竞争激烈的地域，只靠寄送资料，不开展必要活动，就可能受到挫折。有的公司为了在一个新开拓地区获得承建一项大型工程，不惜出资邀请有关当局前来我国参观其公司已建项目，了解公司情况，并取得了良好效果。有的国家主管建设当局，得知我国在其邻国成功地完成援建或承包工程，常主动邀请我国参加他们的工程项目投标。这都说明了扩大宣传的必要性。

3. 投标机构

进行施工项目投标，需要成立专门的投标机构，设置固定的人员，对投标活动的全部过程进行组织与管理。实践证明，建立强有力的管理、金融与技术经验丰富的专家组成的投标组织是投标获取成功的有力保证。

为了掌握市场和竞争对手的基本情况，以便在投标中取胜，中标获得项目施工任务，平时要注意了解市场的信息和动态，搜集竞争企业与有关投标的信息，积累相关资料。遇有招标项目时，对招标项目进行分析，研究有无参加的价值；对于确定参加投标的项目，则应研究投标和报价编制策略，在认真分析历次投标中失败的教训和经验的基础上，编制标书，争取中标。

投标机构主要由以下人员组成：

（1）经理或业务副经理作为投标负责人和决策人，其职责是决定最终是否参加投标及参加投标项目的报价金额。

（2）建造工程师的职责是编制施工组织设计方案技术措施及技术问题。

（3）造价工程师负责编制施工预算及投标报价工作。

（4）机械管理工程师要根据本投标项目的工程特点，选型配套组织本项目施工设备。

（5）材料供应人员要了解、提供当地材料供应及运输能力情况。

（6）财务部门人员提供企业工资、管理费、利润等有关成本资料。

（7）生产技术部门人员负责安排施工作业计划等。

建设市场竞争越来越激烈，为了最大限度地争取投标的成功，对参与投标的人员也提出了更高的要求。要求有丰富经验的建造师和设计师，还要求有精通业务的经济师和熟悉物资供应的人员。这些人员应熟悉各类招标文件和合同条件；如果是国际投标，则这些人员最好具有较高的外语水平。

4.投标报价

投标报价是潜在承包商投标时报出的工程承包价格。招标人常常将投标人的报价作为选择中标者的主要依据，同时报价也是投标文件中最重要的内容、影响投标人中标与否的关键所在和中标后承包商利润大小的主要指标。标价过低虽然容易中标，但中标后容易给承包商造成亏损的风险；报价过高对于投标人又存在失标的危险。因此，标价过高与过低都不可取，如何做出合适的投标报价是投标人能否中标的关键。

（1）现场考察

从购买招标文件到完成标书这一期间，投标人为投标而做的工作可统称为编标报价。在这个过程中，投标工作组首先应当充分仔细研究招标文件。招标文件规定了承包人的职责和权利，以及对工程的各项要求，投标人必须高度重视。积极参加招标人组织的现场考察活动，是投标过程中的一个非常重要的环节，其作用有两大方面：一是如果投标人不参加由招标人安排的正式现场考察，可能会被拒绝投标；二是通过参加现场考察活动的机会，可以了解工程所在地的政治局势（对国际工程）与社会治安状态、工程地质地貌和气象条件、工程施工条件（交通、供电供水、通信、劳动力供应、施工用地等）、经济环境以及其他方面同施工相关的问题。当现场考察结束后，应当抓紧时间整理在现场考察中收集到的材料，把现场考察和研究招标文件中存在的疑问整理成书面文件，以便在标前会议上，请招标人给予解释和明确。

按照国际、国内规定，投标人提出的报价，一般被认为是在现场考察的基础上编制的。一旦标书交出，如在投标日期截止后发现问题，投标人就无法因现场考察不周，情况不了解而提出修改标书，或调整标价给予补偿的要求。另外，编制标书需要的许多数据和情况也要从现场调查中得出。因此，投标人在报价以前，必须认真地进行工程现场考察，全面、细致地了解工地及其周围的政治、经济、地理、法律等情况。如考察时间不够，参加编标人员在标前会结束后，一定要留下几天，再到现场查看一遍，或重点补充考察，并在当地做材料、物资等调查研究，仔细收集编标的资料。

（2）标前会议

标前会议也称投标预备会，是招标人给所有投标人提供的一次答疑的机会，有利于投标人加深对招标文件的理解、了解施工现场和准确认识工程项目施工任务。凡是想参加投标并希望获得成功的投标人，都应认真准备和积极参加标前会议。投标人参加标前会议时应注意以下几点：

①对工程内容范围不清的问题，应提请解释、说明，但不要提出任何修改设计方案的要求。

②如招标文件中的图纸技术规范存在相互矛盾之处，可请求说明以何者为准，但不要轻易提出修改的要求。

③对含糊不清、容易产生理解上歧义的合同条款，可以请求给予澄清、解释，但不要提出任何改变合同条件的要求。

④应注意提问的技巧，注意不使竞争对手从自己的提问中，获悉本公司的投标设想和施工方案。

⑤招标人或咨询工程师在标前会议上，对所有问题的答复均应发出书面文件，并作为招标文件的组成部分。投标人不能仅凭口头答复来编制自己的投标文件。

（3）报价编制原则

①报价要合理

在对招标文件进行充分完整、准确理解的基础上，编制出的报价是投标人施工措施、能力和水平的综合反映，应是合理的较低报价。当标底计算依据比较充分、准确时，适当的报价不应与标底相差太大。当报价高出标底许多时，往往不被招标人考虑；当报价低于标底较多时，则会使投标人盈利减少，风险加大，且易造成招标人对投标者的不信任。因此，合理的报价应与投标者本身具备的技术水平和工程条件相适应，接近标底，低而适度，尽可能地为招标者理解和接受。

②单价合理可靠

各项目单价的分析、计算方法应合理可行，施工方法及所采用的设备应与投标书中施工组织设计相一致，以提高单价的可信度与合理性。

③较高的响应性和完整性

投标单位在编制报价时，应按招标文件规定的工作内容、价格组成与计算填写方式，编制投标报价文件，从形式到实质都要对招标文件给予充分响应。

投标文件应完整，否则招标人可能拒绝这种投标。

（4）编制报价的主要依据

①招标文件、设计图纸。

②施工组织设计。

③施工规范。

④国家部门、地方或企业定额。

⑤国家部门或地方颁发的各种费用标准。

⑥工程材料、设备的价格及运杂费。

⑦劳务工资标准。

⑧当地生活、物资价格水平。

（5）投标报价的组成及计算

投标总报价的费用由招标文件规定，通常由以下几部分组成。

①主体工程费用

主体工程费用包括由承包人承担的直接工程费、间接费、其他费用、税金等全部费用和要求获得的利润，可采用定额法或实物量法进行分析计算。

主体工程费用中的其他费用主要指不单独列项的临时工程费用、承包人应承担的各种风险费用等。直接工程费、间接费、税金和利润的内容与概算、预算编制的费用组成在计算主体工程费用时，若采用定额法计算单价，人、材、机的消耗量可在行业有关定额基础上结合企业情况进行调整，以使投标价具有竞争力，或直接采用本企业自己的定额。人工单价可参照现行概算、预算编制办法规定的人工费组成，结合本企业的具体情况和建筑市场竞争情况进行确定。在计算材料、设备价格时，如果属于业主供应部分则按业主提供的价格计算，其余材料应按市场调查的实际价格计算。其他直接费、间接费、施工利润等，要根据投标工程的类别和地区及合同要求，结合本单位的实际情况，参考现行有关概（估）算费用构成及计算办法的有关规定计算。

②临时工程费用

临时工程费用的计算一般有以下三种情况：

第一种情况，工程量清单中列出了临时工程量。此时，临时工程费用的计算方法同主体工程费用的计算方法。

第二种情况，工程量清单中列出了临时工程项目，但未列具体工程量，要求总价承包。此时，投标人应根据施工组织设计估算工程量，计算该费用。

第三种情况，分项工程量清单中未列临时工程项目。此时，投标人应将临时工程费用摊入主体工程费用中，其分摊方法与标底编制中分摊临时工程费用的方法相同。

③保险种类及金额

招标文件中的"合同条款"和"技术条款"一般都对项目保险种类及金额做出了具体

规定。

A. 工程险和第三者责任险。若合同规定由承包人负责投保工程险和第三者责任险，承包人应按"合同条款"的规定和"工程量清单"所列项目专项列报。若合同规定由发包人负责投保工程险和第三者责任险，则承包人不需列报。

B. 施工设备险和人身意外伤害险。通常都由承包人负责投保，发包人不另行支付。前者保险费用计入施工设备运行费用内，后者保险费用摊入各项目的人工费内。投标人投标时，工程险的保险金额可暂按工程量清单中各项目的合计金额（不包括备用金以及工程险和第三者责任险的保险费）加上附加费计算，其保险费按保险公司的保险费率进行计算。第三者责任险的保险金额则按招标文件的工程量清单中规定的投保金额（或投标人自己确定的金额）计算，其保险费按保险公司的保险费率进行计算。上述两项保险费分别填写在工程量清单内该两项各自的合价栏内。

④中标服务费

当采用代理招标时，招标人支付给招标代理机构的费用可以采用中标服务费名义列在投标报价汇总表中。中标服务费按招标项目的报价总金额乘以规定的费率进行计算。

⑤备用金

备用金指用于签订协议书时，尚未确定或不可预见项目的备用金额。备用金额由发包人在招标文件"工程量清单"中列出，投标人在计算投标总报价时不得调整。

（6）报价编制程序

编制投标报价与编制标底的程序和方法基本相同，只是两者的作用和分析问题的角度不同，报价编制程序主要有：

①研究并"吃透"招标文件。

②复核工程量，在总价承包中，此项工作尤为重要。

③了解投标人编制的施工组织设计。

④根据标书格式及填写要求，进行报价计算。要根据报价策略做出各个报价方案，供投标决策人参考。

⑤投标决策确定最终报价。

⑥编制投标书。

四、投标决策与技巧

在激烈竞争的环境下，投标人为了企业的生存与发展，采用的投标对策被称为报价策略。能否恰当地运用报价策略，对投标人能否中标或中标后完成该项目能否获得较高利润，影响极大。在工程施工投标中，常用的报价策略大致有如下几种。

1. 以获得较大利润为投标策略

施工企业的经营业务近期比较饱和，该企业施工设备和施工水平又较高，而投标的项目施工难度较大、工期短竞争对手少，非我莫属。在这种情况下所投标的报价，可以比一般市场价格高一些并获得较大利润。

2. 以保本或微利为投标策略

施工企业的经营业务近期不饱满，或预测市场将要开工的工程项目较少，为防止窝工，投标策略往往是多抓几个项目，标价以微利保本为主。

要确定一个低而适度的报价，首先要编制出先进合理的施工方案。在此基础上计算出能够确保合同工期要求和质量标准的最低预算成本。降低项目预算成本要从降低直接费、现场经费和间接费着手，其具体做法和技巧如下：

（1）发挥本施工企业优势，降低成本。每个施工企业都有自身的长处和优势。如果发挥这些优势来降低成本，从而降低报价，这种优势才会在投标竞争中起到实质作用，即把企业优势转化为价值形态。

一个施工企业的优势，一般可以从下列几个方面来表示：①职工素质高：技术人员云集、施工经验丰富、工人技术水平高劳动态度好、工作效率高。②技术装备强：本企业设备新、性能先进、成套齐全、使用效率高、运转劳务费低、耗油低。③材料供应：有一定的周转材料，有稳定的来源渠道，价格合理、运输方便，运距短、费用低。④施工技术设计：施工人员经验丰富，提出了先进的施工组织设计、方案切实可行、组织合理、经济效益高。⑤管理体制：劳动组合精干、管理机构精练、管理费开支低。

当投标人具有某些优势时，在计算报价的过程中，就不必照搬统一的工程预算定额和费率，而是结合本企业的实际情况将优势转化为较低的报价。另外，投标人可以利用优势降低成本，进而降低报价，发挥优势报价。

（2）运用其他方法降低预算成本。有些投标人采用预算定额不变，而利用适当降低现场经费、间接费和利润的策略，降低标价，争取中标。

3. 以最大限度的低报价为投标策略

有些施工企业为了参加市场竞争，打入其他新的地区、开辟新的业务，并想在这个地区占据一定的位置，往往在第一次参加投标时，用最大限度的低报价保本价、无利润价甚至亏5%的报价，进行投标。中标后在施工中充分发挥本企业专长，在质量上、工期上（出乎业主估计的短工期）取胜，创优质工程创立新的信誉，缩短工期，使业主早得益。自己取得立足，同时取得业主的信任和同情，以提前奖的形式给予补助，使总价不亏本。

4. 超常规报价

在激烈的市场竞争中，有的投标人报出超常规的低价，令业主和竞争对手吃惊。超常规的报价方法，常用于施工企业面临生存危机或者竞争对手较强，为了保住施工地盘或急于解决本企业窝工问题的情况。

一旦中标，除解决窝工的危机，同时保住地盘，并且促进企业加强管理，精兵简政，优化组合，采取合理的施工方法，采用新工艺降低消耗和成本来完成此项目，力争减少亏损或不亏损。

　　为了在激烈的市场竞争中能够战胜对手、获得中标、最大限度地争取高额利润，投标人投标报价时除要灵活运用上述策略外，在计算标价中还需要采用一定的技巧，即在工程成本不变的情况下，设法把对外标价报得低一些，待中标后再按既定办法争取获得较多的收益。报价中这两方面必须相辅相成，以提高战胜竞争对手的可能性。以下介绍一些投标中经常采用的报价技巧与思路，以供参考。

　　（1）不平衡单价法

　　不平衡单价法是投标报价中最常采用的一种方法。所谓不平衡单价，即在保持总价格水平的前提下，将某些项目的单价定得比正常水平高些，而另外一些项目的单价则可以比正常水平低些，但这种提高和降低又应保持在一定限度内，避免因为某一单价的明显不合理而成为无效报价。常采用的"不平衡单价法"有下列几种：

　　①为了将初期投入的资金尽早回收，以减少资金占用时间和贷款利息，而将待摊入单价中的各项费用多摊入早收款的项目（如施工动员费、基础工程、土方工程等）中，使这些项目的单价提高，而将后期的项目单价适当降低，这样可以提前回收资金，有利于资金周转，存款也有利息。

　　②对在工程实施中工程量可能增加的项目适当提高单价，而对在工程实施中工程量可能减少的项目则适当降低单价。这样处理，虽然表面上维持总报价不变，但在今后实施过程中，承包商将会得到更多的工程付款。这种做法在公路、铁路、水坝以及各类难以准确计算工程量的室外工程项目的投标中常被采用。这一方法的成功与否取决于承包商在投标复核工程量时，对今后增减某些分项工程量所做的估计是否正确。

　　③图纸不明确或有错误的，估计今后有可能修改的项目的单价可提高，工程内容说明不清楚的项目的单价可降低，这样做有利于以后的索赔。

　　④工程量清单中无工程量而只填单价的项目（如土方工程中的挖淤泥、岩石等备用单价），其单价宜高些。因为这样做不会影响总标价，而一旦发生工程量时可以多获利。

　　⑤对于暂定金额（或工程），分析其将来要做的可能性大的，价格可定高些；估计不一定发生的，价格可定低些，以增加中标机会。

　　⑥零星用工（计日工）单价，一般可稍高于工程单价中的工资单价，因它不属于承包价的范围，发生时实报实销，也可多获利。但有的招标文件为了限制投标人随意提高计日工价，对零星用工给出一个"名义工程量"而计入总价，此时则不必提高零星用工单价了。

　　（2）利用可谈判的"无形标价"

　　在投标文件中，某些不以价格形式表达的"无形标价"，在开标后有谈判的余地，承包人可利用这种条件争取收益。如一些发展中国家的货币对世界主要外币的兑换率逐年贬值，在这些国家投标时，投标文件填报的外汇比率可以提高些。因为投标时一般是规定采用投标截止日前30天官方公布的固定外汇兑换率。承包商在多得到汇差的外汇付款后，再及早换成当地货币使用，就可以由其兑换率的差值而得到额外收益。

（3）调价系数的利用

多数施工承包合同中都包括有关价格调整的条款，并给出利用物价指数计算调价系数的公式，付款时承包人可根据该系数得到由于物价上涨的补偿。投标人在投标阶段就应对该条款进行仔细研究，以便利用该条款得到最大的补偿。对此，可考虑如下几种情况：

①有的合同提供的计算调价系数的公式中各项系数未定，标书中只给出一个系数的取值范围，要求承包者自己确定系数的具体值。此时，投标人应在掌握全部物价趋势的基础上，对于价格增长较快的项目取较高的系数，对于价格较稳定的项目取较低的系数。这样，最终计算出的调价系数较高，因而可得到较高的补偿。

②在各项费用指数或系数已确定的情况下，计算各分项工程的调价指数，并预测公式中各项费用的变化趋势。在保持总报价不变的情况下，利用上述不平衡报价的原理，对计算出的调价指数较大的工程项目报较高的单价，可获较大的收益。

③公式中外籍劳务和施工机械两项，一般要求承包人提供承包人本国或相应来源国的有关当局发布的官方费用指数。有的招标文件还规定，在投标人不能提供这类指数时，则采用工程所在国的相应指数。利用这一规定，就可以在本国的指数和工程所在国的指数间选择。国际工程施工机械常可能来源于多个国家，在主要来源国不明确的条件下，投标人可在充分调查研究的基础上，选用费用上涨可能性较大的国家的官方费用指数。这样，计算出的调价系数值较大。

（4）附加优惠条件

如在投标书中主动附加带资承包、延期付款、缩短工期或留赠施工设备等，可以吸引业主，提高中标的可能性。

5. 其他手法

国际上还有一些报价手法，我们也可了解以资借鉴，现择要介绍如下。

（1）扩大标价法

这种方法比较常用，即除按正常的已知条件编制价格外，对工程中变化较大或没有把握的工程项目，采用扩大单价，增加"不可预见费"的方法来减少风险。但是这种投标方法，往往因总价过高而不易中标。

（2）先亏后盈法

采用这种方法必须有十分雄厚的实力或有国家或大财团做后盾，即为了想占领某一市场或想在某一地区打开局面时，而采取的一种不惜代价，只求中标的手段。这种方法虽然是报价低到其他承包商无法与之竞争的地步，但还要看其工程质量和信誉如何。如果以往的工程质量和信誉不好，则业主也不一定选他中标，而第二、三中标候选人反而有了中标机会。此外，这种方法即使一时奏效，但这次中标承包的结果必然是亏本，而今后能否盈利赚回来还难说。因此，这种方法实际上是一种冒险方法。

（3）开口升级报价法

这种方法是报价时把工程中的一些难题，如特殊基础等造价较多的部分抛开作为活口，将标价降至无法与之竞争的数额（在报价中应加以说明）。利用这种"最低报价"来吸引业主，从而取得与业主商谈的机会，再利用活口进行升级加价，以达到最终盈利的目的。

（4）多方案报价法

这是利用工程说明书或合同条款不够明确之处，以争取达到修改工程说明书和合同为目的的一种报价方法。当工程说明书和合同条款中有某些不够明确之处时，往往承包商要承担很大的风险。为了减少风险就须扩大工程单价，增加"不可预见费"，但这样做又会因报价过高而增加被淘汰的可能性。多方案报价法就是为对付这种两难局面而出现的，其具体做法是在标书上报两个单价：一是按原工程说明书和合同条款报一个价；二是加以注释"如工程说明书或合同条款可做某些改变时"，则可降低多少费用，使报价成为最低的，以吸引业主修改说明书和合同条款。还有一种方法是对工程中一部分没把握的工作注明按成本加若干酬金结算的办法。但有些国家规定，政府工程合同文字是不准改动的，经过改动的报价单即为无效时，这个方法就不能用。

（5）突然袭击法

这是一种迷惑对手的竞争手段。在整个报价过程中，仍然按一般情况进行，甚至故意宣扬自己对该工程兴趣不大（或甚大），等快到投标截止时，来一个突然降低（或加价），使竞争对手措手不及。采用这种方法是因为竞争对手之间总是相互探听对方报价情况，绝对保密是很难做到的。如果不搞突然袭击，则自己的报价很可能会被竞争对手所了解，对手会将他的报价压得稍低，从而提高了他的中标机会。

第二节 施工承发包的模式

工程项目承发包是一种商业行为，交易的双方为发包人和承包人。双方签订承发包合同，明确双方各自的权利与义务，承包人负责为发包人（业主）完成工程项目全部和部分的施工建设工作，并从发包人处取得相应的报酬。

工程的承发包方式多种多样，适用于不同的情形。发包人应结合自己的意愿、工程项目的具体情况，选择有利于自己（或受委托的监理及咨询公司）进行项目管理，以节省投资、缩短工期，确保质量目的的发包方式。而承包人也应结合自身的经营状况、承包能力及工程项目的特点、发包人所选定的发包方式等因素，选择承包有利于减少自身风险，又有合理利润的工程项目。

一、施工平行承发包模式

（一）施工平行承发包的概念

施工平行承发包，是指发包方将建设工程的施工任务经过分解分别发包给若干个施工单位，并分别与各方签订合同。各施工单位之间的关系是平行的，各材料设备供应单位之间的关系也是平行的。

（二）平行承发包模式的运用

采用这种模式首先应合理地分解工程建设任务，然后进行分类综合，确定每个合同的发包内容，以便选择适当的承包单位。

进行任务分解与确定合同数量、内容时应考虑以下因素：

1. 工程情况。建设工程的性质、规模、结构等是决定合同数量和内容的重要因素。建设工程实施时间的长短，计划的安排也对合同数量有影响。

2. 市场情况。首先，由于各类承建单位的专业性质、规模大小在不同市场的分布状况不同，建设工程的分解发包应力求使其与市场结构相适应；其次，合同任务和内容对市场具有吸引力，中小合同对中小型承建单位有吸引力，又不妨碍大型承建单位参与竞争；最后，还应按市场惯例做法，市场范围和有关规定来决定合同内容和大小。

3. 贷款协议要求。对两个以上贷款人的情况，可能贷款人对贷款使用范围、承包人资格等有不同要求，因此需要在确定合同结构时予以考虑。

（三）平行承发包模式的优点

1. 有利于缩短工期。设计阶段与施工阶段有可能形成搭接关系，从而缩短整个建设工程工期。

2. 有利于质量控制。整个工程经过分解分别发包给各承建单位，合同约束与相互制约使每一部分都能够较好地实现质量要求。

3. 有利于业主选择承建单位。大多数国家的建筑市场中，专业性强、规模小的承建单位一般占较大的比例。这种模式的合同内容比较单一、合同价值小、风险小，使它们有可能参与竞争。因此，无论大型承建单位还是中小型承建单位都有机会竞争。业主可在很大范围内选择承建单位，提高择优性。

（四）平行承发包模式的缺点

1. 合同数量多，会造成合同管理困难。合同关系复杂，使建设工程系统内结合部位数量增加，组织协调工作量大。加大合同管理的力度，加强各承建单位之间的横向协调工作。

2. 投资控制难度大。这主要表现在：一是总合同价不易确定，影响投资控制实施；二是工程招标任务量大，需控制多项合同价格，增加了投资控制难度；三是在施工过程中设计变更和修改较多，导致投资增加。

二、施工总承包模式

（一）施工总承包的概念

施工总承包是工程业主将一项工程的施工安装任务全部发包给一个资质符合要求的施工企业或由多个施工单位组成的施工联合体或施工合作体，他们之间签订施工总承包合同，以明确双方的责任义务的权限。而总承包施工企业，在法律规定许可的范围内，可以将工程按专业分别发包给一家或多家经营资质、信誉等条件经业主（发包方）或其监理工程师认可的分包商。

（二）施工总承包模式的主要特点

1. 投资控制方面

（1）一般以施工图设计为投标报价的基础，投标人的投标报价较有依据。（2）在开工前就有较明确的合同价，有利于业主的总投资控制。

（3）若在施工过程中发生设计变更，可能会引发索赔。

2. 进度控制方面

由于一般要等施工图设计全部结束后，业主才进行施工总承包的招标，因此开工日期不可能太早，建设周期会较长。这是施工总承包模式的最大缺点，限制了其在建设周期紧迫的建设工程项目上的应用。

3. 质量控制方面

建设工程项目质量的好坏在很大程度上取决于施工总承包单位的管理水平和技术水平。

4. 合同管理方面

业主只需要进行一次招标，与施工总承包商签约，因此招标及合同管理工作量将会减小；在很多工程实践中，采用的并不是真正意义上的施工总承包，而是所谓的"费率招标"。"费率招标"实质上是开口合同，对业主方的合同管理和投资控制十分不利。

5. 组织与协调方面

施工总承包单位负责对所有分包人的管理及组织协调，在项目全部竣工试运行达到正常生产水平后，再把项目移交业主。

三、施工总承包管理模式

（一）施工总承包管理的概念

施工总承包管理是业主方委托一个施工单位或由多个施工单位组成的施工联合体或施工合作体作为施工总包管理单位，业主方另委托其他施工单位作为分包单位进行施工。一般情况下，施工总承包管理单位是纯管理公司，不参与具体工程的施工，但如施工总承包管理单位也想承担部分工程的施工，它也可以参加该部分工程的投标，通过竞争取得施工任务。

（二）施工总承包管理模式的特点

1.投资控制方面

（1）一部分施工图完成后，业主就可单独或与施工总承包管理单位共同进行该部分工程的招标，分包合同的投标报价和合同价以施工图为依据。

（2）在对施工总承包管理单位进行招标时，只确定施工总承包管理费，而不确定工程总造价，这可能成为业主控制总投资的风险。

（3）多数情况下，由业主方与分包人直接签约，这样有可能增加业主方的风险。

2.进度控制方面

不需要等施工图设计完成后再进行施工总承包管理的招标，分包合同的招标也可以提前，这样有利于提前开工，有利于缩短建设周期。

3.质量控制方面

（1）对分包人的质量控制由施工总承包管理单位进行。

（2）分包工程任务符合质量控制的"他人控制"原则，对质量控制有利；但这类管理对于总承包管理单位来说是站在工程总承包立场上的项目管理，而不是站在业主立场上的"监理"，业主方还需要有自己的项目管理，以监督总承包单位的工作。

（3）各分包之间的关系可由施工总承包管理单位负责，这样就可减少业主方管理的工作量。

4.合同管理方面

（1）一般情况下，所有分包合同的招标投标、合同谈判以及签约工作均由业主负责，业主方的招标及合同管理工作量较大。

（2）对分包人的工程款支付可由施工总包管理单位支付或由业主直接支付，前者有利于施工总包管理单位对分包人的管理。

5.组织与协调方面

由施工总承包管理单位负责对所有分包人的管理及组织协调，这样就大大减轻了业主方的工作。这是采用施工总承包管理模式的基本出发点。

第三节 施工合同执行过程中的管理

工程施工合同作为工程项目任务委托和承接的法律依据，是工程施工过程中承发包双方的最高行为准则。工程施工过程中的一切活动都是为了履行合同，都必须按合同办事，双方的行为主要靠合同来约束。

工程施工合同定义了承发包双方的项目目标，这些目标必须通过具体的工程活动实现。工程施工中各种干扰的作用，常常使工程实施过程偏离总目标，如果不及时采取措施，这种偏差常常由小到大，日积月累。这就需要对合同实施情况进行跟踪，对项目实施进行控制，以便及时发现偏差，不断调整合同实施，使之与总目标一致。

一、施工合同跟踪与控制

（一）施工合同跟踪

1. 施工合同跟踪的含义

施工合同跟踪有两个方面的含义：一是承包单位的合同管理职能部门对合同执行者（项目经理部或项目参与人）的履行情况进行的跟踪、监督和检查；二是合同执行者（项目经理部或项目参与人）本身对合同计划的执行情况进行的跟踪检查与对比。

2. 施工合同跟踪的依据

合同跟踪时，判断实际情况与计划情况是否存在差异的依据主要有：合同和合同分析的结果，如各种计划、方案、合同变更文件等；各种实际的工程文件，如原始记录、各种工程报表、报告、验收结果等；工程管理人员每天对现场情况的直观了解，如对施工现场的巡视、与各种人员谈话、召集小组会谈、检查工程质量、通过报表，报告了解等。

3. 施工合同跟踪的对象

施工合同实施情况跟踪的对象主要有以下几个方面：

（1）具体的合同事件。对照合同事件表的具体内容，分析该事件的实际完成情况，如以设备安装事件为例进行分析：

①安装质量，如标高、位置、安装精度、材料质量是否符合合同要求，安装过程中设备有无损坏等。

②工程数量，如是否全都安装完毕、有无合同规定以外的设备安装、有无其他的附加工程等。

③工期，如是否在预定期限内施工、工期有无延长、延长的原因是什么等。

④成本的增加和减少，将上述内容在合同事件表上加以注明，这样可以检查每个合同

事件的执行情况。对一些有异常情况的特殊事件，即实际和计划存在大的偏离的事件，可以列特殊事件分析表进一步处理。经过上述分析得到偏差的原因和责任，以从中发现索赔的机会。

（2）工程小组或分包商的工程和工作。一个工程小组或分包商可能承担许多专业相同、工艺相近的分项工程或许多合同事件，所以必须对它们实施的总情况进行检查分析。在实际工程中常常因为某一工程小组或分包商的工作质量不高或进度拖延而影响整个工程施工。合同管理人员在这方面应给他们提供帮助，如协调他们之间的工作，对工程缺陷提出意见、建议或警告，责成他们在一定时间内提高质量、加快进度等。

作为分包合同的发包商，总承包商必须对分包合同的实施进行有效的控制，这是总承包商合同管理的重要任务之一。分包合同控制的目的如下：

①控制分包商的工作，严格监督他们按分包合同完成工程责任。分包合同是总承包合同的一部分，如果分包商完不成他们的合同责任，则总承包商也不能顺利完成总承包合同。

②为向分包商索赔和对分包商的反索赔做准备。总包与分包之间的利益是不一致的，双方之间常常有尖锐的利益冲突。在合同实施中，双方都在进行合同管理，都在寻求向对方索赔的机会，所以双方都有索赔和反索赔的任务。

③对专业分包人的工程和工作，总承包商负有协调和管理的责任，并承担由此造成的损失。分包商的工程和工作必须纳入总承包商工程的计划和控制中，防止因分包商的工程管理失误而影响全局。

（3）业主和工程师的工作。业主和工程师是承包商的主要工作伙伴，对他们的工作进行监督和跟踪十分重要。业主和工程师的工作主要包括：

①业主和工程师必须正确、及时地履行合同责任，及时提供各种工程实施条件，如及时发布图纸、提供场地，及时下达指令、做出答复，及时支付工程款等，这常常作为承包商推卸责任的托词，所以要特别重视。在这里合同工程师应寻找合同中以及对方合同执行中的漏洞。

②在工程中承包商应积极主动地做好工作，如提前催要图纸、材料，对工作事先通知。这样不仅可以让业主和工程师及时准备，以建立良好的合作关系，保证工程顺利实施，而且可以推卸自己的责任。

③有问题及时与工程师沟通，多向工程师汇报情况，及时听取他的指示（书面的）。

④及时收集各种工程资料，对各种活动、双方的交流做好记录。

⑤对有恶意的业主提前防范，并及时采取措施。

（4）工程总的实施状况。工程总的实施状况包括：

①工程整体施工秩序情况。如果出现以下情况，合同实施必定存在问题：现场混乱、拥挤不堪，承包商与业主的其他承包商、供应商之间协调困难，合同事件之间和工程小组之间协调困难，出现事先未考虑到的情况和局面，发生较严重的工程事故等。

②已完工程没有通过验收，出现大的工程质量事故，工程试运行不成功或达不到预定

的生产能力等。

③施工进度未能达到预定的施工计划，主要的工程活动出现拖期，在工程周报和月报上计划和实际进度出现大的偏差。

④计划和实际的成本曲线出现大的偏离。通过计划成本累积曲线与实际成本累积曲线的对比，可以分析出实际和计划的差异。

通过合同实施情况追踪、收集、整理，能反映工程实施状况的各种工程资料和实际数据，如各种质量报告、各种实际进度报表、各种成本和费用收支报表及其分析报告。将这些信息与工程目标，如合同文件、合同分析的资料、各种计划、设计等进行对比分析，可以发现两者的差异。根据差异的大小确定工程实施偏离目标的程度。

（二）施工合同实施情况的偏差分析与处理

通过合同跟踪，可能会发现合同实施中存在的偏差，即工程实施实际情况偏离了工程计划和工程目标，应该及时分析原因，采取措施，纠正偏差，避免损失。

1. 施工合同实施情况偏差分析

（1）产生偏差的原因分析

通过对合同执行实际情况与实施计划的对比分析，不仅可以发现合同实施的偏差，而且可以探索引起差异的原因。原因分析可以采用鱼刺图，因果关系分析图（表），成本量差、价差、效率差分析等方法定性或定量地进行。

（2）合同实施偏差的责任分析

合同实施偏差的责任分析即分析产生合同偏差的原因是由谁引起的，应该由谁承担责任。责任分析必须以合同为依据，按合同规定落实双方的责任。

（3）合同实施趋势分析

针对合同实施偏差情况，可以采取不同的措施，分析在不同措施下合同执行的结果与趋势，包括：

①最终的工程状况，包括总工期的延误、总成本的超支，质量标准、所能达到的生产能力（或功能要求）等；

②承包商将承担什么样的后果，如被罚款、被清算，甚至被起诉，对承包商资信、企业形象、经营战略的影响等；

③最终工程经济效益（利润）水平。

2. 合同实施偏差处理

根据合同实施偏差分析的结果，承包商应该采取相应的调整措施，调整措施可以分为：

（1）组织措施，如增加人员投入、调整人员安排、调整工作流程和工作计划等。

（2）技术措施，如变更技术方案、采用新的高效率的施工方案等。

（3）经济措施，如增加投入、采取经济激励措施等。

（4）合同措施，如进行合同变更、签订附加协议、采取索赔手段等。合同措施是承包商的首选措施，该措施主要由承包商的合同管理机构来实施。承包商采取合同措施时通常应考虑以下问题：

①如何保护和充分行使自己的合同权力，如通过索赔以降低自己的损失。

②如何利用合同使对方的要求降到最低，即如何充分限制对方的合同权力，找出业主的责任。如果通过合同诊断，承包商已经发现业主有恶意、不支付工程款或自己已经陷入合同陷阱中，或已经发现合同亏损，而且国际亏损会越来越大，则要及早确定合同执行战略。如及早解除合同，降低损失；争取道义索赔，取得部分赔偿；采用以守为攻的办法拖延工程进度，消极怠工。因为在这种情况下，承包商投入资金越多，工程完成得越多，承包商就越被动，损失会越大。

二、施工合同变更管理

（一）施工合同变更和工程变更

施工合同变更指施工合同成立以后，履行完毕以前由双方当事人依法对原合同约定的条款（权利和义务、技术和商务条款等）所进行的修改、变更。

工程变更一般指在工程施工过程中，根据合同约定对施工程序、工程数量、质量要求及标准等做出的变更。工程变更是一种特殊的合同变更。

通常认为工程变更是一种合同变更，但不可忽视工程变更和一般合同变更所存在的差异。一般合同变更需经过协商的过程，该过程发生在履约过程中合同内容变更之前，而工程变更则较为特殊。在合同中双方有这样的约定，业主授予工程师进行工程变更的权力；在施工过程中，工程师直接行使合同赋予的权力发出工程变更指令，工程变更之前事先不需经过承包商的同意，一旦承包商接到工程师的变更指令，承包商无论同意与否，都有义务实施该指令。

（二）施工合同变更的原因

合同内容频繁变更是工程合同的特点之一,合同变更一般主要有以下几个方面的原因:

1.业主新的变更指令，对建筑的新要求。如业主有新的意图，业主修改项目计划、削减项目预算等。

2.由于设计人员、监理方人员、承包商事先没有很好地理解业主的意图，或设计得有错误，导致图纸修改。

3.工程环境的变化，预定的工程条件不准确，要求实施方案或实施计划变更。

4.由于产生新技术和知识，有必要改变原设计，原实施方案或实施计划，或由于业主指令及业主责任的原因造成承包商施工方案的改变。

5.政府部门对工程新的要求，如国家计划变化、环境保护要求、城市规划变动等。

6.由于合同实施出现问题，必须调整合同目标或修改合同条款。

第四节 水利工程索赔

索赔通常是指在工程合同履行过程中，合同当事人一方因对方不履行或未能正确履行合同或者由于其他非自身因素而受到经济损失或权利损害，通过合同规定的程序向对方提出经济或时间补偿要求的行为。

在市场经济条件下，工程索赔在建设工程市场中是一种正常的现象。工程索赔是合同当事人保护自身正当权益、弥补工程损失，提高经济效益的重要和有效的手段。索赔管理以其本身花费较小、经济效果明显而受到承包人的高度重视。但在我国，由于工程索赔处于起步阶段，对工程索赔的认识尚不够全面、正确，在建设工程施工中，还存在发包人（业主）忌讳索赔，承包人索赔意识不强，监理工程师不懂如何处理索赔的现象。因此，应当加强对索赔理论和方法的研究，认真对待和搞好建设工程索赔。

一、索赔的依据和证据

（一）索赔的依据

1.合同文件

合同文件是索赔的最主要依据，包括：

（1）本合同协议书；（2）中标通知书；（3）投标书及其附件；（4）合同专用条款；（5）合同通用条款；（6）标准、规范及有关技术文件；（7）图纸；（8）工程量清单；（9）工程报价单或预算书。

合同履行中，发包人与承包人有关工程的洽商、变更等书面协议或文件应视为合同文件的组成部分。在《建设工程施工合同示范文本》（GF—99—0201）中列举了发包人可以向承包人提出索赔的依据条款，也列举了承包人在哪些条件下可以向发包人提出索赔；《建设工程施工专业分包合同（示范文本）》（CF—99—0201）中列举了承包人与分包人之间索赔的诸多依据条款。

2.订立合同所依据的法律法规

（1）适用法律和法规

建设工程合同文件适用国家的法律和行政法规及需要明示的法律、行政法规，由双方在专用条款中约定。

（2）适用标准、规范

双方在专用条款内约定适用国家标准、规范和名称。

3.工程建设惯例

工程建设惯例是指在长期的工程建筑过程中某些约定俗成的做法。这种惯例有的已经形成了法律，有的虽没有法律依据，但大家均对其表示认可，例如，《建设工程施工合同（示范文本）》（GF—99—0201）中的许多约定，并没有法律依据，但在本行业大家都习惯于受这个文本中的规定约束，这就是所谓的工程建设惯例的具体体现。

（二）索赔证据

1. 索赔证据的含义

索赔证据是当事人用来支持其索赔成立或与索赔有关的证明文件和资料。索赔证据作为索赔文件的组成部分，在很大程度上关系索赔的成功与否。证据不全、不足或没有证据，索赔是很难获得成功的。

在工程项目实施过程中，会产生大量工程信息和资料，这些信息和资料是开展索赔的重要证据。因此，在施工过程中应该自始至终做好资料积累工作，建立完善的资料记录和科学管理制度，认真系统地积累和管理合同、质量、进度以及财务收支等方面的资料。

2. 可以作为证据使用的材料

（1）书证。书证是指以其文字或数字记载的内容起证明作用的书面文书和其他载体，如合同文本、财务账册、欠据，收据、往来信函以及确定有关权利的判决书、法律文件等。

（2）物证。物证是指以其存在、存放的地点外部特征及物质特性来证明案件事实真相的证据。如购销过程中封存的样品，被损坏的机械、设备，有质量问题的产品等。

（3）证人证言。证人证言是指知道、了解事实真相的人所提供的证词，或向司法机关所做的陈述。

（4）视听材料。视听材料是指能够证明案件真实情况的音像资料，如录音带、录像带等。

（5）被告人供述和有关当事人陈述。它包括：犯罪嫌疑人、被告人向司法机关所做的承认犯罪并交代犯罪事实的陈述或否认犯罪或具有从轻、减轻、免除处罚的辩解、申诉，被害人、当事人就案件事实向司法机关所做的陈述。

（6）鉴定结论。它是指专业人员就案件有关情况向司法机关提供的专门性的书面鉴定意见，如损伤鉴定、痕迹鉴定、质量责任鉴定等。

（7）勘验、检验笔录。它是指司法人员或行政执法人员对与案件有关的现场物品，人身等进行勘察、实验或检查的文字记载。这项证据也具有专门性。

二、索赔的起因

索赔可能由以下一个或几个方面的原因引起：

1. 合同对方违约，不履行或未能正常履行合同义务与责任。

2. 合同错误，如合同条文不全、错误，矛盾等，设计图纸，技术规范错误等。

3. 合同变更。

4. 工程环境变化，包括法律、物价和自然条件的变化等。

5.不可抗力因素，如恶劣的气候条件、地震、洪水、战争状态等。

三、索赔的分类

（一）按照索赔有关当事人分类

1.承包人与发包人之间的索赔。

2.承包人与分发包人之间的索赔。

3.承包人或发包人与供货人之间的索赔。

4.承包人或发包人与保险人之间的索赔。

（二）按照索赔目的和要求分类

1.工期索赔，一般指承包人向业主或者分包人向承包人要求延长工期。

2.费用索赔，即要求补偿经济损失，调整合同价格。

第五节　水利工程风险管理

一、风险和风险量

（一）风险

1.风险的内涵

风险指的是损失的不确定性。国家标准《职业健康安全管理体系规范》（GB/T28001—2001）将风险定义为："某一特定危险情况发生的可能性和后果的组合。"而一般定义风险为：风险就是与出现损失有关的不确定性，也就是在给定情况下和特定时间内，可能发生的结果之间的差异（或实际结果与预期结果之间的差异）。对于建设工程项目管理而言，风险是指影响项目目标实现的不确定因素。

2.风险的特点

（1）风险存在的客观性。在工程项目建设中，无论是自然界的风暴、地震、滑坡灾害，还是与人们活动紧密相关的施工技术，施工方案不当造成的风险损失，都是不以人们意志为转移的客观现实。它们的存在与发生，总体而言是一种必然现象。因自然界的物体运动以及人类社会的运动规律都是客观存在的，表明施工风险的发生也是客观必然的。

（2）风险发生的偶然性：虽然风险是客观存在的，但就某一具体风险而言，它的发生是偶然的，是一种随机现象。风险也可认为是经济损失的不确定性。风险事故的随机性主要表现为：风险事故是否发生不确定，何时发生不确定，发生的后果不确定。

（3）大量风险发生的必然性：个别风险事故的发生是偶然的，而对大量风险事故的观察会发现，其往往呈现出明显的规律性。运用统计学方法去处理大量相互独立的偶发风险事故，其结果可以比较准确地反映出风险的规律性。根据大量资料，利用概率论和数理统计的方法可测算出风险事故发生的概率及其损失幅度，并可构造出损失分布的模型，成为风险估测的基础。

（4）风险的多样性。即在一个工程项目施工中有许多种类的风险存在，如政治风险、经济风险、法律风险、自然风险、合同风险、合作者风险等。这些风险之间有复杂的内在联系。

（5）风险的可变性。风险在一定条件下是可以转化的。这种转化包括：①风险量的变化。随着人们对风险认识的增强和风险管理方法的完善，某些风险在一定程度上得以控制，降低其发生频率和损失程度。②某些风险在一定空间和时间范围内被消除。③新的风险产生。

3.风险具备的要素

风险的组成要素包括风险因素、风险事故和损失。风险是由风险因素、风险事故和损失三者构成的统一体。

二、风险类型和风险分配

（一）风险类型

1.技术、性能、质量风险

项目采用的技术与工具是项目风险的重要来源之一。一般来说，项目中采用新技术或技术创新无疑是提高项目绩效的重要手段，但这样也会带来一些问题，许多新的技术未经证实或并未被充分掌握，则会影响项目的成功。还有，当人们出于竞争的需要，会提高项目的产品性能、质量方面的要求，而不切实际的要求也是项目风险的来源。

2.项目管理风险

施工管理风险包括施工过程管理的方方面面，如施工计划的时间、资源分配（包括人员、设备、材料）、施工质量管理、施工管理技术（流程、规范、工具等）的采用以及外包商的管理等。

3.组织风险

组织风险中的一个重要的风险就是项目决策时所确定的项目范围、时间与费用之间的矛盾。项目范围、时间与费用是项目的三个要素，它们相互制约。不合理的匹配必然导致项目执行的困难，从而产生风险。项目资源不足或资源冲突方面的风险同样不容忽视，如人员到岗时间、人员知识与技能不足等。组织中的文化氛围同样会导致一些风险的产生，如团队合作和人员激励不当导致人员离职等。

4. 项目外部风险

项目外部风险主要是指项目的政治、经济、环境的变化，包括与项目相关的规章或标准的变化，组织中雇佣关系的变化，自然现象或物理现象所导致的风险，如公司并购；政局的变化，政权的更替，政府法令和决定的颁布实施，以及种族和宗教冲突、叛乱、战争等引起社会动荡而造成损害的风险；洪水、地震、风暴、火灾、泥石流等所导致的人身伤亡或财产损失的风险；市场预期失误、经营管理不善、消费需求变化、通货膨胀、汇率变动等所导致的经济损失的风险等。

5. 法律风险

法律风险是指由于颁布新的法律和对原有法律进行修改等而导致经济损失的风险。

（二）风险分配

风险分配是指在合同条款中写明，各种风险由合同哪一方承担，承担什么责任。根据风险管理理论，风险分配应遵循以下几个原则：

风险分配应有利于降低工程造价和顺利履行合同；

合同双方中，谁能更有效地防止和控制某种风险或减少该风险引起的损失，就由谁承担该风险；

风险分配应能有助于调动承担方的积极性，认真做好风险管理工作，从而降低成本，节约投资。

从上述原则出发，施工承包合同中的风险分配通常是双方各自承担自己责任范围的风险，对于双方均无法控制的自然和社会因素引起的风险则由业主承担，因为承包商很难将这些风险事先估入合同价格中，若由承包商承担这些风险，则势必增加其投标报价。当风险不发生时，反而增加工程造价，风险估计不足时，则又会造成承包商亏损，而招致工程不能顺利进行。

1. 业主的风险

（1）不可抗力的社会因素或自然因素造成的损失和损坏，前者如战争、暴乱、罢工等，后者如洪水、地震、飓风等。但工程所在国外的战争、承包商自身工人的动乱以及承包商延误履行合同后发生的情况等均除外。

（2）不可预见的施工现场条件的变化，指施工过程中出现了招标文件中未提及的不利的现场条件，或招标文件中虽提及，但与实际出现的情况差别很大，且这些情况在招标投标时又是很难预见到而造成的损失或损坏。在实际工程中，这类问题最多出现在地下，如开挖现场出现的岩石，其高程与招标文件所述的高程差别很大；实际遇到的地下水在水量、水质、位置等方面均与招标文件提供的数据相差很大；设计指定的料场，取土石料不能满足强度或其他技术指标的要求；开挖现场发现了古代建筑遗迹、文物或化石；开挖中遇到有毒气体等。

（3）工程量变化，是指对单价合同而言，合同价是按工程量清单上的估计工程量计算的，而支付价是按施工实际的支付工程量计算的，两种工程量不一致而引起合同价格变化的风险。若采用总价合同，则此项风险由承包商承担。另一种情况是当某项作业的工程量变化甚大，而导致施工方案变化引起的合同价格变化。

（4）设计文件有缺陷而造成的损失或成本增加，由承包商负责的设计除外。

（5）国家或地方的法规变化导致的损失或成本增加，承包商延误履行合同后发生的除外。

2. 承包商的风险

（1）投标文件的缺陷，指由于对招标文件的错误理解，或者勘查现场时的疏忽，或者投标中的漏项等造成投标文件有缺陷而引起的损失或成本增加。

（2）对业主提供的水文、气象、地质等原始资料分析、运用不当而造成的损失和损坏。

（3）由于施工措施失误、技术不当、管理不善、控制不严等造成施工中的一切损失和损坏。

（4）分包商工作失误造成的损失和损坏。

三、风险管理的任务

（一）风险管理的定义

风险管理是指人们对建设工程施工过程中潜在的意外损失，通过风险识别、风险估测、风险评价，对风险实施有效的控制和妥善处理风险所致损失，期望达到以最小的成本获得最大安全保障的管理活动。

（二）风险管理目标

风险管理目标由两部分组成：损失发生前的风险管理目标和损失发生后的风险管理目标，前者的目标是避免和减少风险事故形成的机会，包括节约经营成本，减少忧虑心理；后者的目标是努力使损失的标的恢复到损失前的状态，包括维持企业的继续生存、生产服务的持续、稳定的收入、生产的持续增长和社会责任。二者有效结合，构成完整而系统的风险管理目标。

（三）风险管理的主要任务

1. 风险识别

风险识别是风险管理的基础，是指风险管理人员在收集资料和调查研究之后，运用各种方法对尚未发生的潜在风险以及客观存在的各种风险进行系统归类和全面识别。

识别风险主要包括感知风险和分析风险两方面的内容：一是依靠感性认识，经验判断；二是可利用财务分析法、流程分析法、实地调查法等进行分析和归类整理，从而发现各种风险的损害情况以及具有规律性的损害风险。在此基础上，鉴定风险的性质，从而为风险衡量做准备。

2. 风险分析

风险分析的目的是确定每个风险对项目的影响大小，一般是对已经识别出来的项目风险进行量化估计，这里要注意三个概念。

（1）风险影响

风险影响是指一旦风险发生可能对项目造成的影响大小。如果损失的大小不容易直接估计，可以将损失分解为更小部分再评估它们。风险影响可用相对数值表示。

（2）风险概率

风险概率用风险发生可能性的百分比表示，是一种主观判断。

风险值是评估风险的重要参数。

$$风险值 = 风险概率 \times 风险影响$$

3. 风险应对

完成了风险分析后，就已经确定了项目中存在的风险以及它们发生的可能性和对项目的风险冲击，并可排出风险的优先级。此后就可以根据风险性质和项目对风险的承受能力制订防范计划，即风险应对。

制定风险应对策略主要考虑以下四个方面的因素：可规避性、可转移性、可缓解性、可接受性。确定风险的应对策略后，就可编制风险应对计划，它主要包括已识别的风险及其描述、风险发生的概率、风险应对的责任人、风险对应策略及行动计划、应急计划等。

4. 风险监控

制订了风险防范计划后，风险并非不存在，在项目推进过程中还可能会增大或者衰退。因此，在项目执行过程中，需要时刻监督风险的发展与变化情况，并确定随着某些风险的消失而带来的新的风险。

风险监控包括两个层面的工作：一是跟踪已识别风险的发展变化情况，包括在整个项目周期内，风险产生的条件和导致的后果变化，衡量风险减缓计划需求。二是根据风险的变化情况及时调整风险应对计划，并对已发生的风险及其产生的遗留风险和新增风险及时识别、分析，并采取适当的应对措施。对于已发生过和已解决的风险也应及时从风险监控列表中调整出去。

■ 结　语

　　水利工程一直以来是保障人民群众生活的基础设施，在经济飞速发展的今天，水利工程的作用也愈加重要。水利工程的重要性和必需性造成了水利工程行业的欣欣向荣。与此同时，水利工程的施工企业竞争也越发激烈。建设施工企业想要在如此激烈的市场环境中谋得生存之道，加强水利工程施工项目管理成了企业之间竞争的筹码。做好水利工程施工项目管理，不仅可以保证施工质量、施工效率，还可以降低建设成本，来保障企业的经济效益。

　　我国的经济在飞速发展，水利工程施工建设企业也在不断改革自身的建设能力。但由于目前我国的水利工程施工建设单位大多数还是国企单位，所以建设施工企业的创新体制相比突飞猛进的社会发展还存在着老旧和落后，缺乏创新性。传统的思想与施工技术，对于当今社会现况，已经无法满足其需求，也跟不上社会发展的脚步，因此导致水利工程的建设施工中，施工项目管理存在着许多问题和不足。

　　总而言之，在市场竞争日益激烈的当今社会，水利工程建设施工企业的前景也是十分严峻，增强企业自身的项目施工管理能力，不仅能提高企业的核心竞争力，在市场中占据一定份额，对于水利工程建设本身也是有利的。将水利工程建设工作搞好，使水利工程造福于民，造福于国家，是每一个水利工程建设施工企业应当秉承的核心理念。加强水利工程施工项目的管理，是每个水利工程建设企业必备的发展要素，有着毋庸置疑的重要性，科学合理地提高自身施工项目管理能力，不仅为社会谋取了福利，也为企业本身谋取了经济利益，为水利工程建设施工从业者造福。

参考文献

[1] 张国辉 . 加强水利工程施工项目管理的思考 [J]. 居业，2021（2）：120+122.

[2] 金玲 . 水利工程施工成本的组成与控制解决对策 [J]. 中国集体经济，2020（36）：36-38.

[3] 马龙健 . 如何做好水利工程施工过程中项目管理工作 [J]. 珠江水运，2020（23）：35-36.

[4] 孙童 . 水利工程施工项目动态管理分析 [J]. 住宅与房地产，2020（30）：142+150.

[5] 赵伏阳 . 加强水利工程施工项目管理的策略探究 [J]. 低碳世界，2020，10（10）：123-124.

[6] 黄斌 . 水利施工企业项目管理关键问题探讨 [J]. 居舍，2020（24）：152-153.

[7] 孙逢立 . 浅谈水利工程项目管理存在问题和对策 [J]. 治淮，2020（8）：69-70.

[8] 李渊，高锐，任磊 . 如何做好水利工程施工过程中的项目管理工作 [J]. 工程建设与设计，2020（13）：237-239.

[9] 张晓宏 . 浅析如何做好水利工程施工过程中项目管理工作 [A]. 中国智慧工程研究会智能学习与创新研究工作委员会 .2020 万知科学发展论坛论文集（智慧工程一）[C]. 中国智慧工程研究会智能学习与创新研究工作委员会：中国智慧工程研究会智能学习与创新研究工作委员会，2020：7.

[10] 陈平 . 水利工程施工中的质量控制与安全隐患管理 [J]. 中华建设，2020（5）：56-57.

[11] 李甲，曹丽君 . 加强水利工程施工项目管理的思考 [J]. 绿色环保建材，2020（4）：218+221.

[12] 周国仁 . 加强水利工程施工项目管理的思考 [J]. 江西农业，2020（8）：60+62.

[13] 柳世春 . 关于水利工程施工资料的采集与管理 [J]. 装备维修技术，2020（2）：333.

[14] 仲思刚 . 如何做好水利工程施工过程中项目管理工作 [J]. 装备维修技术，2020（2）：334.

[15] 孙彦启，刘涛，李伟 . 加强水利工程施工项目管理的思考 [J]. 城市建设理论研究（电子版），2020（10）：56.

[16] 陈利 . 水利工程施工安全管理存在的问题与对策 [J]. 住宅与房地产，2020（9）：

168.

[17] 李福东.如何做好水利工程施工过程中项目管理工作 [J].工程建设与设计，2020（3）：262-264.

[18] 伊祖俭，黄欣.加强水利工程施工项目管理的思考 [J].建材与装饰，2020（4）：297-298.

[19] 刘锦平.加强水利工程施工项目管理的思考 [J].河南建材，2020（1）：65.

[20] 程双齐，王文正.如何做好水利工程施工过程中项目管理工作 [J].门窗，2019（24）：123.

[21] 陆黎敏.浅谈水利工程施工项目的经济管理与控制方式 [J].现代经济信息，2019（21）：344.

[22] 刘建飞.对水利工程施工质量控制技术的研究 [J].地产，2019（19）：87.

[23] 张峰.水利工程施工中的质量控制与安全隐患管理 [J].建材与装饰，2019（26）：295-296.

[24] 刘万付.水利工程施工管理中存在的问题及对策 [J].安徽建筑，2019，26（8）：252-253.

[25] 李晓红.水利工程施工资料的采集与管理 [J].农业科技与信息，2019（13）：76-78.

[26] 撒怀忠.水利工程施工现场管理技术探讨 [J].地产，2019（12）：113.

[27] 刘龙腾，张迎.浅谈水利工程施工管理中存在的问题及对策 [J].科技创新导报，2019，16（17）：55+57.

[28] 王平勇.浅析水利工程施工机械的合理配置及管理 [J].时代农机，2019，46（5）：118-119.

[29] 孙鹏.水利工程质量管理的重要性 [J].农民致富之友，2019（13）：123.

[30] 魏东.浅析水利工程施工中的安全管理与质量控制 [J].城市建设理论研究（电子版），2019（10）：173.

[31] 侯超普，周艳松.大中型水利工程施工招标阶段投资控制 [J].水利水电工程设计，2019，38（1）：50-52.

[32] 姜坤.基于水利工程施工阶段对工程造价的影响及控制措施研究 [J].黑龙江水利科技，2019，47（1）：128-130.

[33] 郭强.浅谈水利工程管理、施工管理中存在的问题及对策 [J].南方农机，2018，49（21）：245.

[34] 韩洋洋.项目管理在水利工程施工中的作用 [J].吉林农业，2018（22）：53.

[35] 姚佳.水利工程施工中内业资料的收集与管理 [J].科技创新导报，2018，15（28）：122+124.

[36] 崔婷婷.项目管理在水利工程施工中的作用 [J].现代物业（中旬刊），2018（08）：

244-245.

[37] 陈辅佐. 浅谈项目管理在水利施工项目中的作用 [J]. 中国标准化，2018（10）：95-96.

[38] 沈继洪. 浅析水利工程施工成本控制 [J]. 水利技术监督，2017，25（6）：63-65.

[39] 姜爱军. 水利工程施工阶段监理质量的控制 [J]. 民营科技，2017（4）：190.

[40] 郭凤萍，杨玉凤，张俊茹. 水利工程施工方项目管理若干问题 [J]. 绿色环保建材，2017（3）：227.

[41] 李婧. 水利工程施工项目管理的精细化探讨 [J]. 黑龙江科技信息，2017（8）：217.

[42] 李德香. 浅析水利工程施工项目质量控制与管理 [J]. 黑龙江科技信息，2016（32）：241.